Automatic Control System Design

풀어쓴

제어 시스템 설계

• 최 현 택, 여 희 주 공저

• 서 일 홍 감수

홍릉과학출판사

머리말

먼저 이 책을 쓰려고 생각했던 이유를 솔직하게 고백하고자 한다. 필자는 전자 공학을 전공하여 제어 공학이라는 과목에서 좋은 학점을 받았고, 석사 과정 중에 어렵게 느껴지는 고급 제어 이론 책과 논문을 읽고 실험하며 다름대로 제어 공학에 탄탄한 지식을 자부했다. 어려운 제어 이론을 공부해 보겠다는 꿈을 품고 박사 과정에 진학했을 때 이러한 착각은 고전 제어기를 사용한 상용 제품을 만드는 프로젝트를 수행하면서 산산이 부서졌다. "학부 때 배운 것을 제대로 이해하지도 못하고 있군." 이러한 질책을 받으며 다시 학부 때 공부했던 책을 펼쳐보았을 때 별로 중요하지도 않은 곳이 그어져 있던 밑줄... 자신이 한심해 보였다. 이때부터 하나씩 하나씩 차분히 읽고 생각하고 실험으로 확인하는 과정을 반복했고 프로젝트는 무사히 마칠 수가 있었다. 전후 관계가 좀 더 분명해지고 전체 그림이 조금씩 보이기 시작했다.

사실 아직도 무엇을 안다고 얘기하기에는 내 자신의 실력이 부족하다고 생각된다. 이런 실력으로 감히 책을 써보겠다고 나선 용기, 무식하면 용감하다고 했던 선배님의 말씀이 불현듯 떠오른다. 여기에서 구지 해명을 하자면, 후학에게 내 자신이 거쳐 온 것과 같은 시행착오에 빠지지 않도록, 시행착오 중에 제어 공학에 정이 떨어져 멀리 하지 않도록 하고 싶은 마음이 앞서서 아직 여물지도 않은 지식을 드러내기로 했다. 부족한 부분도 그대로...

책을 구상하면서 몇 가지 고민을 했고 과감히 실천에 옮겼다. 현재 교재로 사용되고 있는 세계적으로 유명한 제어 관련 책을 보면 너무 많은 내용을 다루고 있다. 이러한 책을 1학기 또는 1년에 모두 공부하는 것이 가능할까? 공부를 했다면 머릿속에 어떤 지식이 남아 있을까? 손 끝에 어떤 경험이 남아 있을까? 이들 책에 쓰인 내용은 모두 중요한 것임에 틀림이 없지만, 이러한 내용이 한꺼번에 우리에게 다가올 때 이는 약이 아니라고 생각했다. 이 책에서는 많은 내용을 과

감히 생략하였다. 물론 생략한 내용이 중요하지 않다는 뜻이 아니다. 공부할 필요가 없다는 뜻도 더더욱 아니다. 단지 효율을 위해 우선순위를 둔 것뿐이다. 예를 들면 제어기 설계와 안정도 판별에 사용되는 여러 가지 기법의 설명을 생략하고 Bode 선도만을 이용하였다. 실제 Bode 선도를 가장 많이 사용하고 이것만으로도 충분한 경우가 많기 때문이다. 또한 이것에 자신이 생기면 보다 다양한 기법을 공부하고 싶은 욕심과 이를 지탱해 줄 기본 지식이 생길 것이라고 믿어 의심하지 않기 때문이다.

오히려 핵심이 되는 부분을 충분히 이해할 수 있도록, 제어기를 구성할 때 필요한 실험에 관련된 정보와 고전 제어기에 대한 기본 이론 지식을 중심으로 구성하였다. 특히 실험의 준비 과정에 필요한 지식은 반복해서 다루었다. 너무 이론적이지도 너무 실험적이지도 않으면서 오히려 이 두 가지를 모두 다루고 서로의 관계에 대하여도 설명하려고 노력하였다. 이 두 가지를 모두 다루는 것이 두 가지를 다 놓치는 것이 아닐까 걱정도 되지만 제어기를 설계하고 구현하여 눈으로 확인하기 위해서는 이 두 가지를 모두 접해봐야 한다고 믿고 있다. 이러한 과정에서 처음 제어기를 설계할 때의 막연한 두려움과 무거운 짐을 털고 가볍게 첫 발걸음을 뗄 수 있을 것으로 생각한다.

이 책은 대학교 1학년 수준의 수학지식과 약간의 컴퓨터 관련 하드웨어와 소프트웨어의 기본 지식이 요구된다. 사실 더 중요한 것은 의지와 근성이라고 생각이 된다. 필자는 여러분이 이 책을 통해 스스로 첫 발걸음을 옮기고, 나아가 어떤 길이든 자신의 힘으로 스스로 찾아 갈 수 있는 자신감을 얻기를 기대한다.

오랜 시간 구상을 했고 집필 작업에 많은 고생을 하였지만, 언제나 아쉬움은 남는다. 책의 내용에 대한 의견이나 문의는 언제나 환영한다(htchoi@moeri.re.kr). 계속되는 원고 기한 연장에도 이 책이 세상에 나올 수 있도록 허락해 주신 홍릉과학출판사 이연우, 우명찬 사장님과 편집부 여러분께 진심으로 감사를 드린다. 또한 부족한 필자를 제자로 받아 머리와 손끝으로 느낄 수 있는 가르침을 주시고, 바쁘신 중에 이 책의 내용을 검토하여 주신 한양대학교 서일홍 교수님께 진심으로 감사를 드린다.

저자일동

감수 머리말

2006년 새해 들어 제자인 최현택 박사와 여희주 박사로부터 제어에 관한 책을 만들고 있으니 감수를 부탁한다는 연락을 받았습니다. 책의 내용을 살펴보면서 제가 지금까지 학생들을 이 분야에서 지도했던 나름대로의 철학과 맞아 떨어지는 느낌을 받았습니다.

제가 시스템과 제어라는 분야에 입문하여 28년째를 맞이하고 있으면서 무수히 많은 제어 관련 교과서와 참고 서적을 보아왔습니다. 특히 학부학생들을 대상으로 여러 교재를 집필하였습니다. 그리고 많은 대학원 학생들과 실제의 제어 문제를 푸는 데에 어떤 개념과 이론이 가장 중요한 무기가 될 것인가를 많은 고민도 해왔습니다. 아마도 필자가 저와 같이 그와 같은 고민을 가장 많이 한 대학원생이었다고 생각합니다.

여러분들이 제어 공학에 관한 어느 교재를 보더라도 항상 볼 수 있는 여러 분석 및 설계 기법 중에서 실제 현장(물론 단일 입력 단일 출력 시스템에서)에서 많이 도움이 되는 것이 주파수 영역에서의 해석 및 설계이며 특히 Bode 선도를 이용한 설계 기법이 좋은 무기라고 생각합니다.

그래서 저자들은 기존의 교과서 틀을 부수는 방법을 사용하고 있습니다. 실제 실험 전에 설계 대상인 제어 플랜트의 성격의 이해와 성격에 맞는 제어기의 설계 및 검증을 한 단계씩 MATLAB과 SIMULINK라는 소프트웨어 연장을 이용하여 설명을 하며 철저히 Bode 선도라는 한 가지 무기의 철저한 이해와 사용을 하도록 하는 것입니다.

한편 설계된 제어기는 어떤 형태로든 제어시스템에 내재(embedded)되어야 하는데, 가장 많은 형태가 DSP 내지는 microprocessor를 이용하는 것입니다. 물론 전체 폐루프 시스템의 bandwidth 보다 수십 배 빠른 샘플링을 한다는 전제 아래, 위에서 설계된 제어기를 자연스럽게 구현하는 방법들도 아울러 소개하고 있습니다.

제가 독자 여러분께 추천하고 싶은 것은 이 책으로 제어의 기본 개념을 완벽하게 터득하고 나서 이 책에서 소개되지 않은 기존의 다양한 방법들을 만나보라는 것입니다. 왜냐하면 다른 방법들이 Bode 선도를 이용하는 방법으로 설명이 되기 때문입니다.

이제 저의 짧은 이야기가 독자 여러분께서 저자들의 의도를 이해하는 데에 조금이라도 도움이 되기를 바랍니다. 아울러, 이 책이 이 분야에 새로이 진입하거나 혹은 실증적 경험을 하고픈 분들에게 많은 도움이 되기를 희망합니다.

2006. 2.

한양대학교 정보통신 대학 교수 서일홍

차 례

Chapter 00 ... 서언

같은 제어 공학을 공부한 사람 중에 흥미를 느끼는 사람도 있고, 설계한 제어기가 만족할 만한 성능을 보일 때 희열을 느끼는 사람도 있다. 반면 몹시 힘들어 하는 사람도 있고, 제어기 설계에 막연한 두려움을 느끼는 사람도 있다. 이유가 무엇일까? 사실 필자도 여러분과 똑같이 힘든 과정을 경험하였기 때문에 여러분이 이 질문에 답하지 않아도 어느 정도 알 것 같다. 그러나 세월이 흘러 이제는 정말 제어 공학은 재미있는 분야라고 주장하고 싶다. 과연 몇 명이 동감을 할까? 이 자리에서 필자가 느끼는 제어 공학의 매력을 얘기해 볼까 한다.

제어 공학에는 철학적인 요소가 많다. 깊게 생각을 해야 하고, 부족해도 안 되고, 넘쳐서도 안 된다. 때로는 복잡한 수식이 이용되기는 하지만 결론은 정말 간단하게 표현된다. 마치 장시간의 수도 끝에 알듯 모를 듯한 얘기를 하는 현자처럼...

제어 공학은 손과 머리로 함께 느끼는 학문이다. 손을 청진기 삼아 제어 시스템을 관리하는 장인도 있고, 한 번도 모터를 돌려본 적은 없지만 수학으로서 어려운 제어 이론을 만든 학자도 있다. 그러나 제어 공학에는 손에서 느끼는 감각이 머릿속에 이론으로 그려지고, 머릿속의 계산 결과를 손의 느낌으로 확인할 수 있는 매력이 숨겨져 있다.

제어 공학은 눈높이 공부가 가능한 분야이다. 많은 학문 분야에서 최신의 결과만이 사용되고 처음의 결과는 묻히기 마련이다. 그러나 제어 공학은 아직도 처음 제어를 배울 때 나오는 고전 제어기가 가장 널리 쓰이고 있다. 어려운 제어 이론을 몰라도 기초만 확실하게 알면 현장에서 사용되는 제어기를 충분히 설계할 수 있다.

제어 공학은 여러 공학 분야의 해결사이다. 우리 주변에 제어 기술이 사용되지 않은 것이 어디에 있을까. 일상생활에서 사용되는 도구부터 최첨단 장치까지 모든 분야에서 제어 기술을 원한다. 심지어 다른 분야의 부족한 부분도 제어 기술로 해결해 달라는 요구를 받으니 해결사가 아니고 무엇이랴.

이쯤해서 중요한 사실을 얘기하고자 한다. 이 제어 공학의 매력들이 어떻게 제어 공학을 공부해야 하는지 말해주고 있다는 것이다.

- 모든 제어 책에는 실제 발생 가능한 다양한 경우에 대하여 설명하고 있지 않

다. 기본적인 내용을 설명할 뿐, 많이 사용되는 제어기라고 지면을 많이 할애하지도 않았다. 깊게 생각하자. 앞/뒤의 수식 또는 그래프의 의미와 연관성을 생각하고 결과를 주의 깊게 관찰하자. 그리고 만약 시스템이 바뀐다면 어떻게 될까, 지금 눈앞에 놓인 결과가 혹시 운 좋게 얻어진 것은 아닐까 의심해 보자. 책의 내용으로 틀을 만들고, 깊게 생각을 하여 그물을 엮어 붙이자. 어려운 문제가 빠져나갈 수 없도록...

- 실험을 하자. 이것이 어려우면 모의실험을 이용하자. 이론과 실제 상황을 자주 접해봐야 한다. 이론 결과와 실제 결과의 차이점을 분석하자. 실험을 거치면서 조그만 지식도 완전히 소화할 수 있도록 노력하자.
- 학문 마다 소위 바이블이라는 책이 있다. 바이블은 보통 읽는 사람의 배경 지식만큼 중요한 내용이 눈에 보이는 특징이 있다. 어려운 제어 이론을 공부하는 사람도 이 바이블을 언제나 옆에 두고 있다. 기본에 충실하여야 한다는 것을 꼭 기억하자.
- 성공적인 제어기 설계를 위해서는 다양한 분야의 지식이 필요하다. 전자, 전기, 기계, 통신, 소프트웨어, 유압 등 다양한 지식이 요구된다. 따라서 필요한 분야의 지식을 습득하는 것에 적극적이어야 한다.

사실 위의 조언은 누구나 생각하는 평범한 애기임에 틀림이 없다. 그럼에도 불구하고 실제 이 평범한 애기는 잘 지켜지지 않았다고 생각된다. 아마도 이것이 처음의 질문에 답이 되지 않을까?

주요 참고 문헌

이 책에서 다음의 참고 문헌을 직접 인용하지는 않았지만 필자가 지난 15년 이상 연구하면서 많이 참고하였다. 많은 고급 제어 관련 책과 논문을 보았지만, 아직도 처음 제어를 접할 때 만났던 이 책들을 보고 있다. 따라서 이 책들이 필자의 제어 지식의 근간을 유지하고 있다고 이야기해도 과언은 아닐 것이다. 이 자리에서 책의 저자에게 깊은 감사를 드린다.

- Benjamin C. Kuo, Automatic Control Systems, 7th edition, Prentice Hall. Inc., 1995
- Gene F. Franklin, J, David Powell, Abbas Emami-Naeini, Feedback Control of Dynamic Systems, 3rd edition, Addison-Wesley, 1994
- Chi-Tsong Chen, Analog and Digital Control System Design: Transfer-Function, State-Space, and Algebraic Methods, Saunders College Publishing, 1993
- Gene F. Franklin, J, David Powell, Michael L. Workman, Digital Control of Dynamic Systems, 2nd edition, Addison-Wesley, 1990
- John C. Doyle, Bruce A. Francis, Allen R. Tanndenbaum, Feedback Control Theory, Macmillan Publishing Company, 1992
- Chi-Tsong Chen, Linear System Theory and Design, 3rd edition, Oxford University Press, 1999
- Gilbert Strang, Linear Algebra and Its Application, 3rd edition, Harcourt Brace Jovanovich College Publishers, 1988

각 책마다 이미 새로운 판이 출판되었을 수도 있고 질판되었을 수도 있다. 위의 책 이외에 참고로 사용된 문헌은 해당 본문 내용 중에 표기하였다.

모의실험

이 책에서 수행한 모의실험은 책에 포함된 CD에 포함되어 있다. 파일을 컴퓨터의 적당한 폴더에 저장하고, Matlab을 실행하여 경로를 지정한다. 경로 지정은 Matlab의 File 메뉴의 Set Path 하위 메뉴에서 한다. 예제 파일은 Matlab 6.5와 Simulink 5.0에서 작성하였다.

Chapter 01 ... Matlab 기초

|학습 목표|

- 모의실험을 위한 Matlab을 소개한다.
- Matlab의 기본 명령어를 학습한다.
- Matlab을 이용한 간단한 모의실험 예제를 보인다.

1.1 Matlab 소개

1.1.1 Matlab과 모의실험

제어기를 설계하는 과정에서 모의실험은 상당히 중요한 역할을 한다. 특히 제어기 설계 방법을 공부하는 과정에서는 모의실험의 중요성이 더더욱 크다고 할 수 있다. 모의실험은 책에서 배운 내용을 피부로 느낄 수 있는 간단하고도 효율적인 방법을 제공한다. 예전에는 직접 프로그래밍 언어를 사용하여 제어기 모의실험 프로그램을 만들었다. 그러나 최근에는 모의실험을 위한 프로그램을 이용하는 것이 일반적이다. 이는 모의실험을 위한 프로그램 자체의 검증 과정이 필요하지 않아 제어기 설계에만 집중할 수 있을 뿐만 아니라 직접 만드는 것에 비하여 편리한 기능을 다양하게 제공하기 때문이다. Matlab은 mathwork사에서 개발한 모의실험용 프로그램으로 세계적으로 널리 쓰이고, 신뢰성을 인정받고 있는 프로그램이나. 이 장에서 Matlab에 대한 간단한 소개와 사용법을 설명하고자 한다.

Point **모의실험을 통해 제어기의 특성을 느껴야 한다.**

잠깐만...

이 장에 있는 기본적인 소개와 책의 전반에 걸쳐 조금씩 설명된 내용만으로는 Matlab을 자유롭게 사용하여 모의실험을 하기에는 부족한 부분이 있을 것으로 생각된다. 그러나 이 책의 주요 내용이 Matlab의 상세한 설명을 하는 것에 있지 않기 때문에 책의 많은 부분을 할애할 수 없다. 자세한 사용 방법은 관련 서적이나, mathwork사의 홈페이지 www.mathwork.com, 인터넷의 참고 자료를 함께 보기 바란다.

1.1.2 Matlab의 특징과 구성

Matlab은 Matlab 실행 프로그램과 그 안에 포함된 다양한 Toolbox들로 구성되어 있다. Matlab은 자체 언어를 가지고 있으며, 이 언어를 이용하여 다양한 연산을 수행하고 그 결과를 쉽게 나타낼 수 있다. 아울러 필요한 여러 가지 함수를 직접 제작할 수 있다.

Matlab 언어의 특징

Matlab의 언어는 베이직 언어와 포트란 언어가 적당히 혼용되어 있는 듯 한 독자적인 문법 구조를 가지고 있다. 주요한 특징으로 다음과 같다.

- 변수의 선언을 하지 않고, 변수의 데이터 타입 구분이 없다.
- 배열이나 행렬의 연산을 숫자 연산하듯이 할 수 있다. 즉, 배열과 행렬의 연산에 필요한 차원(dimension)이 일치할 경우 인덱스를 사용하지 않고 계산할 수 있다.
- 실수와 허수도 추가 정의 없이, 변수에 대입할 수 있으며 바로 연산에 사용할 수 있다.
- 변수는 대소문자를 구분하여 사용한다.
- 일반적인 프로그래밍 방법과 달리 Matlab 언어로 작성된 명령들은 컴파일 과정이 없이 인터프리터에 의하여 동작을 한다. 이로 인하여 코드의 처리 속도가 늦지만, 구성의 단순화로 얻는 이점도 있다. 특히 많은 시간을 요하는 연산 처리 부분을 위한 대안으로 다른 언어로 작성한 후 컴파일하여 실행 모듈을 포함하여 계산 속도를 높일 수 있다.
- Matlab 언어로 파일을 작성하기 위한 텍스트 에디터가 있다.

Toolbox

Matlab에는 다양한 분야의 검증된 함수들이 Toolbox에 준비되어 있다. 예를 들면 Communication Toolbox, Database Toolbox, Control System Toolbox 등이다. 이 Toolbox들은 해당 분야에서 요구되는 기능을 Matlab에서 사용되는 언어를 이용하여 함수로 구현한 것이다. 계속해서 새로운 분야의 Toolbox가 개발되며 기존의 Toolbox도 개정판이 나오고 있다.

1.1.3 Matlab 창의 구성

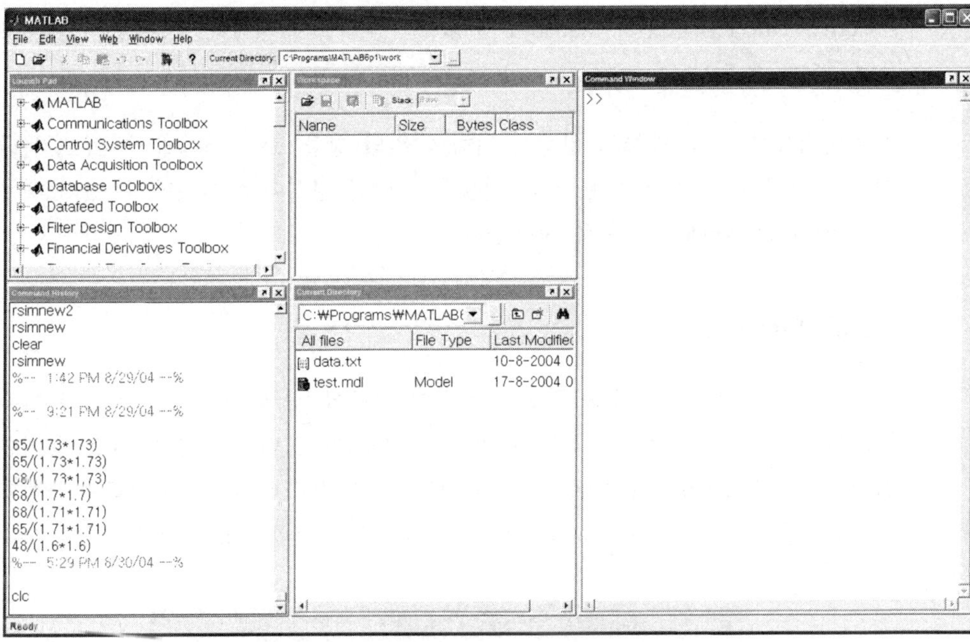

그림 1.1 Matlab을 실행한 화면

Matlab을 실행시키면 Command Window, Workspace, Launch Pad, Current Directory, Command History의 창으로 구성된 주 화면이 나타난다.

- Command Window는 도스창과 같이 실제 명령어를 입력을 하는 공간이다. 또한 명령의 결과를 보여준다. 여러 줄의 명령어를 반복해서 사용하는 경우 직접 명령어를 입력하지 않고 파일에 기록하고 이 파일의 이름을 명령어처럼 입력하여 여러 명령어를 순차적으로 실행시킬 수 있다.
- Workspace는 Command Window에서 입력된 변수들의 목록과 크기와 같은 정보를 보여 주는 창이다.
- Launch Pad는 현재 컴퓨터에 설치된 Matlab의 목록을 보여주며, 도움말과 데모를 실행할 수 있다.

- Command History는 Command Window에 입력한 명령어의 기록이며, 같은 입력의 경우 재입력 없이 바로 실행할 수 있다.
- Current Directory는 현재 Matlab이 실행되는 폴더를 보여주며, 다른 폴더의 내용을 볼 수 있다.

일반적으로 View 메뉴의 설정에 의하여 위의 창을 모두 나타낼 수 있고 선택적으로 나타낼 수 있다. 다른 창의 기능은 간단한 명령어로 대치할 수 있기 때문에 Command Window를 주로 사용한다.

1.1.4 Simulink

Matlab에는 필요한 함수를 직접 작성하여 사용할 수 있지만, 전문적인 분야에 필요한 함수를 만들어 제공하는 다양한 Toolbox가 있다. 이 중에 다소 특이한 Toolbox가 있다. Simulink Toolbox는 시스템의 구성을 그래픽으로 연결하여 구성할 수 있는 환경을 제공한다. Simulink에서 만들어진 파일은 mdl 확장자를 사용한다.

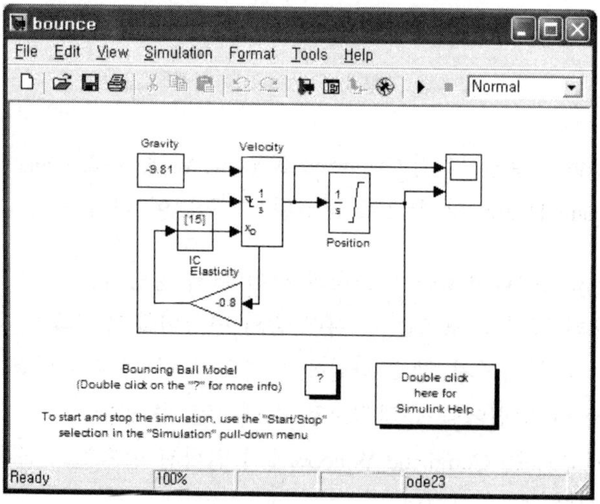

그림 1.2 Simulink 작성 예

그림 1.2는 데모 파일 중의 하나를 보여준다. 그림에서 보는 바와 같이 여러 블록을 선으로 연결하는 것만으로 시스템을 구성할 수 있다. Matlab에서 제공하는 기본 블록을 그대로 사용할 수 있고, 또 사용자가 새로운 블록을 만들 수 있다. 이러한 기능은 다양한 시도를 위해 시스템의 구성을 자주 수정하는 경우 많은 시간을 단축할 수 있다.

1.2 Matlab 명령어

1.2.1 기본 명령어

Matlab의 기본 명령어 중에 반드시 알아야 할 명령어를 정리하였다. 이는 실제 연산에는 쓰이지 않으나 환경을 다루는 중요한 명령어들이다.

help

이 명령어는 Matlab에서 제공하는 함수의 online help이다. 이를 사용하여 함수의 사용법이 완벽하지 않은 경우 즉시 참고할 수 있으며, 유사한 기능의 함수 이름을 얻어 새로운 함수를 사용해 볼 수 있다. help 명령을 입력하면, Toolbox의 종류들이 나타나며, help와 toolbox의 이름을 입력하면 해당 toolbox에서 제공하는 함수의 목록이 나타난다. help와 특정 함수의 이름을 입력하면 함수의 설명이 나타난다. 그림 1.3은 determinant를 구하는 함수인 det의 사용법을 확인하기 위해 help det를 입력한 경우이다.

```
Command Window
>> help det

 DET   Determinant.
    DET(X) is the determinant of the square matrix X.

    Use COND instead of DET to test for matrix singularity.

    See also COND.

 Overloaded methods
    help sym/det.m

>>
```

그림 1.3 help의 사용 예

clear

Command Window에 저장된 변수를 지우는 명령어이다. 특정 변수의 이름을 뒤에 함께 입력하면 지정된 변수만 삭제되며, clear를 입력하면 저장된 모든 변수가 삭제된다.

clc

이 명령어는 저장된 변수와 상관없이 화면만을 지워주는 명령어이다.

그 밖에 lookfor, whos 등과 도스 명령어와 유사한 dir, cd 등이 있으며, 각각 help를 이용하여 의미와 사용법을 알 수 있다.

1.2.2 연산 명령어

연산 명령어는 일반적으로 사용하는 것과 크게 다르지 않다. 그러나 행렬 연산에 관련된 사용 방법은 확인할 필요가 있다. 각각의 명령어를 입력하면서 설명을 확인하자.

a=5

Command Window에 a = 5를 입력하면, Workspace에 a라는 변수를 생성하며 값은 5를 대입하는 것이 된다. 일단 a라는 변수가 만들어진 후 a를 입력하면 해당 값을 보여주며, 생성되지 않은 변수의 경우 undefined function or variable이라고 나타낸다. a=3을 다시 입력하면 a의 값은 3으로 바뀐다.

A=[1, 2, 3]

행렬 변수의 생성 및 입력 방법으로 열은 공백 또는 콤마로, 행은 세미콜론으로 구분한다. 예를 들면 B =[1 2 ; 3 4]를 입력하는 것은

$$B = \begin{bmatrix} 1 & 2 \\ 3 & 4 \end{bmatrix}$$

의 의미이다.

c = 3 + 5i

허수도 실수와 마찬가지로 그대로 입력을 하며, 허수부는 숫자 뒤에 i를 사용한다. 따라서 변수 i는 사용하지 않는 것이 좋다.

x = 1:10

x라는 변수를 생성하여 1부터 10까지 1의 단위로 입력하는 것으로, 자동으로 해당 크기(여기서는 10)의 배열이 생성된다. 만약, y = 1:2:10와 같이 가운데 콜론을 사용하여 증가 단위를 지정할 수 있다. 행렬 변수를 만든 후에 size(변수 이름) 함수를 사용하여 크기를 확인할 수 있다.

잠깐만...

변수나 행렬에 값을 입력하면 Matlab은 입력된 값을 다시 화면에 보여준다. 만약 z = 1:0.01:100과 같이 매우 긴 배열 값을 입력하는 명령을 사용하면 한참 동안 이 배열 값이 화면에 표시될 것이다. 이 때는 명령어 뒤에 세미콜론을 함께 사용하여 화면 표시를 하지 않도록 할 수 있다.

transpose 또는 complex conjugate

배열 또는 행렬에 '를 사용하여 transpose를 취할 수 있으며 같은 방법으로 허수의 켤레복소수를 구할 수 있다.

인덱싱

행렬의 특정 요소의 값을 찾는 방법은 해당 변수 뒤에 ( )를 사용하여 입력한다. A = [1,2;3,4;5,6]의 경우 A(1,1)을 입력하면 1을, A(3,2)를 입력하면 6을 보여준다. 만약 A(4,4)를 입력한다면, Index exceeds matrix dimensions를 나타내며, A(3,3) = 7을 입력하면 행렬의 크기를 키워 해당 값을 입력하고, 남은 곳(A(3,1), A(3,2))은 0으로 채운다. A = [1,1:2]은 1행의 첫번째와 두번째 열의 값, 즉 1 2를 보여주

고, A = [1,:]에서 콜론은 all의 의미로 사용된다. A = [:,1]의 경우

$$A = \begin{bmatrix} 1 \\ 3 \\ 5 \end{bmatrix}$$

를 출력한다.

잠깐만... Matlab에서의 인덱싱은 C 언어와 달리 1부터 시작한다.

행렬 결합

두 개 이상의 행렬을 행렬 차원에 맞추어 결합할 수 있다. A = [1 2 3], B = [−1 −2 −3], C = [10 ; 20 ; 30]과 같이 3개의 행렬을 입력한 상태에서 X = [A B]는 X = [1 2 3 −1 −2 −3]을 출력하고, Y = [A ; B]는

$$Y = \begin{bmatrix} 1 & 2 & 3 \\ -1 & -2 & -3 \end{bmatrix}$$

을 출력한다. 그러나 Z = [A ; C]는 행렬의 차원이 맞지 않기 때문에 Error를 출력한다.

가감승제

a = 5, b = 3을 입력한 상태에서, a + b는 8을 출력한다. 이 연산의 결과는 기본 변수인 ans에 저장되며, 특정 변수에 연산 결과를 대입하기를 원할 경우는 c = a + b와 같이 입력한다. 행렬의 경우도 같은 방법으로 다룰 수 있으나, 연산에 필요한 행렬의 차원이 반드시 맞아야 계산할 수 있다. 제곱의 경우 ^2를 사용하며, ^n을 사용할 수 있다. 행렬의 나눗셈은 역행렬을 구한 후, 곱셈을 하는 것과 동일하다. 물론 이 때에 역행렬이 존재하여야만 계산이 된다. 행렬의 곱, 나눗셈의 경우 연산자 앞에 점을 사용하면, 해당 요소끼리 연산을 하는 것으로 사용된다. 즉, A1 = [1 2 ; 3 4]이고 B1 = [5 6 ; 7 8]일 때

$$A1. \cdot B1 = \begin{bmatrix} 5 & 12 \\ 21 & 32 \end{bmatrix}$$

이며,

$$A1 \cdot B1 = \begin{bmatrix} 19 & 22 \\ 43 & 50 \end{bmatrix}$$

이다.

^연산자에도 같은 방법으로 점을 사용할 수 있다. 즉, Y=[1, 2, 3]인 경우 Z=Y.^2는 Z=[1 4 9]이며, Z=2.^Y는 Z=[2 4 8]이다.

1.2.3 함수

일반적인 행렬의 연산이나, 선형 대수에서 많이 사용되는 함수는 다음과 같다. 각각의 사용법을 help를 사용하여 확인할 수 있다.

eye, det, cond, inv, eig, jordan, svd, ones, zeros, rand, randn
tf2ss, ss2tf, d2c, c2d, c2dm, cloop, bode, series, parallel, feedback, step, margin

Toolbox에서 제공하는 함수는 m 확장자를 갖는 파일에 저장되어 있으며, 이를 Command Window에서 명령어처럼 사용하는 것이다.

배치 작업과 함수 만들기

사용자가 m 확장자를 갖는 파일을 작성할 수 있다. 기존의 함수를 배치 작업의 형태로 동작하도록 할 수 있는 방법과 새로운 함수로 정의하여 사용하는 방법이 있다.

배치 작업은 Command Window에 하나씩 입력하였던 함수를 연속해서 실행하도록 하는 방법이다. 텍스트 에디터에서 함수를 포함한 명령어를 기록하고, 이를 Command Window에서 저장한 파일의 이름을 입력하면 저장한 함수들이 연속해서 실행된다. 텍스트 에디터는 Matlab에서 제공하는 에디터나 메모장과 같은 일반적인 텍스트 에디터를 사용할 수 있다. 여기서 %로 시작하는 문장은 주석으로 처리되며, 빈 줄은 의미가 없다.

함수의 작성은 다음과 같은 간단한 규칙으로 만들어 지며, 파일에 저장된다. 이 때 파일은 m 확장자를 가지며, 이를 사용하기 위하여 사용 컴퓨터에 경로가 지정되어 있어야 한다. 함수의 이름, 입력, 출력 형식을 지정하며, help를 사용했을 때 나타날 도움말은 두번째 줄의 % 뒤에 기록한다. 다음 줄에 계속되는 %는 도움말의 계속이나 빈 줄이 삽입되면 도움말은 끝난다. 그 다음의 또 다른 % 문장은 주석으로 처리된다. 함수의 이름과 파일의 이름이 다를 경우 파일의 이름이 우선한다.

```
function x=function_name(t,x)
% This is help message
% until here.

% This statement is comment, not help message
x = t * x;
```

1.2.4 출력 명령어

연산 결과를 출력하는 것은 결과를 생성하는 것 못지않게 매우 중요하다. 일반적으로 숫자로 만들어진 결과를 컴퓨터 화면에 보이거나 인쇄하는 작업은 번거로운 작업을 요구한다. 그러나 Matlab에서는 쉽고 다양한 결과 표시 방법을 제공한다. 2차원 그래프, 3차원 그래프와 표현 방법을 조정할 수 있으며, 그림의 제목이나, 축의 이름, 축의 스케일을 조절할 수 있다.

여러 개의 그래프를 반복해서 출력하는 경우 앞에서 설명한 것과 같이 별도의 파일에 명령어를 저장한 후 이를 실행하므로 작업을 단순화할 수 있다.

figure

결과를 그래프로 보기 위해서 새로운 창을 연다. 이 창에 다양한 명령어를 이용하여 그래프를 나타나게 할 수 있다. 새로운 창을 열 때 마다 창의 번호가 증가하며, figure(1)처럼 창의 번호를 지정할 수 있다. 특정 창의 속성을 지정할 경우

마우스로 창을 활성화시키거나, 배치 작업에서는 figure(2)처럼 창을 지정한다.

close

열려진 창을 닫는다. 특정 창을 닫을 경우 close(1)로 창의 번호를 지정할 수 있으며, 모든 창을 닫는 경우에는 close all을 입력한다.

plot

가장 기본적인 그래프 명령으로 2차원 그래프를 그린다. 이 함수의 사용법은 help를 이용하여 확인한다. 도움말에 나타난 See also에서 참고 함수 중에 함께 익혀야 할 함수로 title, xlable, ylabel, axis, axes, subplot 등이 있다.

subplot

하나의 창에 2개 이상의 그래프를 표시하기 위해서 subplot을 사용한다.

1.3 모의실험 예제

예제 1.

아주 간단한 모의실험으로 sine 함수의 값을 그려보자.

```
time = [0:0.01:5] ;
y = sin(time*2*pi) ;
figure(1) ;
plot(time,y)
grid on ;
```

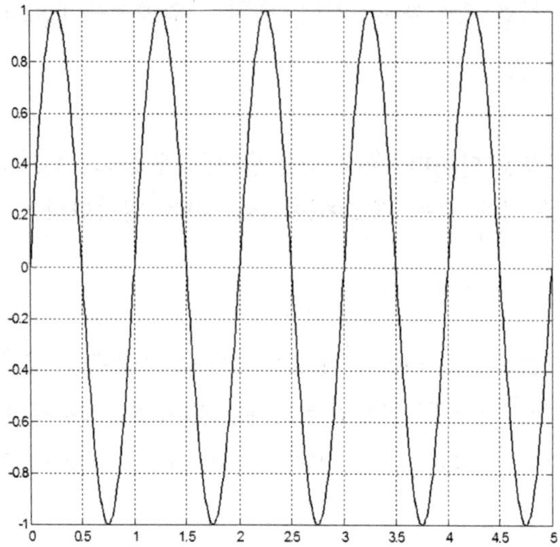

그림 1.4 모의실험 예제 1의 출력

예제 2.

시스템의 입력과 출력을 하나의 그래프에 나타내어 보자.

```
time = [0:0.01:5] ;
u = cos(time*2*pi) ;
num = 10 ;
den = [1 2 0] ;
y = lsim(num, den, u, time) ;
figure(1) ;
subplot(2,1,1) ;
plot(time,u) ;
ylabel('input') ;
grid on ;
subplot(2,1,2) ;
plot(time,y) ;
ylabel('output') ;
xlabel('time') ;
grid on ;
```

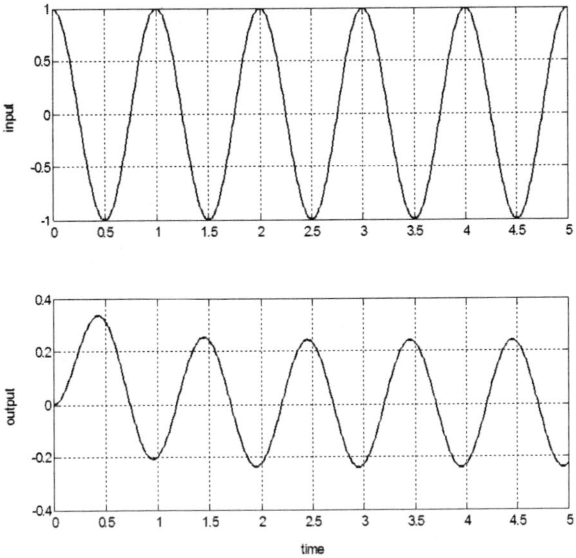

그림 1.5 모의실험 예제 2의 출력

Matlab SimpleEx를 실행하면 그림 1.4와 그림 1.5를 얻을 수 있다.

잠깐만... Matlab의 사용법만을 위한 공부는 지루한 과정이 되기 쉽다. 목적이 없기 때문이다. 기본적인 사용법을 익힌 후 제어기 설계 과정 중에 필요한 부분에 대하여 사용법을 익히면 보다 효과적이고 쉽게 잊어버리지도 않는다.

생각해봅시다. >>>

① 간단하더라도 직접 Matlab 코드를 만들어 보자.
② 인터넷의 검색창에서 Matlab과 관련된 자료를 찾아 사용법을 익힌다.
③ Matlab의 Demo 파일을 실행시켜 보자.
④ 어떻게 하면 실제와 같은 모의실험을 할 수 있을까 생각해보자.

Chapter 02 ... 제어기 설계를 위하여

|학습 목표|

- 제어기 설계 문제를 정의하자.
- 제어 시스템에서 중요한 용어의 의미를 파악하자.
- 모터 제어 시스템의 기본 구성을 익히자.

2.1 제어기 설계

제어 문제를 정의하는 것은 제어기 설계에 있어 매우 중요한 작업이다. 제어 문제의 정의에서부터 제어기의 설계와 구현, 그리고 성능 평가까지 일관성을 가지고 있어야 한다. 잘못 정의된 제어 문제는 적절하지 않은 제어기 설계의 가장 큰 원인이 되며, 궁극적으로 좋은 성능을 기대할 수 없다. 또한 제어기를 불필요하게 복잡하게 만들 수 있으며, 설계 과정에서 발생하는 많은 시행착오의 원인이 되기도 한다. 따라서 전체 제어 시스템에서 얻고자 하는 성능을 정확히 파악하고, 이를 위해 정확하고 합리적인 문제 정의를 하여야 한다.

Point **제어 문제를 잘 정의하는 것이 매우 중요하다.**

2.1.1 제어 문제 정의

기본적인 제어의 목적은 제어 대상 시스템의 출력이 제어 명령을 추종하게 만드는 것이다. 그림 2.1은 제어 문제를 간단한 블록 다이어그램으로 표현한 것이다. 여기서 대상 시스템을 P 라고 하고, 제어기를 C 라고 하자. 이 때 제어는 제어 대상의 출력 y 를 제어 명령 r 과 일치시키기는 것이다. 또한 제어기 설계 문제는 제어 대상의 출력 y 와 제어 명령 r 을 일치시키기 위하여, 제어 대상을 동작하게 하는 제어 명령 u를 만들어 내는 제어기 C 를 설계하는 것이다. 제어가 잘 되고 있는지는 제어 오차 e 로 판별할 수 있다. 실제 제어 문제는 기본적인 제어 문제에 구체적인 값이 부여되고 여러 가지 제약 조건이 부가된다.

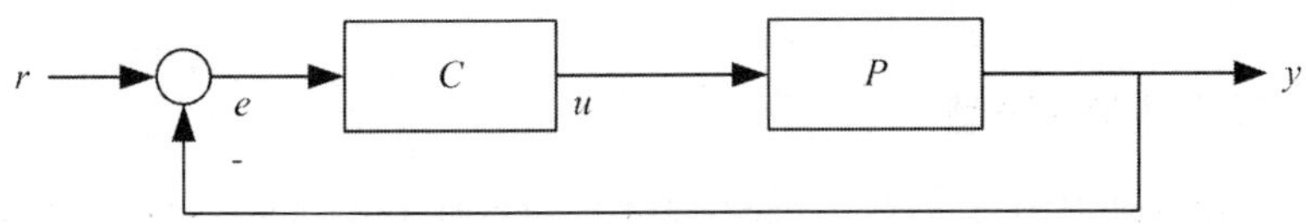

그림 2.1 제어 시스템의 기본 구성도

Point **제어 문제를 정의할 때 물리적인 의미를 잊지 말자.**

잠깐만...

제어 문제를 정의할 때 먼저 그림 2.1과 같은 블록 다이어그램을 그리고, 그림에서 사용된 변수들에 어떤 물리적인 의미를 부여할 것인지 결정하여야 한다. 예를 들면 제어 대상 시스템의 속도를 제어하기를 원한다면 P의 출력 y는 속도가 될 것이며, r은 속도 명령이 될 것이다. 제어 대상 시스템의 위치를 제어한다면 y는 위치가 될 것이고, r은 위치 명령이 된다.

2.1.2 제어 시스템의 선형 특성

일반적으로 제어 시스템을 구성하는 요소는 제어 대상 시스템, 제어기, 센서라고 생각할 수 있다. 먼저 위의 3가지 요소들의 선형과 비선형성을 생각하여야 한다.

잠깐만...

선형이란, 어떤 시스템을 입력과 출력의 관점에서 보았을 때 다음의 두 가지 특징을 만족하는 경우 시스템이 선형이라고 할 수 있고 선형 시스템이라 부른다. 선형 시스템이 아닌 경우 모두 비선형 시스템이 된다.

① 입력이 n 배가 되면 출력이 n 배가 되는 특징 (homogeneity)

② 두 가지 입력을 각각 입력하여 얻은 출력을 합한 것과 두 가지 입력을 합하여 입력한 후 얻은 출력이 같은 특징 (additivity)

물리적인 의미의 관점에서 위의 두 가지 특징을 함께 생각해보면 입력과 출력의 특징이 원점을 지나는 1차 함수로 표현되는 경우에 해당한다.

제어 대상 시스템

세상에 존재하는 모든 제어 대상은 엄밀한 의미에서 선형이 아니다. 그러나 일반적으로 시스템의 동작 범위를 선형 특성이 얻어지는 구간으로 제한하기 때문에 선형이라고 가정하여도 큰 무리는 없다. 그러나 제어 대상 시스템이 선형이라고 가정할 수 없는 특수한 경우도 있다. 예를 들면, 압전 (피에조) 구동기와 자력 구동기는 강한 비선형성 때문에 선형이라고 가정할 수 없다. 단지 제어기 설계가 매우 어렵지만 특수한 목적을 위해 사용하는 것이다.

Point **제어 대상 시스템의 특징을 잘 알면 알수록 좋은 제어기를 설계할 수 있다.**

잠깐만...

제어 대상을 잘 알아야 한다는 의미를 생각해보자. 자전거를 타는 것은 제어 대상이 자전거가 되고 제어기는 자신이 된다. 내가 늘 타던 자전거는 아주 미세한 자전거의 특징을 몸이 느끼고 있다. 무게, 회전 반경, 브레이크의 성능 등등… 그러나 공원에서 빌린 자전거를 타면 왠지 어색하다. 집에 있는 자전거처럼 자유롭지 못하다. 제어 대상의 특징을 알지 못하기 때문이다. 계속 자전거를 타면 점점 편해지는 것을 느낀다. 제어 대상의 특징을 몸이 파악하기 시작한 것이다.

제어기

제어기 자체를 독립된 시스템으로 보았을 때 선형 제어기와 비선형 제어기로 구분할 수 있다. 이는 설계자가 설계 방법에 따라 선형 제어기 또는 비선형 제어기를 선택하여 설계할 수 있음을 의미한다. 보편적인 선형 시스템에 대하여 선형 시스템 이론에 의거하여 설계되는 선형 제어기에는 PID 제어기, Lead-Lag 제어기, 강인 제어기(robust control) 등이 있으며, 적응 제어기, 시간 최적 제어기 등이 비선형 제어기에 포함된다. 이 때 비선형 제어기를 선택하는 것은 설계자의 의도이지만, 분명한 목적에 의하여 선택되어야 한다.

Point **제어기를 선택할 때 분명한 이유가 없다면 간단한 선형 제어기를 선택한다.**

잠깐만...

제어기에는 제어 입력의 최대 출력 범위를 가지고 있다. 이를 제어 입력의 포화라고 하는데, 이로 인하여 제어 대상 시스템이 선형이라고 가정된 경우에도 제어 입력이 포화되는 경우에 전체 시스템은 비선형의 특성을 나타낼 수 있다. 따라서 실제 제어기를 설계할 때에는 반드시 제어 입력의 포화 특성을 고려하여야 한다.

센서

센서 역시 독립된 입출력 특성을 생각할 때 선형과 비선형으로 구분할 수 있다. 센서는 제어 시스템의 성능을 근본적으로 좌우하는 중요한 요소이다. 따라서 가급적 선형 특성을 보이는 센서를 사용하는 것이 좋다. 선형 센서라고 할지라도 저가, 저급의 센서는 부분적으로 비선형성을 보이기도 한다. 한편, 센서의 고유한 특성 때문에 비선형 센서가 되는 경우가 있다. 따라서 센서의 선정에 신중을 기해야 하며, 센서의 성능, 특성, 센서 가격 등으로 인해 센서에서 발생하는 문제는 제어기 설계 단계에서 반드시 적극적으로 고려하여야 한다.

센서의 선택에 대한 특별한 제약 조건으로 인하여 비선형 센서를 사용하는 경우 센서의 비선형 특성을 제어기에서 고려해야 하기 때문에 제어기 구성을 어렵게 만든다.

Point **센서의 정밀도 보다 더 정확하게 제어 대상을 제어할 수는 없다.**

2.1.3 피드백

제어 시스템을 구성하는 그림 2.1의 블록 다이어그램에서 이미 가정한 중요한 것이 있다. 피드백이다. 제어에서 제어 대상 시스템의 상태를 측정하여 다시 입력으로 반영하는 것으로 제어를 위해 반드시 필요한 것이다. 피드백을 구성하는 부품은 센서이며 센서는 고유한 특성을 갖는다. 또한 센서가 측정하는 물리적인 값에 따라 센서의 종류와 부착 위치가 결정된다. 일반적으로 센서는 구동 장치에 직접 연결되어 장착되나, 제어 대상 시스템에 따라 다른 곳에 장착될 수 도 있다. 예를 들어 자율 로봇의 경우 구동 모터 축에 회전을 측정하는 센서를 부착할 수 있고, 몸체에 가속도 센서를 부착할 수도 있다.

센서의 특성에 따라 피드백의 물리적인 특성이 결정된다. 그림 2.2처럼 센서의 특징을 S 라고 할 수 있다. 그러나 일반적인 제어 시스템 설계에서는 피드백의 동적 특성이 없는 유니티 피드백을 가정한다. 즉 $S=1$ 이 된다. 만약 이 가정이 적절하지 않을 경우 이 특징을 수학적인 변환을 통해 C 나 P 에 포함시켜 유니티 피드백을 만들 수도 있다.

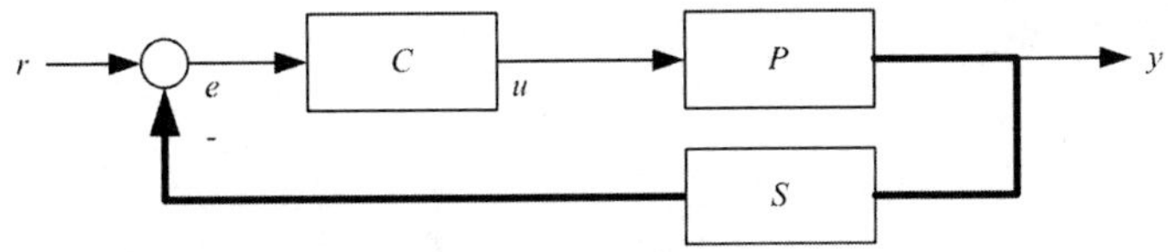

그림 2.2 피드백에서 센서의 특성

잠깐만...

센서의 특성을 나타내기 위하여 조정 상수가 필요할 경우 이를 반드시 제어 문제 구성에 반영하여야 한다. 이를 피드백 이득으로 생각하여 이 이득을 제어 대상에 포함시킨 후, 유니티 피드백으로 생각할 수도 있다. 단 이 때는 시스템의 출력과 센서 측정 값이 일치하지 않을 수 있으므로 어떻게 제어 문제를 구성했는지에 대하여 반드시 기억하고 설계에 반영하여야 한다.

2.1.4 외란

모든 제어 시스템에는 시스템의 동작을 방해하는 다양한 형태의 외란이 존재한다. 따라서 제어 문제에 이를 추가하여 정의를 할 수 있다. 즉, 제어를 방해하는 요소에 관계없이 주어진 제어 명령을 제어 대상 시스템이 추종하도록 하는 것이다. 외란은 다양한 특성을 가지며, 이를 예측하거나 추성할 수도 있고, 그러하지 못할 수도 있다. 또한 외란은 시스템 내부에 있을 수도 있으며, 외부에서 인가될 수도 있다.

Point **제어 문제가 어려워지는 중요한 이유는 외란이다.**

내부의 외란

내부적인 외란은 제어기 C를 설계할 때 사용한 제어 대상의 모델이 실제 제어 대상 P와 다르기 때문에 발생하고, 제어 대상이 여러 가지 원인으로 인하여 변화하여 처음 P와 달라지기 때문에 발생한다. 이를 모델링 오차 또는 시스템 변수 불확실성이라고도 한다. 특히, 제어기를 설계한 후, 시스템이 동작할 때 모델링되지 않은 숨은 특성이 나타나는 경우가 있는데, 이를 숨겨진 동특성이라고 한다.

외부의 외란

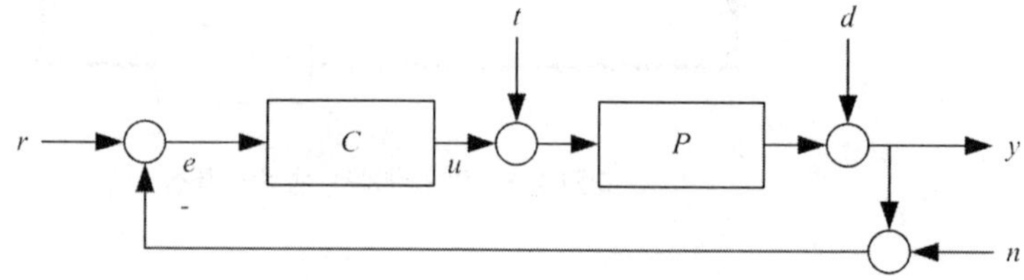

그림 2.3 제어 시스템에서 외란

외부 원인에 의한 외란은 토크 외란과 출력 외란으로 구분할 수 있다. 그림 2.3에서 토크 외란은 t 이며 제어 대상 시스템에 영향을 주는 외란을 의미한다. 예를 들면, 1 V를 인가했을 때 100 rpm으로 회전하는 모터가 있다고 가정하자. 모터가 선형의 특성을 보인다는 가정아래 2 V를 인가하면 200 rpm으로 회전할 것을 예상할 수 있다. 그리고 0.1 V를 높일 때 마다 10 rpm 씩 속도가 증가할 것으로 예상할 수 있다. 만약 2 V를 인가하고 회전수를 측정했을 때 190 rpm이 나왔다면 0.1 V의 토크 외란이 있는 것으로 생각할 수 있다. 즉, 모터에는 2 V가 인가되었지만 외란의 영향이 수학적인 관점에서 거꾸로 환산되어 모터의 입력에 −0.1 V로 작용한 것으로 보고 유효한 모터의 입력은 1.9 V가 되며 결과적으로 출력은 190 rpm이 된 것으로 생각할 수가 있는 것이다. 따라서 그림 2.3에 보는 바와 같이 토크 외란이 인가되는 지점은 제어 대상 시스템의 입력 부분이다. 그러나 이는 실제 설계자가 변경하거나 조정할 수 있는 것은 아니다.

출력 외란은 그림 2.3에서 d 로서 토크 외란과 달리 외부의 영향이 제어 대상 시스템에 영향을 주지 않는 경우이다. 예를 들면 카메라의 영상을 이용하여 운동장의 물체를 정확하게 바라보는 제어 시스템을 만들었다고 가정하자. 만약 바람의 영향으로 물체가 흔들거린다면 제어 시스템은 제어기를 작동하여 바람에 흔들거리는 물체를 추적할 것이다. 바람의 영향은 제어 시스템 내부에는 영향을 주지 않지만, 외란으로 작용하는 것이다. 출력 외란과 제어 명령의 다른 점을 생각해볼 수 있다. 가장 큰 차이점은 제어 명령은 사용자가 주는 것으로 명령의 내용을 알 수 있지만, 출력 외란의 경우는 외부에서 인가되기 때문에 의미를 알 수가 없다. 수학적으로는 토크 외란과 출력 외란을 서로 변환하여 함께 계산을 할 수 있지만 물리적인 의미는 분명히 다르다고 할 수 있다.

잡음

센서에서 발생하는 측정 잡음이 있다. 이는 주파수 대역이 일반적인 외란 보다 매우 높거나 넓게 펴져있는 점에서 외란과 구별된다. 물리적으로 중요한 부분은 제어 대상 시스템의 동작에는 잡음의 영향이 없고, 단지 측정하는 센서에만 잡음의 영향이 있다는 점이다. 그림 2.3에서 잡음 n 이 인가되는 위치를 확인할 수 있다. 따라서 이러한 정보가 마치 제어 대상 시스템의 동작에 잡음이 있는 것처럼 피드백될 때 문제가 발생한다. 따라서 아날로그 센서(가속도 센서 등)를 이용하는 제어 시스템에서는 잡음의 제거 문제를 잘 고려하여야 한다. 다행히도 모터 제어에 널리 쓰이는 디지털 센서(엔코더 등)는 잡음이 심각한 문제를 일으키지 않는다.

Point **시스템의 설계에 있어 외란 및 측정 잡음의 특성을 잘 파악하고, 중요한 요소일 경우 제어기 설계 시에 적극적으로 반영하여 설계하여야 한다.**

2.1.5 제어 입력

제어 시스템에서 제어기의 출력을 제어 입력이라고 한다. 제어기의 설계와 성능의 평가에 있어 제어 입력의 크기와 형태는 매우 중요하다. 예를 들면, 제어 입력의 범위를 고려하지 않으면, 엄청나게 큰 입력을 인가하여 매우 좋은 성능을 얻을 수 있을 것으로 잘못 생각할 수 있다. 또는 매우 빠르게 특정 범위를 반복하는(이를 채터링이라 한다) 제어 입력을 인가하여 외란에 강인한 특성을 보이는 제어기를 설계할 수 있을 것으로 잘못 생각할 수도 있다. 이와 같은 생각은 실제 구현 불가능하거나 시스템의 수명을 크게 단축시키는 제어 입력을 출력한다는 가정에서 기인한다. 따라서 제어기 설계 시에 제어 입력의 범위를 반드시 확인하여야 하며, 제어 입력이 인가되는 형태에 대해서도 반드시 고려하여야 한다. 제어 시스템 설계의 전체 과정 동안 제어 시스템의 성능에 대한 확인과 동시에 제어 입력의 형태를 잘 관찰하여 기술적으로 타당한지 확인하면서 설계를 진행하여야 한다.

Point **제어기 설계 시에 응답 특성과 제어 입력은 언제나 함께 확인한다.**

잠깐만...

모의실험의 결과로만 제어 입력의 특성을 파악하는 것은 부족하다. 모의실험에서 제어 입력의 크기에 대한 것은 어느 정도 실제 경향을 예측할 수 있으나, 채터링과 같은 세부적인 제어 입력 특징은 파악하기가 어렵다. 보다 실제에 가까운 모의실험 환경을 구현함과 동시에 실험으로 반드시 확인하여야 한다.

제어 입력의 포화

제어 입력의 포화는 제어기가 구동기의 범위를 넘어서는 제어 명령을 만드는 상황이다. 이러한 상태에서는 단순히 제어 입력이 최대로 인가되고 있다는 것, 구동기가 최대의 성능을 내고 있다는 것 보다 많은 물리적인 의미를 갖는다. 제어 입력이 포화가 되는 동안 제어 시스템은 순간적인 개루프(open loop) 상태로 볼 수 있다. 즉, 피드백이 정상적인 작용을 하지 못한다는 것을 의미한다. 따라서 설계된 제어기는 정상적인 성능을 다 하지 못하고, 선형 제어기라 할지라도 순간적으로는 비선형 특성을 갖는다. 보통 제어 입력의 포화는 단위 응답의 경우, 오차가 가장 크게 나타나는 제어 시작 직후 발생한다. 또한 매우 큰 외란이 인가되었을 때도 나타난다. 이러한 상황을 이론적으로 해석하는 것은 복잡한 부분으로 보통 적절한 경험에 의존하게 된다. 고급 제어 이론에서는 이러한 제어 입력의 포화를 고려하거나, 적극적으로 이용한 제어 알고리즘을 개발할 수 있다.

2.2 모터 제어

모터를 제어한다고 하는 것은 일반적인 제어 문제의 정의와 다르지 않다. 즉, 외부의 영향에 관계없이 설정된 제어 목표를, 예를 들면 회전각 또는 회전 속도, 유지하는 것을 의미한다. 그러나 실제 현장에서는 모터만을 단독으로 사용하는 경우 보다는 모터에 다양한 기구들을 부착하여 사용하는 경우가 많다. 대부분의 경우 부착된 기구의 특성을 무시할 수 없으므로 순수한 모터 제어 문제만으로 국

한 할 수 없다. 따라서 제어 대상 시스템은 모터와 부착된 기구를 포함하게 되며, 제어 목표도 기구를 포함하여 설정되어야 한다. 실제 현장에서 쓰이고 있는 모터를 포함한 제어 시스템은 상당히 많은 종류가 있으며 각각 특징을 가지고 있다.

그러나 이 책에서는 특정 제어 대상 시스템을 고려하지 않고 모터 자체만을 고려하여 제어기를 설계하고자 한다. 기구가 설치되므로 발생하는 현상을 고려하는 것 보다는 기본적인 제어기 설계 방법을 익히기 위한 과정에 충실하기 위함이다.

잠깐만...

모터의 제어기 설계 경험을 충분히 쌓으면 기구부가 장착되어도 이미 습득한 이론과 경험을 바탕으로 해결을 할 수 있거나, 적어도 올바른 방향을 찾을 수 있을 것이다. 사실 모든 제어 대상 시스템에 적용이 가능한 만능 제어기는 존재하지 않는다. 따라서 제어 대상 시스템이 달라지면 당연히 제어기도 달라져야 하며, 이 때 제어기 설계에 대한 이론 지식과 축적된 경험은 새로운 제어기 설계에 있어 시간과 노력을 단축시키고, 좋은 결과를 얻을 수 있게 한다.

2.2.1 모터 제어 목적

모터는 제어 목적에 따라 위치 제어, 속도 제어, 토크 제어가 있으며, 보다 개선된 성능을 위해 이를 혼합하여 사용하기도 한다.

위치 제어

위치 제어는 모터가 회전하여 특정한 위치에 가거나, 그 위치를 유지하는 것을 의미한다. 예를 들어 모터의 축이 10도 회전하기를 원한다면, 회전축을 제어하여 가능한 빠른 시간 안에 그리고 외부의 영향에 관계없이 모터의 축을 10도 회전한 후, 그 위치를 그대로 유지하는 것이다. 외부의 영향이 완전히 제거될 만큼 작지 않다면, 그 영향을 최소화시키는 것도 위치 제어의 목표가 될 수 있다.

속도 제어

속도 제어는 모터가 일정한 속도에 도달하거나 그 속도를 유지하며 회전하는 것을 의미한다. 예를 들면 모터가 1000 rpm으로 회전하기를 원한다면, 모터는 빠른 시간 안에 그리고 외부의 영향에 관계없이 1000 rpm에 도달한 후, 그 속도를 그대로 유지하는 것이다. 이것 역시 위치 제어와 마찬가지로 외부 영향을 완전히 제거할 수 없다면, 영향을 최소화하는 것도 목표가 될 수 있다. 이를 구현하는 방법은 위치 제어 방법과 상당히 유사하나, 제어 명령이 목표 회전 속도로 주어지고, 출력은 측정된 회전 속도 또는 측정된 회전 각의 변화율로 얻어진다.

잠깐만... 위치 제어의 성능을 높이기 위하여 위치 제어를 함에 있어 속도 제어를 함께 사용할 수도 있다. 즉, 목표 위치에서는 속도가 반드시 0이 되어야 하기 때문에 속도를 미리 정한 가감속 형태로 제어하여 보다 좋은 위치 제어 결과를 얻을 수 있도록 한다.

토크 제어

토크 제어는 모터가 일정한 토크를 발생하도록 하는 것을 의미하며 전류 제어라고 한다. 보통 모터의 증폭기 안에서 일정한 전류를 모터에 인가할 수 있도록 제어한다. 토크 제어 상태에서 모터에 부하가 없을 때에는 모터는 최고 속도로 회전하지만 부하가 인가되면 일정한 토크가 유지된다. 즉 일정한 토크가 유지되는 회전 속도를 나타내며 과부하가 인가되면 회전을 멈춘다. 작은 모터의 경우 모터 회전축을 손으로 잡아서 회전을 멈출 수 있다면 토크 제어 상태인 것이다.

2.2.2 모터

산업에 널리 쓰이는 구동기를 분류해보면 공기압식, 유압식, 전기식으로 나눌 수가 있으나, 이들 가운데 소형, 경량이며 제어성이 좋은 전기식 구동기, 즉 모터가 가장 보편적으로 사용되고 있다. 모터는 크게 DC 모터와 AC 모터, 스텝 모터로 분류할 수 있다. 여기서는 무정류자 모터(Brushless DC Motor)에 대하여 간단히 설명한다.

BLDC 모터

일반 DC 모터는 효율 및 동작 특성이 양호하여 동력용은 물론 서보 모터로서 널리 사용되고 있다. 그러나 DC 모터는 구조적으로 브러시 및 정류자를 가지고 있기 때문에 이 부분의 기계적인 마모로 수명이 길지 못하고 정기적인 보수를 필요로 한다. 또한 브러시에서의 전기 또는 자기적인 잡음이 발생하여 주변의 전자기기에 장애를 주는 등의 단점이 있다. 이와 같이 일반 DC 모터의 단점을 보완하기 위하여 일반 DC 모터의 브러시와 정류자를 트랜지스터와 같은 반도체 스위칭 소자로 교체한 것을 BLDC 모터라고 한다.

BLDC 모터의 장점과 단점

장점

- 브러시와 정류자가 없기 때문에 신뢰성이 높고 수명이 길다.
- 속도 및 토크 제어가 가능하며, 제어성이 우수하다.
- 브러시의 전압 강하나 마찰 손실이 없고, 효율이 좋다.
- 전기 또는 자기적 잡음이나 기계적 소음이 거의 없다.
- 브러시와 정류자가 없으므로 소형화, 박형화가 용이하다.
- 내부에 기계적인 접착부가 없으므로 고속 운전이 가능하다.
- 순간 허용 최대 토크와 정격 토크의 비가 크다.
- 고정자에서만 열이 발생하므로 냉각이 용이하다.

단점

- 회전자는 영구자석으로 되어 있으므로 회전자의 관성을 작게 하는 데 제한이 있다.
- 보통 회전자에 페라이트 자석을 사용하므로 체적당 토크가 작다.
- 일반 DC 모터에 비하여 비교적 가격이 높다.

2.2.3 모터 제어용 센서

모터 제어에 사용되는 센서는 일반적으로 엔코더와 포텐셔 미터가 사용된다.

엔코더는 모터의 회전 각도(회전형 모터)나 위치(선형 모터)를 측정하는 센서로 디지털로 출력을 발생한다. 앱솔르트 엔코더는 모터의 현재 위치를 정해진 비트 수만큼 출력하며 절대 위치를 알 수 있다는 장점이 있다. 그러나 가격이 비싸고 크기가 상대적으로 크다. 한편 인크리맨털 앤코더는 모터의 위치가 변화함에 따라 펄스를 발생시켜 출력하는 방식이다. 일반적으로 A, B, Z의 3가지 상에 모터가 기준 각도만큼 회전할 때 마다 펄스를 발생시키는 것으로서 앱솔르트 앤코더보다 가격이 저렴하며, 구조가 간단한 장점이 있다. 앤코더는 디지털 값을 읽을 수 있는 회로가 요구된다. 1 회전당 펄스 수가 적은 경우 제어 정밀도를 높이기 위하여 채배(frequency multiplication) 회로를 사용하여 펄스 수를 증가시킬 수 있다.

포텐셔 미터는 각속도를 측정하는 센서로 아날로그 출력을 발생하며, 보통 ADC를 이용하여 계측한다.

생각해봅시다. >>>

① 주변에서 발견할 수 있는 제어 시스템을 하나 선택하여 어떻게 피드백이 구성되는지 생각해보자.
② 주변에서 발견할 수 있는 제어 시스템을 하나 선택하여 어떤 구동기를 사용하는지, 어떤 센서를 사용하는지 생각해보자.
③ 주변에서 발견할 수 있는 제어 시스템을 하나 선택하여 어떤 제어 성능이 요구되는지 생각해보자.
④ 가상의 제어 대상을 선택하고 어떤 외란이 있는지 생각해보자.
⑤ 인터넷에서 모터, 엔코더 등의 제품 설명서를 찾아보자.

Chapter 03 ... 제어 알고리즘의 구현

| 학습 목표 |

- 제어기 구현 방법을 파악하자.
- 실시간 제어 방법을 이해하자.
- 제어기 설계 순서를 이해하자.
- 제어기 설계, 모의실험, 실험까지의 과정을 알아보자.

3.1 제어기 구현

3.1.1 아날로그 제어기와 디지털 제어기

최근에 개발되는 대부분의 제어기는 마이크로프로세서를 이용한 디지털 제어기이다. 예전에는 주로 저항과 같은 수동 소자 또는 Op-Amp와 같은 능동 소자를 이용하여 아날로그 제어기를 구현하였다. 지금도 특별한 이유가 있는 경우에는 아날로그 제어기를 구현한다. 아날로그 제어기는 구조가 간단하고 비용이 적게 드는 장점이 있지만, 개발 후에 제어기를 변경하려할 때 마다 하드웨어를 계속 수정하여야 하고, 시스템마다 제어기의 하드웨어 구조를 설계하여야 하는 번거로움이 있다. 또한 고급 제어 알고리즘을 구현하기가 쉽지 않다. 반면, 디지털 제어기는 제어 알고리즘을 프로그램으로 작성하여 동작시키기 때문에 범용의 마이크로프로세서를 이용하여 소프트웨어 작업만으로 다양한 제어기를 개발할 수 있다. 또한 복잡한 제어 알고리즘도 구현이 가능하며 다양한 응용 기능을 추가할 수도 있다. 마이크로프로세서를 이용한 디지털 제어기의 설계와 구현은 제작비용이 높고 하드웨어 및 소프트웨어 등의 다양한 분야의 지식과 장비가 요구되는 어려움이 있다. 그러나 최근 다양한 디지털 부품의 공급으로 가격대비 성능을 고려한 적절한 시스댐을 설계할 수 있으며, 사용이 편리한 장비의 도움으로 하드웨어와 소프트웨어 개발이 쉬워지고 있다.

Point **마이크로프로세서를 이용하면 소프트웨어의 수정만으로 다양한 제어기를 구현할 수 있다.**

3.1.2 제어기의 성능

여기서는 디지털 제어기만을 고려하여 제어기를 설계하고자 한다. 디지털 제어기의 성능은 다양한 요소에 의하여 결정된다. 물론 제어 알고리즘이 큰 부분을 차지 하지만, 하드웨어의 성능은 그 자체로도 제어 시스템의 성능을 좌우할 수도 있다. 더욱 중요한 부분은 제어 알고리즘의 설계에 하드웨어 성능이 제약 조건으로 작용할 수 있다는 점이다. 특히 마이크로프로세서의 연산 속도, AD 변환기의 변환 시간, DA 변환기의 출력 시간 등은 고성능 제어 시스템의 설계에 있어 제어 시스템의 물리적인 성능 한계와 직결되는 중요한 요소들이다.

잠깐만...

제어기의 하드웨어를 설계한 후에 프로그램, 즉 제어 알고리즘에 의해서만 성능을 개선하려고 하는 경우가 있다. 이것은 어느 정도 가능하지만 분명히 한계를 갖는다. 예를 들면 전체 시스템의 응답 속도는 제어기의 샘플링 시간에 따라 구현의 한계가 결정된다. 보통 이론적으로 구현 가능한 대역폭의 범위는 샘플링 주파수(시간의 역수)의 1/10에서 1/20 정도이다. 예를 들어 1 kHz(1 msec)의 샘플링 주파수를 가지면, 대역폭은 최대 50~100 Hz를 구현할 수 있는 것이다.

Point **제어기의 물리적인 성능 한계는 하드웨어가 좌우한다.**

물론 충분히 빠르고 좋은 하드웨어를 가지고 제어기를 설계하면 걱정할 것이 많이 줄어든다. 그러나 필요 이상의 성능을 갖는 하드웨어의 장착은 제어기 개발 비용을 높이기 때문에 제어 목표 선정, 적절한 제어 알고리즘, 제어기 설계 및 구현 과정을 합리적으로 고려하여야 한다. 일반적으로는 제어 시스템의 설계 순서는 그림 3.1과 같다.

단지, 연구용 시제품 개발에 있어, 특정 알고리즘을 선정하기 매우 어려운 상황에서는 개발 시간을 단축하고 제어 알고리즘의 성능 검증에 집중하기 위하여 매우 뛰어난 성능의 하드웨어를 사용하여 제어 알고리즘을 개발하고, 성능과 시스템의 가격을 조정하는 상용화 과정을 거치기도 한다.

3.2 실시간 제어

실시간(Real-time)이라는 용어는 매우 엄밀함을 요구하는 단어이나, 현실적으로 즉시라는 의미로 쉽게 이해할 수 있다. 마찬가지로 실시간 제어(Real-time Control)의 의미도 다양한 표현으로 정의할 수 있다. 여기서 핵심적인 내용은 일정한 시간 주기로 제어 동작을 수행하며, 주어진 시간 안에 제어 동작을 위한 준비를 완료하는 것이다. 이와 같은 조건은 제어 대상 시스템 및 제어 요구 사항에 따라 엄격하게 적용될 수도 있고 약간의 오차를 허용할 수도 있다.

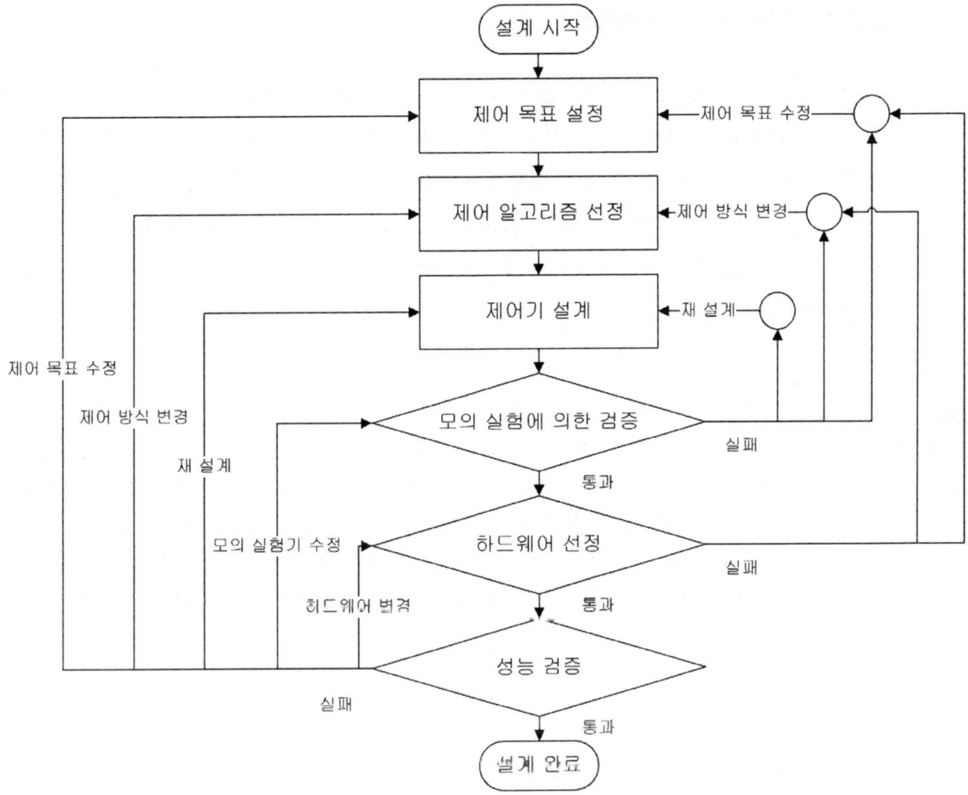

그림 3.1 제어기 설계 절차

일반적으로 아날로그 회로로 구성된 제어기는 전기가 흘러가는 속도로 실행이 되기 때문에 거의 완벽한 실시간 제어가 되며, 따라서 매우 높은 대역폭을 가지고 있다고 생각할 수 있다. 이에 반해 디지털 제어기의 경우 설계자가 시스템 전체가 실시간성을 보장하도록 설계하여야 한다. 여기에 포함되는 주요 요소는 센서, 제어기의 하드웨어(CPU), 소프트웨어 및 운영체계, 제어 알고리즘 등이며, 전체 시스템에 대한 성능 요구 사항도 중요한 설계 기준이 된다.

실시간 제어기 설계를 위해서는 일정한 시간마다 제어기가 동작하도록 하는 방법을 구현하여야 한다. 실시간 운영체계를 이용할 수 있고, 더 간단하게 인터럽트에 의해 구현할 수 있다. 이 책에서는 인터럽트를 이용하는 방법을 설명한다.

3.2.1 인터럽트의 발생

인터럽트는 일정한 시간에 반복적인 작업의 시작을 보장하기 위하여 하드웨어, 주로 타이머에 의하여 요청된다. 외부 하드웨어(타이머)에 의한 방법은 원하는 시간 마다 인터럽트가 발생하도록 타이머를 설정한다. 이후 타이머에 의하여 인터럽트가 발생하면 이미 약속된 인터럽트 서비스 루틴이 실행되게 되며 이는 다른 어떤 동작보다 우선순위가 높다. 이 인터럽트 서비스 루틴에 제어 알고리즘이 실행되는 프로그램이 있다.

잠깐만...

여러 사람이 대화하는 중에 어떤 사람이 손을 들고 대화를 중단시키는 것을 인터럽트라고 한다. 마찬가지로 마이크로프로세서의 입장에서 보면 외부로부터 인터럽트가 걸리는 것이고, 이 때 처리하던 일을 멈추고 인터럽트에 의해 요청된 일을 해주는 것이다. 반대의 개념으로 "폴링"이 있다. 이것은 마이크로프로세서가 주기적으로 외부에서 필요한 것을 확인하는 방법으로 마이크로프로세서에 많은 부담을 주기 때문에 좋은 방법은 아니다.

3.2.2 인터럽트 서비스 루틴

인터럽트 서비스 루틴은 인터럽트가 발생할 때 실행하도록 하는 작은 프로그램으로 제어기 설계자가 미리 지정을 하여야 한다. 설정된 주기에 따라 호출이 되는 인터럽트 서비스 루틴에 제어 알고리즘이 구현되어 있으며 다음의 순서로 동작을 한다. 이는 그림 3.2로 나타낼 수 있다.

① 저장된 제어 입력을 DAC를 통해 출력한다.
② 센서 측정 값을 읽는다.
③ 제어 입력을 생성하기 위해 제어 알고리즘의 연산을 수행한다.
④ 계산된 제어 입력은 다음 출력할 때까지 저장된다.
⑤ 다음 인터럽트가 발생할 때까지 대기하거나 다른 프로세스를 처리한다.

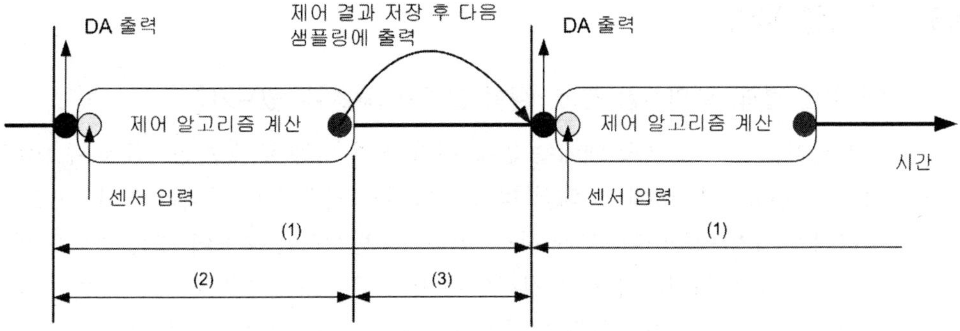

그림 3.2 제어 알고리즘의 동작 순서

저장된 제어 입력을 가장 먼저 출력하는 이유는 일정한 시간에 제어 입력을 출력하기 위해서이다. 제어 알고리즘의 연산이 끝난 후 출력하게 되면 같은 알고리즘이라도 연산 수행 시간 (2)에 따라 출력 시간에 작은 차이를 만들게 된다. (3)은 CPU가 다른 작업을 처리할 수 있는 여유 시간을 의미한다. 보통 이 시간에 그래픽을 처리하거나 사용자의 입력을 처리한다. 이 때 다른 작업을 완료하지 못했다 하더라도 인터럽트가 발생하면 수행을 중지하고 제어 알고리즘 수행을 위한 인터럽트 서비스 루틴을 실행한다. (1)은 주어진 샘플링 시간이며, 제어 알고리즘의 모든 작업이 이 시간 안에 수행되어야 한다. 만약 이 시간에 모든 작업을 끝마칠 수 없다면, 전체 시스템의 성능이 급격히 떨어지며, 심한 경우 제어 불능 상태가 될 수 있다. 해결 방법으로 샘플링 시간을 늘리거나, 계산 속도가 좀 더 빠른 마이크로프로세서를 사용하거나, 제어 알고리즘을 빠르게 수행할 수 있도록 수정하여야 한다. 그러나 실제 이러한 수정 작업은 다른 여러 가지 문제와 연관되어 있어 쉽게 결정할 수 없는 것이 보통이다. 따라서 처음 제어기를 설계할 때부터 샘플링 시간, 제어 알고리즘의 계산량, 마이크로프로세서의 연산 처리 능력을 함께 고려하여야 한다.

3.3 디지털 제어

왜 이론 결과, 모의실험 결과, 실험 결과가 다를 수 있는가?

제어기를 처음 설계할 때에는 연속 시간 영역 또는 주파수 영역에서 수행하는 것이 편하다. 많은 설계 및 해석 방법이 알려져 있을 뿐만 아니라 직관적으로 이해하기가 쉽기 때문이다. 이산 시간 영역에서 발생하는 문제에 대한 생각은 미루어 둘 수 있다. 그러나 설계가 진행됨에 따라 이산 시간 영역에서 발생하는 문제를 다루어야 하고 결국 최종 단계에서는 프로그램으로 만들어야 한다.

여기서 중요한 것은 설계한 제어 알고리즘을 정확하게 구현을 하는 것이다. 그러나 실제로 미분, 적분과 같은 수학적인 표현을 완벽하게 프로그램에서 구현하는 것이 불가능하고, 제어 알고리즘이 이산 시간 영역에서 구현되기 때문에 완전히 같도록 만들 수는 없다. 따라서 근사적인 방법을 사용하게 되는데 이러한 것들이 설계, 모의실험, 실험의 차이를 만드는 원인이 된다.

잠깐만... 더 큰 원인은 설계할 때 주어진 모의실험의 환경이 실험의 환경과 다르기 때문이다.

특히 연속 시간 영역에서 설계된 제어기가 디지털 제어기, 즉 이산 시간 영역에서 구현이 될 때, 설계한 대역폭에 비하여 샘플링 주파수가 충분히 빠르지 않은 경우 모의실험 결과와는 달리 성능이 저하되거나, 심한 경우 시스템이 불안정해 질 수 있다. 또한 각각의 설계 단계에서 사용하는 제어기의 파라미터 값을 그대로 사용하지 못하는 경우도 있다. 이것은 제어 알고리즘을 구현할 때 사용하는 근사적인 방법이 유일한 한 가지가 아니기 때문이다. 모의실험과 실험에서 사용한 근사화 방법이 같지 않다면 모의실험을 통해 얻은 파라미터 값을 실험에서 그대로 사용할 수 없다. 이러한 측면에서 제어 알고리즘을 구현하는 방법을 체계화할 필요가 있다.

Point **이론 결과, 모의실험 결과, 실험 결과의 차이를 극복하기 위해 가장 먼저 해야 할 것은 차이점을 분명히 아는 것이다.**

3.3.1 제어기 설계, 모의실험, 실험까지의 과정

연속 시간 영역 또는 주파수 영역에서 설계

수학적인 표현을 그대로 사용하여 설계한다. 구현에 관한 사항은 주어진 제어기 설계 목표로서 고려가 된다. 연속 시간 영역에서는 시간 t 의 함수로, 주파수 영역에서는 미분 방정식의 라플라스 변환 영역인 s 영역에서 표현된다.

잠깐만...

다음 단계에서 변환될 z 영역에서 직접 제어기의 설계도 가능하다. 그러나 이를 위해서는 별도로 z 영역에서의 제어기 설계 및 해석 방법을 공부하여야 한다. s 영역에서 설계 장점은 많은 설계 및 해석 방법이 있다는 것이다. 두 영역의 장점을 취한 w 영역 설계도 있다.

연속 시간 영역 또는 주파수 영역에서 모의실험

수학적인 표현을 그대로 사용하여 모의실험을 한다. 이 때 발생하는 자이는 수치 해석 측면에서 파악을 할 수 있으며, 제어기 설계 결과에 의하여 변화가 있는 것은 아니다. 주로 미분 방정식을 풀 때 필요한 적분 단위 크기(integral step size)와 관련이 있다. 이 단위를 작게 할수록 오차는 작아지지만 모의실험 수행 시간이 길어진다. Matlab에서는 이 단위를 자동으로 조정해 주는 기능이 있다.

잠깐만...

이론적으로 모의실험에서 적분 단위 크기는 선형 시스템의 경우 상태 수(condition number)에 의하여 결정할 수 있다.

이산 시간 영역에서 모의실험

연속 시간 영역에서 이산 시간 영역으로의 변환은 제어기 설계자가 샘플링 주파수를 선택하여 이루어진다. 즉, 시간 t 에 따라 연속적으로 변화하는 제어기 출력은 몇 번째 출력이라는 표현으로 바뀌며, k번째 출력은 $k+1$번째 출력이 발생할 때까지 같은 값으로 유지된다. k와 $k+1$의 시간 차이가 샘플링 시간에 해당하며, 실시간 제어 환경에 의하여 일정하게 유지된다. 이론적으로 이 시간 차이가 아무리 작아도 변환 전후의 차이는 존재하며, 시간 차이가 커짐에 따라 변환 전후의 차이는 커지게 된다. 실제 시간 차이와 변환 전후의 차이는 비례 관계가 아니고, 특정 시간 차이 이상이 되면 변환 전후의 차이가 급격히 커진다. 주파수 영역에서는 차분 방정식의 z변환을 거쳐 얻어지는 z 영역에서 표현된다.

잠깐만...

앞에서 언급한 변환 전후의 성능 저하는 단순히 샘플링 시간의 절대값이 길어지는 것에 기인하는 것이 아니라, 설계된 제어기의 대역폭에 비해 샘플링 주파수가 충분히 빠르지 못한 경우에 발생한다.

이산 시간 영역에서 실험

실험을 위해서는 이산 시간 영역의 결과를 프로그램으로 바꾸어야 한다. z 영역에서 표현된 식은 변환에 의한 차이 없이 그대로 프로그램으로 구현이 가능하다.

3.3.2 이산 시간으로 변환 및 프로그램으로 구현

z 영역으로 변환

모든 선형 제어기는 주파수 영역에서 전달 함수로 표현이 가능하다. 일단 전달 함수로 제어기가 표현되었다고 가정할 때 이를 z 영역으로 변환하는 방법을 에뮬레이션(emulation)이라 하며, 여러 가지 방법이 있으나 트레퍼조이드(trapezoid) 방법을 많이 사용한다. 이를 터스틴(Tustin) 방법이라고도 부른다.

$$s \leftarrow \frac{2}{T}\frac{z-1}{z+1} \tag{3.1}$$

여기서 T는 샘플링 시간을 의미한다. 즉, $C(s)$에 식 3.1을 대입하고 정리하여 $C(z)$ 로 바꾸는 것이다. 이 때 $C(s)$ 의 각항의 계수를 숫자로 표현하지 않고 변수로 표현을 한 후, $C(z)$ 로 정리한다. 따라서 $C(z)$ 의 계수는 $C(s)$ 의 변수로 표현이 되며, $C(s)$ 에서 구한 결과를 그대로 사용할 수 있게 된다.

프로그램으로 구현

변환된 $C(z)$ 는 분모의 최고차항으로 분자, 분모의 모든 항을 나눈다. 따라서 분모의 최고차항은 언제나 1이 되며 다른 항은 z^{-1}의 형태로 바뀌게 된다. 즉 $C(z^{-1})$ 함수가 된다. 이 함수에서 입출력의 물리적인 의미는 입력은 오차 e 이며, 출력은 제어 입력 u 가 된다. 이 식을 정리하면 다음과 같은 형태의 예로 표현할 수 있다.

$$u = a_1 u z^{-1} + a_2 u z^{-2} + b_0 e + b_1 e z^{-1} + b_2 e z^{-2} \tag{3.2}$$

각각의 항에서 음의 지수는 과거 값을 의미한다. 즉 −1은 한 샘플링 시간 전의 값이며, −2는 두 샘플링 시간 전의 값을 의미한다. 따라서 식 3.2는 다음과 같이 이산 시간 표현식으로 바꿀 수 있다.

$$u(k) = a_1 u(k-1) + a_2 u(k-2) + b_0 e(k) + b_1 e(k-1) + b_2 e(k-2) \tag{3.3}$$

즉, 식에서 필요한 과거 값의 수에 따라 프로그램에서 변수의 배열이 정해져야 하며 과거의 값을 저장하여야 한다.

잠깐만...

코드로 작성된 계수의 값을 조정할 때 응답을 추정하는 것은 매우 쉽지 않다. 따라서 식 3.3에서 사용된 계수를 수정할 때마다 위의 과정을 반복하여야 한다. 이를 간편하게 하기 위해서는 위의 계수를 변수로 처리하여 시스템의 초기화 과정에서 이를 계산하도록 구성하는 것이 매우 효율적이다.

변환 예

전달 함수 $C(s)$ 로 표현된 제어기를 터스틴 방법을 사용하여 이산 시간 영역으로 변환하고, 이를 프로그램에서 구현한 예를 단계별로 나타내었다.

$$u(s) = C(s)e(s) \tag{3.4}$$

$$u(z) = \frac{1-2z^{-1}}{1-3z^{-1}-4z^{-2}}e(z) \tag{3.5}$$

$$(1-3z^{-1}-4z^{-2})u(z) = (1-2z^{-1})e(z) \tag{3.6}$$

이는 프로그램에서 다음과 같이 구현된다.

$$u[0] = 3u[1]+4u[2]+e[0]+2e[1] \tag{3.7}$$

3.3.3 근사 미분법

시간에 대한 미분은 수학적으로는 존재하나 엄밀한 의미에서 구현 불가능하다. 미분 값이 존재하기 위해서는 미분 값을 얻기 위한 지점에서 양쪽의 극한 값이 존재하여야 한다. 따라서 현재 시각의 순간에 미분 값을 구하기 위해서는 미래의 시간으로부터의 극한 값을 알아야 한다. 이것은 현실에서는 불가능하다. 현재 시스템의 상태에 영향을 주는 미래의 입력은 생각할 수 없기 때문이다. 이것을 casuality라고 하며 전달 함수에서 보면 분자의 차수가 분모의 차수보다 큰 경우에 해당한다. 이것을 프로퍼(proper)하지 않다고 하며, 구현할 수 없다. 따라서 일반적으로 저역 통과 필터를 함께 사용하여 구현을 한다. 이 때 저역 통과 필터의 절점 주파수는 매우 높게 설계되어 절점 주파수 아래 대역에서는 미분기의 역할을 다하고 절점 주파수 위 대역에서 역할을 제한한다고 생각할 수 있다. 또한 저역 통과 필터와 결합된 미분기는 전달 함수의 분자와 분모의 차수가 같은, 즉 바이프로퍼(bi-proper)하기 때문에 구현 가능하다. 이를 수식으로 표현하면 다음과 같다.

$$C(s) = s\frac{1}{(1/N)s+1} = s\frac{N}{s+N} \tag{3.8}$$

여기서 N 은 충분히 큰 수를 의미하며, 보통 1000을 사용한다. 저역 통과 필터만을 생각할 때 1000의 의미는 그림 3.3에서 보는 바와 같이 약 1000 rad/sec ($1000/2\pi$ Hz)에서 절점 주파수를 갖는 필터이다.

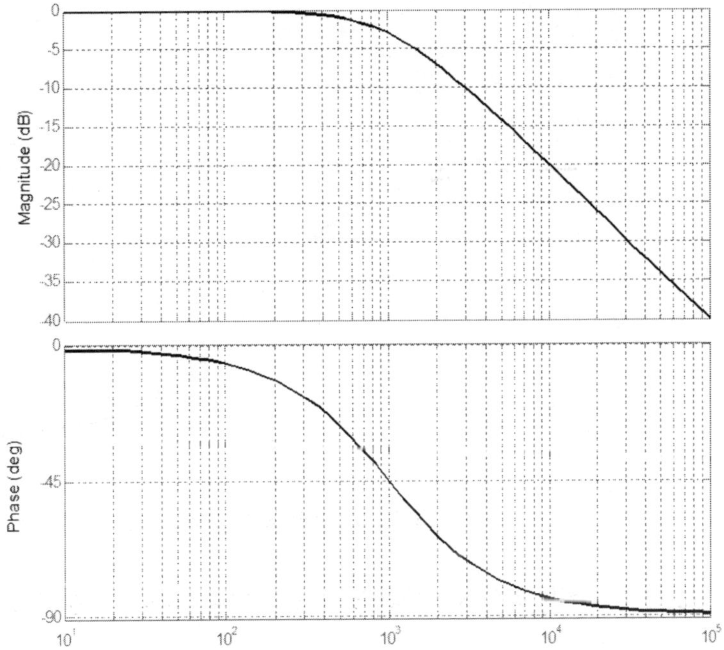

그림 3.3 저역 통과 필터의 특성

Matlab LPBodeEx을 실행하면 그림 3.3의 Bode 선도를 얻을 수 있다.

참고로 고역 통과 필터의 특징은 그림 3.4와 같다.

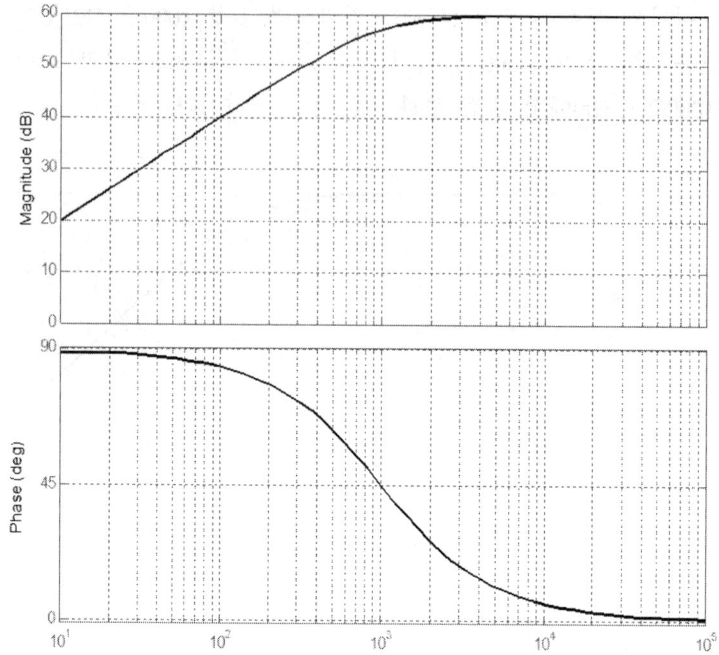

그림 3.4 고역 통과 필터의 특성

Matlab HPBodeEx을 실행하면 그림 3.4의 Bode 선도를 얻을 수 있다.

생각해봅시다. >>>

① 주변에서 발견할 수 있는 제어 시스템 중에 아날로그 제어를 하는 것과 디지털 제어를 하는 것을 구분해보자.
② 인터넷에서 어떤 마이크로프로세서가 제어 시스템에 널리 사용되는지 알아보자.
③ 제어 알고리즘이 계산될 때 걸리는 시간을 계산할 수 있을까 생각해보자.
④ 연속 시간 영역, 이산 시간 영역, s 영역, z 영역의 관계를 생각해보자.
⑤ 모의실험의 결과와 실험의 결과가 달라지게 되는 구체적인 원인을 생각해보자.

Chapter 04 ... 시간 영역에서 제어기 설계

|학습 목표|

- 시간 영역의 응답 특징을 관찰하자.
- 시간 영역의 응답 특징을 정의하자.
- 모의실험을 위한 모델과 피드백을 확인하사.
- 현실적인 모의실험을 위해 추가되는 요소를 찾아보자.

4.1 시간 영역에서의 특성

4.1.1 시간 영역에서 제어기 설계

시간 영역에서 제어기 설계는 시간의 흐름에 따른 출력 특성을 관찰하여 제어기를 설계하는 방법이다. 궁극적으로 모든 제어기의 성능은 시간에 따라 평가된다. 따라서 이 방법은 성능 평가 기준을 그대로 이용하여 제어기를 설계한다는 측면에서 가장 기본적이며 정확한 방법이라고 생각할 수 있다. 그러나 이 방법은 주로 경험이나 시행착오 방법에 의해 설계하게 되므로 복잡한 제어 대상 시스템이나 고급 제어 방법에 적용하기에는 어려움이 있다.

Point ‖ **모든 제어기의 성능 평가는 결국 시간 영역에서 이루어진다.** ‖

잠깐만...

시간 영역에서의 제어기 설계 경험은 모든 제어기 설계에 매우 중요한 기본을 제공한다. 따라서 제어기 설계자는 시스템의 상태와 출력 특성의 관계를 이론적인 지식으로 뿐만 아니라 경험적 지식으로도 가지고 있어야 한다.

시간 영역의 응답 특성이란?

시간 영역에서 응답 특성은 시간에 흐름에 따라 크게 두 가지로 나눌 수 있다. 과도 응답 특성과 정상 상태 응답 특성이다. 제어기는 주어진 명령을 추종하기 위해 어느 정도의 시간이 필요하며, 이 시간 후에 시스템의 상태는 안정하게 된다. 시스템이 안정하게 되기 전까지의 특성이 과도 응답 특성이며 이후의 특성이 정상 상태 응답 특성이다. 그림 4.1은 단위 입력, 즉 특정 순간에 어떤 상수 값을 갖는 명령을 줄 때 시스템의 특성을 나타낸다. 출력의 특성을 나타내는 이름과 정의를 반드시 이해하여야 한다.

최대 오버슈트(Maximum overshoot)

오버슈트는 제어 명령을 지나치는 출력을 의미하며, 이 중에 가장 큰 값으로

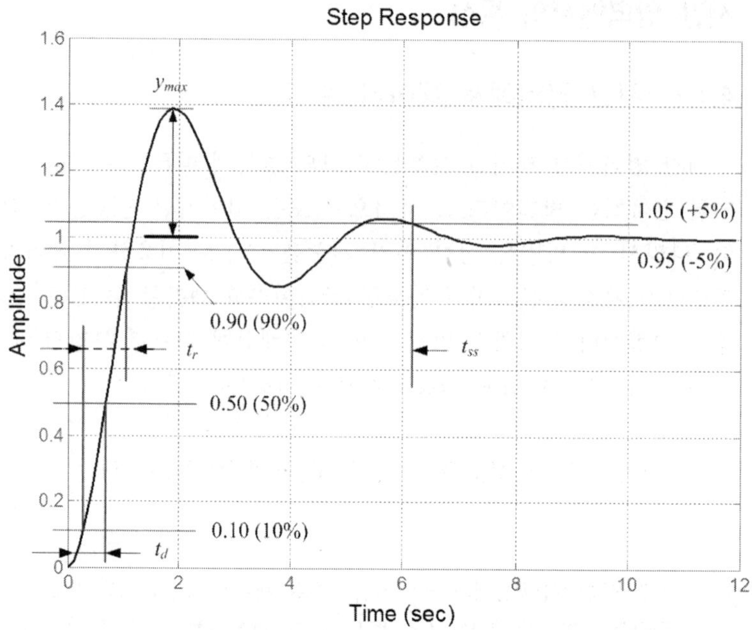

그림 4.1 시간 영역에서의 단위 응답 특성

정의한다. 그림 4.1에서 $y_{\max}$이며 이를 백분율로 정의할 수도 있다. 일반적으로 안정한 시스템에서는 첫번째 오버슈트가 최대가 된다. 이 특징은 단위 응답 특성에서만 유효하다.

지연 시간(Delay time)

최종 제어 명령을 기준으로 50%에 도달하는 데 걸리는 시간으로 정의한다. 그림 4.1에서 t_d에 해당한다.

상승 시간(Rise time)

최종 제어 명령을 기준으로 10%에 도달한 시각부터 90%에 도달에 걸리는 시간을 의미하며, 얼마나 빠른 응답을 보이는지 측정할 수 있다. 그림 4.1에서 t_r에 해당한다.

안정 시간(Settling time)

출력이 최종 제어 명령을 기준으로 일정한 범위 안을 유지하기 시작한 시간을 의미한다. 일반적으로 ±5%의 기준을 사용한다. 그림 4.1에서 t_{ss}에 해당한다.

정상 상태 오차(Steady-state error)

시스템이 안정한 상태에 이르렀을 때의 오차이다. 이 오차는 시간의 흐름에 따라 변화하지 않는 시스템의 특징에 해당한다.

잠깐만...

최대 오버슈트, 지연 시간, 상승 시간, 안정 시간은 시스템의 과도 상태에 관련된 특성이며, 정상 상태 오차는 정상 상태에 관련된 특성이다.

4.1.2 시스템 응답 특성 예

앞 절에서 정의한 과도 응답 특성을 이용하여 그림 4.2의 응답을 비교 분석해 볼 수 있다.

- 그림 4.2의 (1): 지연 시간, 상승 시간에서 다른 결과 보다 짧은 시간을 나타낸다. 그러나 매우 큰 오버슈트와 긴 안정 시간을 보이고 있다. 따라서 이 결과는 전체적으로 볼 때 바람직하지 않다.
- 그림 4.2의 (2): 지연 시간과 상승 시간 측면에서 (1) 결과보다는 늦지만, 작은 오버슈트를 보이고 빠른 안정 시간을 보인다. 오버슈트를 허용하는 시스템의 경우 무난한 결과로 볼 수 있으나, 오버슈트가 조금 더 작도록 하여 보다 빠른 안정 시간을 얻을 수 있는 가능성이 있다.
- 그림 4.2의 (3): 가장 긴 지연 시간과 상승 시간을 보이고 있지만, 오버슈트가 없어 빠른 안정 시간을 보이고 있다. 오버슈트를 허용할 수 없는 대상의 경우 바람직한 응답이다. 그러나 지연 시간과 상승 시간을 좀 더 단축시킬 수 있는 가능성이 있다.

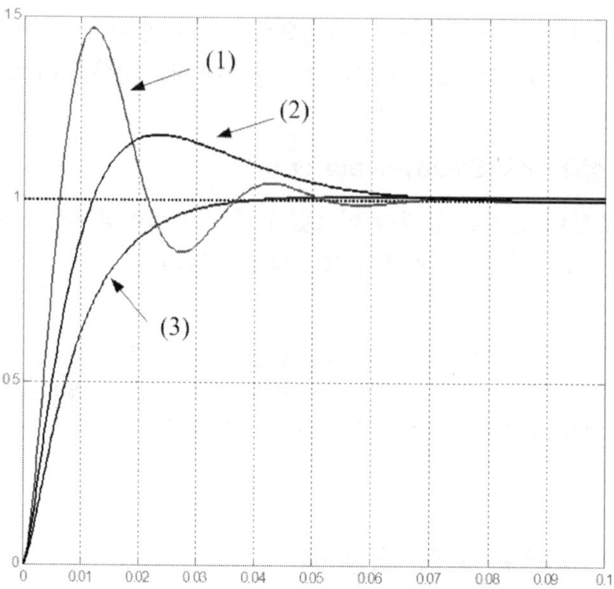

그림 4.2 단위 명령의 시간 영역 응답 특성의 예

Point **제어기 설계에서 응답 특성을 관찰, 분석, 가정, 검증하는 과정을 반복한다. 이런 일련의 과정을 습관화하여야 한다.**

시간 영역에서 단위 응답은 짧은 지연 시간 및 짧은 상승 시간과 작은 오버슈트와 짧은 안정 시간을 요구한다. 따라서 이러한 목적을 동시에 만족 시킬 수 있는 제어기를 설계하여야 한다. 이를 위하여 출력 특성과 제어 입력의 특성을 자세히 관찰하여야 한다.

Point **시간 영역에서의 일반적인 제어기 설계 목표는 짧은 상승 시간, 짧은 안정 시간, 작은 최대 오버슈트, 그리고 정상 상태 오차는 0이다.**

4.2 모의실험 준비

시간 영역과 주파수 영역에서의 제어기 설계 과정을 거치면서 모의실험에서 사용할 시스템의 모델과 모의실험 환경을 준비하고자 한다.

4.2.1 시스템 모델

모터를 수학적으로 표현할 경우 고차 시스템으로 모델링할 수 있으나 보통 2차 시스템으로 단순화하여 모델링할 수 있다. 특히 실험에 의한 모터의 특성을 모델링할 때에도 그림 4.3과 같은 2차 시스템으로 표현된다. 이 때 입력은 제어기의 출력 즉, 제어 명령이며 물리적으로는 전압이 된다. 출력은 위치 즉 각도가 된다.

모의실험을 위한 예로 공진 주파수는 260, 감쇠 계수는 0.004로 하였다. 이것의 주파수 특성을 나타내는 Bode 선도를 그림 4.3에 나타내었다. 여기서 일반적으로 알려진 것과 같이 모터 자체는 저역 통과 필터의 형태를 나타냄을 알 수 있다.

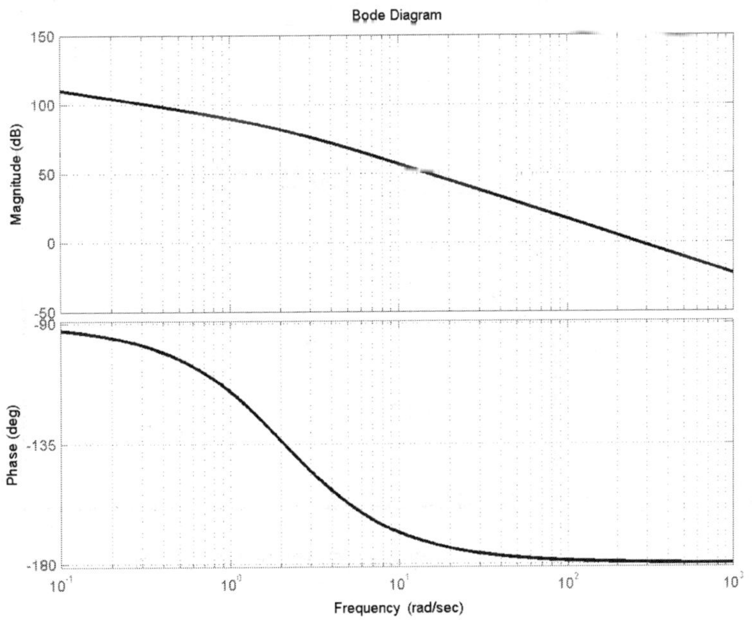

그림 4.3 모터의 주파수 영역 특성

잠깐만... 위상 여유에 대한 설명을 포함한 주파수 영역에서의 특징은 주파수 영역의 설계에서 다룬다.

4.2.2 시스템 모델의 특징

모델링한 모터의 특징을 모의실험을 통해 알아보자. 실제 모터가 눈앞에 있다고 생각해 보면 먼저 모터에 전압을 인가해 볼 수 있을 것이다. 이 때 전압은 제어 명령에 해당하며, 실제 모터 구동에 필요한 전류는 증폭기에 의하여 공급된다고 가정한다.

개루프 특징

모터에 0.1 초 동안만 1 V의 전압을 인가하였다고 가정할 때 모터가 어떤 동작을 할 것인지 모의실험을 통해 확인한다. 예상 결과는 0.1초의 짧은 시간 동안 제어 명령이 인가되어, 모터가 회전을 시작하고, 제어 명령이 사라지고 난 후에도 관성에 의하여 약간 더 회전을 하다가 멈출 것으로 생각된다.

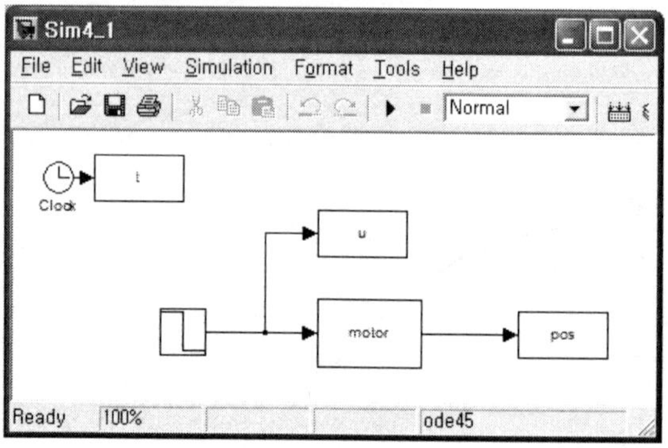

그림 4.4 모터의 개루프 제어 예

Point ‖ **모의실험이나 실험 전에 결과를 예측해보는 습관이 중요하다. 그리고 예측한 결과와 실제 결과를 비교하고 분석하는 것이 매우 중요하다.** ‖

Point ‖ **결과가 예측되지 않은 상태에서의 모의실험이나 실험은 무의미해지기 쉽다.** ‖

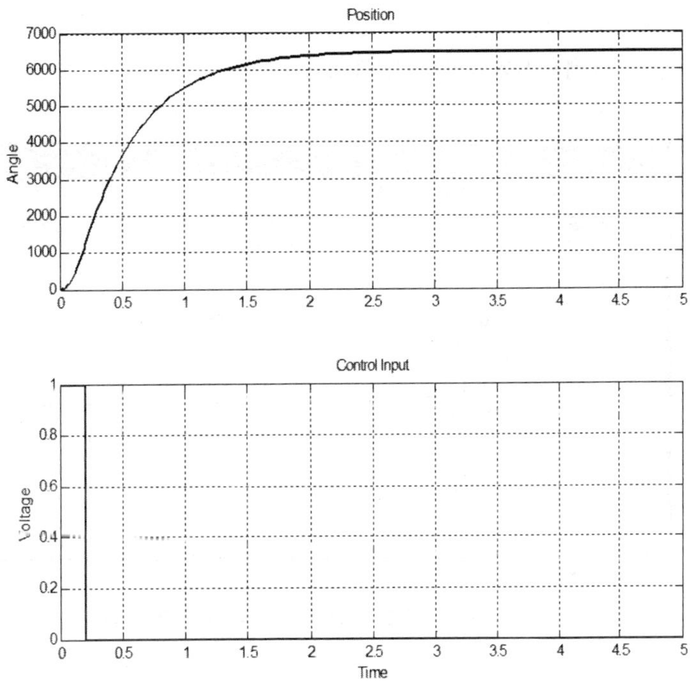

그림 4.5 모터의 개루프 제어 특성의 예

모의실험 결과는 예상했던 그대로 약 6500도를 회전한 후 멈추었다.

Matlab Sim4_1을 실행한 후, 그래프 출력을 위한 p4_1을 실행하면 그림 4.5를 얻을 수 있다.

폐루프 특징

제어기를 구성할 때 반드시 피드백이 사용된다. 피드백에 의하여 오차가 계산되고 이를 이용하여 제어 입력이 계산된다. 그림 4.6은 피드백을 사용하여 모의실험을 구성한 예이다. 여기서 피드백 루프는 이득이 1이기 때문에 유니티 피드백이라고 한다.

Point | **피드백은 자동 제어의 기본이다.** |

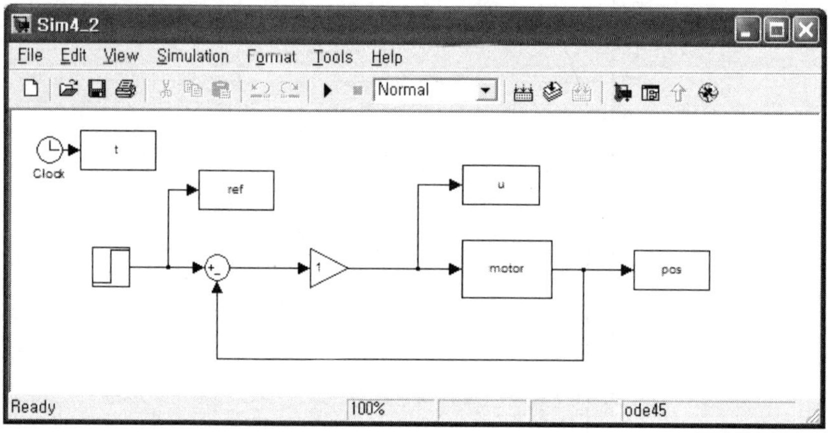

그림 4.6 모터의 피드백 제어 예

그림 4.6의 응답은 그림 4.3에서 예측할 수 있다. 위상 여유가 매우 적기 때문에 오버 슈트가 매우 크고, 진동이 매우 심한 특성을 보일 것으로 생각된다.

잠깐만... 위상 여유를 비롯한 주파수 특성에 대한 자세한 설명은 주파수 영역의 설계에서 다룬다.

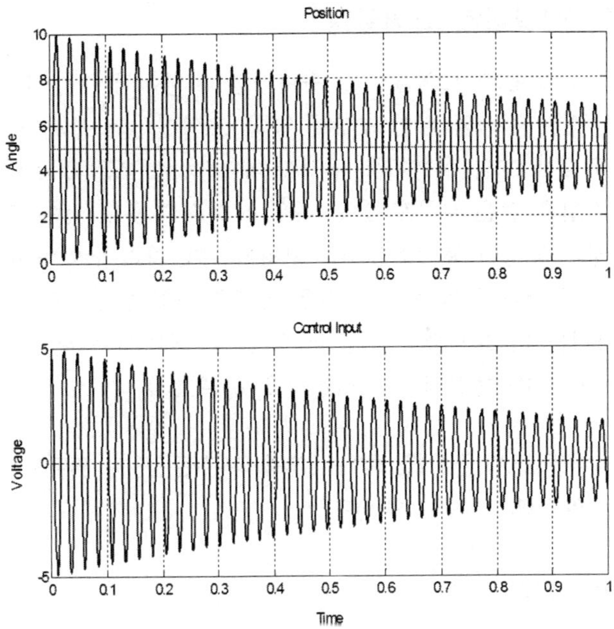

그림 4.7 모터만의 단위 명령에 대한 시간 응답 특성

그림 4.7을 보면 예상과 같은 응답 특성을 얻었음을 알 수 있다. 제어 명령은 5도이지만 모터는 거의 10도까지 회전하였다가 다시 거의 시작점까지 돌아오고 다시 회전한 후 돌아오기를 반복하여 안정해지는 것을 볼 수 있다. 따라서 시간 영역의 특징은 지연 시간과 상승 시간은 매우 짧지만 큰 오버슈트를 발생하고 매우 긴 안정 시간을 보인다고 설명할 수 있다. 약 2~3초 후 제어 명령에 다다를 것으로 예상할 수 있지만, 이러한 응답 특성은 실제 모터를 사용할 때 허용할 수 없다. 다음 장에서 이러한 응답 특성을 개선하기 위하여 단계별로 제어기를 설계하도록 한다.

Matlab Sim4_2를 실행한 후, 그래프 출력을 위한 p4_2를 실행하면 그림 4.7을 얻을 수 있다.

4.2.3 현실적인 모의실험

앞에서 수행한 모의실험은 수학적인 환경에서 수행한 모의실험의 결과이다. 따라서 실제 결과와 다를 수밖에 없다. 모의실험의 결과를 실험 결과와 유사하게 하기 위해서 모의 실험기를 구성할 때 가능한 모든 정보를 포함하여야 한다. 이러한 작업은 쉬운 부분도 있고 매우 어려운 부분도 있다. 특히 제어 대상 시스템과 환경의 특성이 복잡해질수록 어려워진다. 따라서 일반적으로 모의실험에서 실험 수준의 결과를 얻는 것은 매우 어려운 작업으로 생각할 수 있으나, 어느 정도 수준까지는 비교적 쉽게 접근할 수 있다. 여기서는 모의실험에 3가지의 요소를 추가하여 보다 현실적인 모의실험을 하려고 한다.

Point **모의실험의 궁극적인 목표는 실험을 모사하는 것이다. 따라서 실험과 같은 결과를 얻기 위한 노력은 계속되어야 한다.**

디지털 제어기

이미 설명한 바와 같이 제어기는 마이크로프로세서를 이용하여 디지털로 구현된다. 따라서 모의실험의 환경에서도 디지털 제어기를 구현하여야 한다.

모의실험에서는 이산 시간 영역(z 영역)으로 변환된 제어기를 사용하며, 샘플링 주파수는 이산 시간으로 변환에 사용한 샘플링 주파수를 사용한다. 설계한 제어기의 대역폭에 따라 샘플링 주파수를 결정하는 것이 순서이나 보통 1 kHz(1 msec)의 샘플링 주파수는 50 Hz ~ 100 Hz까지의 대역폭을 갖는 시스템을 구현하는 데 충분하고 실제 일반적인 마이크로프로세서로 이를 구현하는 것이 그리 어렵지 않기 때문에 예제로 사용되는 모의실험의 샘플링 주파수는 1 kHz를 사용한다.

잠깐만...

이산 시간 영역의 표현은 제어기에만 해당한다. 모터는 디지털로 동작하는 것이 아니기 때문에 모터의 모델은 그대로 연속 시간 영역(s 영역)에서 표현되고, 그대로 모의실험에 사용된다.

잠깐만...

연속 시간 영역, 이산 시간 영역, s 영역, z 영역에 대한 자세한 설명은 주파수 영역 설계에서 다룬다.

출력 해상도

제어 입력은 보통 DA 변환기를 통해 모터의 증폭기에 전달된다. 이 때 DA 변환기는 해상도를 가지고 있다. 보통 12 bit DA 변환기를 널리 사용하는데, 만약 제어 입력이 ±10 V의 범위를 갖는다면 제어 입력은 20/4096 V의 해상도를 갖게 된다. 따라서 이 값보다 더 세밀한 출력은 할 수 없다.

잠깐만...

Matlab의 Simulink에서 해상도를 표현하기 위해서는 아래 그림과 같이 Quantizer를 이용한다. Simulink의 Discontinuities에 있으며, 해당 메뉴에서 Quantization interval을 설정한다.

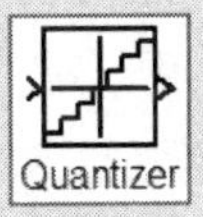

제어 입력 포화

제어 대상 시스템의 성능은 유한하고 제어기의 출력, 즉 제어 입력도 유한하다. 제어 입력의 최대 크기를 명확히 하고, 제어 대상 시스템을 보호하기 위해 지정된 범위 이상의 제어 입력이 발생하지 않도록 설정한다. 이것은 제어기와 별도로 제어기 출력의 최종 단계에 구성된다. 일반적으로 제어 입력의 최대 크기는 ±10 V 또는 ±5 V이나 시스템에 따라서는 0~10 V, 0~5 V인 경우도 있다. 모의실험에서는 제어 입력의 크기를 ±10 V로 제한한다.

잠깐만...

Matlab의 Simulink에서 제어 입력 포화를 표현하기 위해 아래 그림과 같이 Saturation을 이용한다. Simulink의 Discontinuities에 있으며, 해당 메뉴에서 Upper limit과 Lower limit을 설정한다.

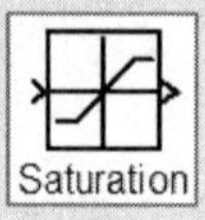

엔코더

모터의 회전각을 측정하는 센서로 엔코더를 사용한다. 이 엔코더는 제품에 따라 정밀도가 결정된다. 모의실험에서는 1회전 360도를 2000 펄스로 계측하는 엔코더를 사용한다고 가정한다. 즉 1 펄스는 0.18도이며 이 각도가 계측할 수 있는 최소 단위가 된다. 따라서 0.1도의 제어 명령은 적절하지 않다. 만약 제어 명령을 0.18도의 배수가 아닌 각도로 주었을 경우 주어진 값의 양쪽 근처 값 사이를 움직이는 결과를 얻게 된다.

잠깐만...

엔코더 블록은 Simulink에 존재하지 않는다. 그림 4.8의 엔코더 블록은 DA 변환기에서 사용한 Quantizer를 이용하여 만든 것이다. Simulink에서는 이와 같이 복잡한 시스템의 경우 구성을 단순화하기 위하여 여러 블록을 포함하는 새로운 블록을 만들 수 있다. 이를 Subsystem이라 하며, 이를 만들기 위해서는 포함할 블록들을 모두 선택한 후, Edit 메뉴의 Create Subsystem을 선택한다.

세부 모델을 추가한 상태, 즉 그림 4.8의 모의실험을 수행하면 다음과 같은 결과를 얻을 수 있다. 그림 4.9에서 보면 0.001초의 샘플링 시간으로 인하여 전체 시스템은 불안정해짐을 알 수 있다. 그림 4.7의 결과도 상당히 안정한 시스템의 응답 특성은 아니었기 때문에 샘플링 시간을 0.00001초까지 빠르게 해야 그림 4.7과 유사한 특성을 얻을 수 있다. 그러나 샘플링 시간만을 이와 같이 빠르게 하는 것은 정상적인 설계 과정으로 볼 수 없다. 즉 문제 해결을 위해 처음부터 다시 전체 시스템의 상태를 파악하여야 한다.

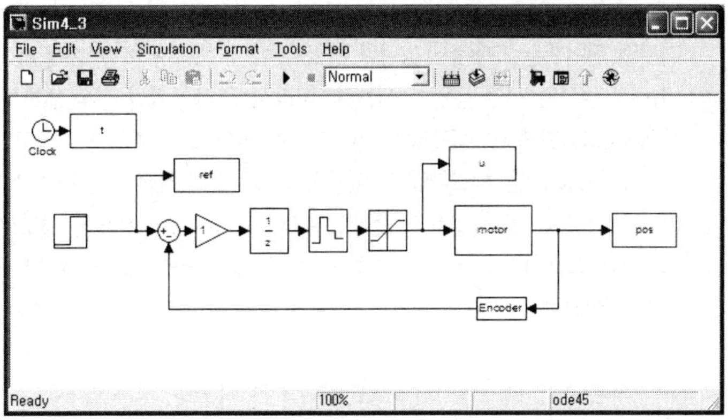

그림 4.8 실제적인 모의실험을 위한 구성

Matlab Sim4_3을 실행한 후, 그래프 출력을 위한 p4_3을 실행하면 그림 4.9를 얻을 수 있다.

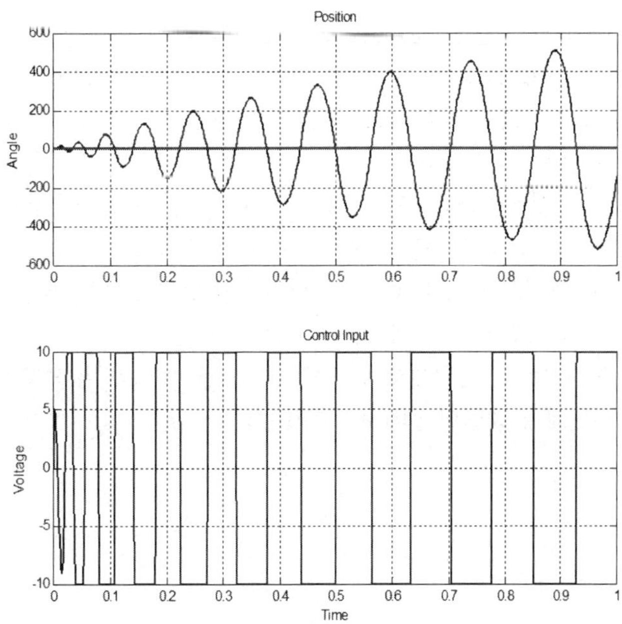

그림 4.9 실제적인 모의실험을 위한 구성에서의 시간 응답 특성

잠깐만...

디지털 제어기는 3장에서 설명한 바와 같이 1 샘플링 시간 후에 제어 입력이 출력되며, 이는 1 샘플링 시간 동안 유지된다. 따라서 P 제어기의 경우 별도의 z 변환이 없기 때문에 모의실험에 1 샘플링 시간 지연을 위한 z^{-1} 블록과 아래 그림과 같은 zero-order holder를 삽입하였다. 일반적인 제어기의 경우 z 변환을 거치면 별도의 zero-order holder를 삽입하지 않아도 된다. 그러나 z^{-1} 블록은 별도로 고려하여야 한다. zero-order holder는 Simulink의 Discrete에 있으며, 해당 메뉴에서 샘플링 시간을 설정한다.

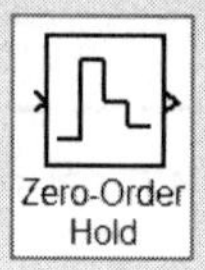

생각해봅시다. >>>

① 단위 응답으로 시간 영역의 응답 특성을 설명하는 이유를 생각해보자.
② 시간 영역에서 궁극적으로 달성하고자 하는 목표가 무엇인지 생각해보자.
③ 그림 4.4에서, 만약 제어 명령을 0.1초 동안 2 V를 인가하였다면 어떤 결과를 얻을 수 있을까?
④ 제어 시스템에서 피드백의 의미가 무엇일까 생각해보자.
⑤ 주변에서 피드백을 사용하고 있는 경우를 찾아보자.
⑥ 피드백 루프에 2인 이득이 있다면 실제 이 의미는 무엇인가? 모터가 두 배 더 움직였다는 의미인가?
⑦ 인터넷에서 상용제품 엔코더의 자료를 찾아서 해상도가 얼마인지 알아보자? 채배 기능의 의미는 무엇인가?

Chapter 05 ... 시간 영역에서 P, PD 제어기 설계

|학습 목표|

- P 제어기의 특징과 한계를 알아보자.
- 시간 영역에서 P 제어기를 설계해보자.
- PD 제어기에서 D 제어기 역할을 이해하자.
- 시간 영역에서 PD 제어기를 설계해보자.
- 제어 입력 포화의 영향을 분석하자.

5.1 시간 영역에서 P 제어기 설계

5.1.1 P 제어기의 특징

가장 간단한 제어기는 비례 제어기, P(proportional) 제어기이다. 이는 오차의 크기에 비례하는 제어 입력, 즉 오차에 상수(P 제어기의 이득이라고 한다)를 곱하여 출력하는 방법이다. 이 때 제어 입력의 부호는 오차의 부호와 같다.

따라서 출력이 제어 명령에 다다르지 않았을 때는 + 제어 입력을, 제어 명령을 지나쳤을 때는 – 제어 입력을 인가하여 오차를 줄여간다. 예를 들어 그림 5.1에서 (1), (3), (5) 구간은 오차와 제어 입력이 + 값을 나타내며, (2), (4), (6) 구간은 오차와 제어 입력이 – 값을 나타낸다.

잠깐만... 오차는 제어 명령에서 현재 상태를 뺀 값으로 정의된다.

Point ‖ **P 제어기는 오차에 비례하는 제어 입력을 만든다.** ‖

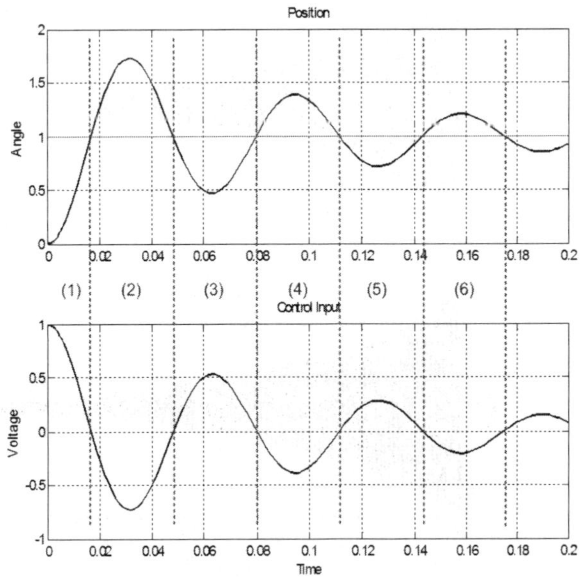

그림 5.1 P 제어에서 오차와 제어 입력의 관계

잠깐만... 그림 5.1의 응답 특성과 제어 입력 특징을 관찰하면 제어기가 P 제어기이며 이득이 1이라는 것을 유추할 수 있다.

5.1.2 P 제어기 이득의 설정

앞 절에서 구성한 피드백 제어기는 제어 이득이 1인 P 제어의 형태이다. P 제어기 이득을 바꾸어 가면서 응답 특성을 관찰해 보자.

응답 특성을 관찰하자!

4장의 그림 4.7에서는 P 제어 이득이 1이었고, 응답 특성은 빠른 상승 시간을 보였지만, 큰 오버슈트와 진동에 가까운 떨림 현상을 보였다. 결국 매우 긴 안정 시간을 나타내었다. 같은 모의실험을 3초 간 지속한 결과가 그림 5.2이다.

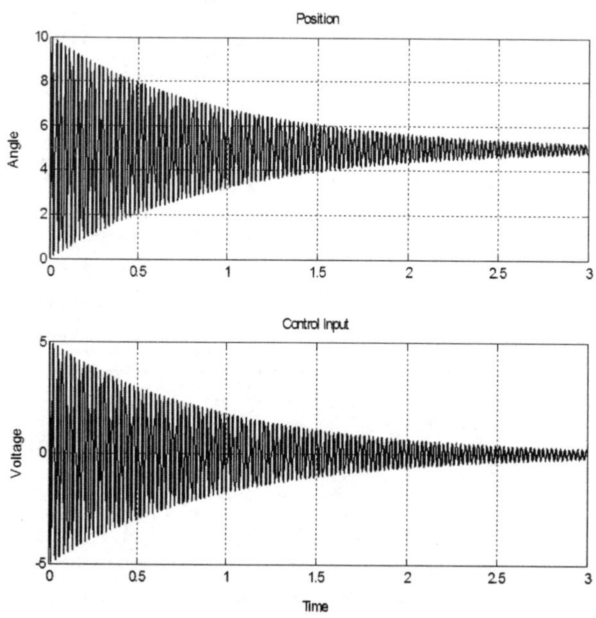

그림 5.2 P 제어 이득이 1일 때 3초 간 응답 특성

P 제어 이득을 줄여가면서 응답 특성을 관찰하자. P 제어 이득을 작게 함에 따라 상승 시간이 길어지면서 출력이 진동하는 특성은 작아질 것으로 예상된다. P 제어 이득을 0.1로 할 경우가 그림 5.3이며, 0.001로 할 경우가 그림 5.4이다.

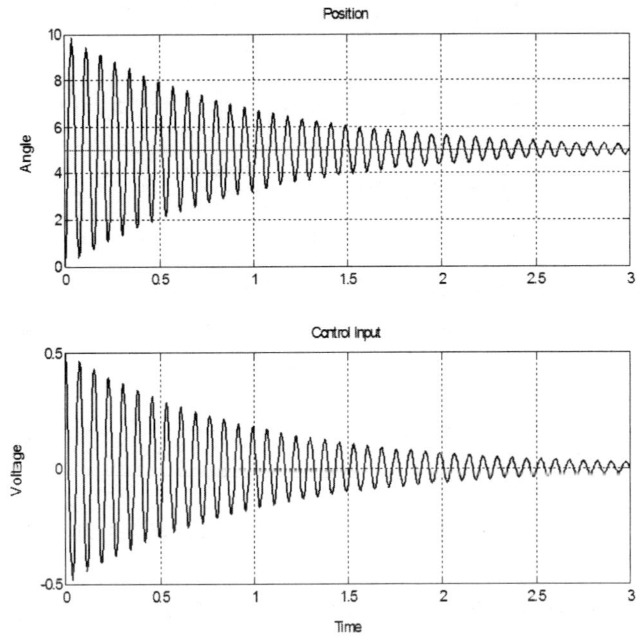

그림 5.3 P 제어 이득이 0.1일 때 3초 간 응답 특성

예상한 것과 같이 상승 시간이 길어지고, 응답의 떨림 현상이 줄어들었다. 그림 5.5에서 P 제어 이득을 0.0001로 할 때에는 아주 긴 상승 시간, 상대적으로 작은 오버슈트와 작은 진동의 특성을 나타낸다. 그러나 안정 시간은 크게 변화하지 않았다.

그림 5.2부터 그림 5.5까지의 모의실험에서 관찰된 특징을 분석해보자. 먼저 응답 성능에 관한 부분을 보면 P 제어기의 이득이 줄어들수록 과도 응답 특성이 많이 변하는 것을 알 수 있다. 특히 상승 시간이 매우 길어진다는 점이다. 그림 5.2의 상승 시간은 매우 짧으나 그림 5.5에서는 약 0.8초가 되어서야 제어 명령에 다다랐다. 이러한 특징으로 인하여 주어진 제어 목표를 만족시키는 어렵다.

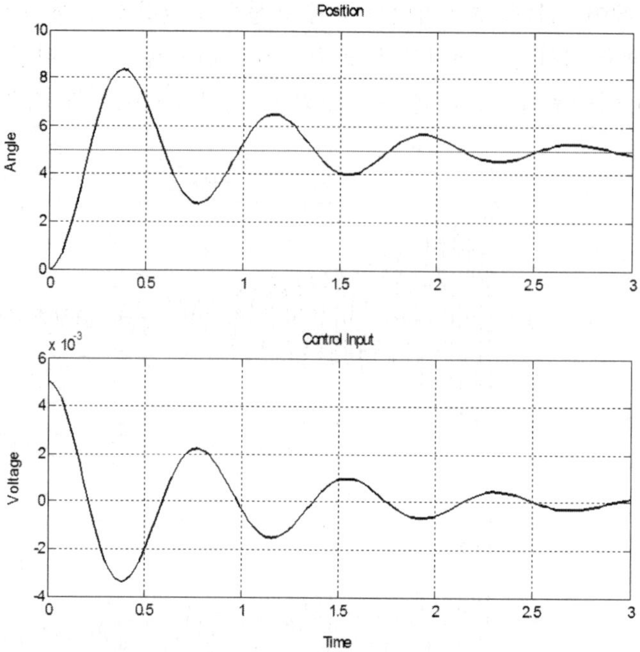

그림 5.4 P 제어 이득이 0.001일 때 3초 간 응답 특성

Matlab Sim5_1을 열어 실행한 후, 그래프 출력을 위한 p5_1을 실행하면 그림 5.2를 얻을 수 있다. P 제어기의 이득 블록을 더블 클릭하여 값을 바꾸고 다시 실행하면 그림 5.3부터 그림 5.5를 얻을 수 있다.

제어 입력의 특징을 관찰하자!

제어 입력을 특징을 보자. 그림 5.2에서의 제어 입력 특징은 매우 빠르게 +와 – 입력이 인가되는 것이다. 모의실험에서는 제어 명령이 모터에 직접 인가되는 것으로 되어있지만 실제는 모터 증폭기를 거치게 된다. 따라서 제어 명령이 어떠한 지연과 특성 변화 없이 그대로 모터에 전달되지는 않는다. 그러므로 실험에서는 그림 5.2의 제어 입력이 그대로 모터에 인가되지 않고 그림 5.2의 응답 특성이 나타나지 않을 수 있다. 이것의 결과는 구성한 시스템의 성능에 따라 다르게 나타난다.

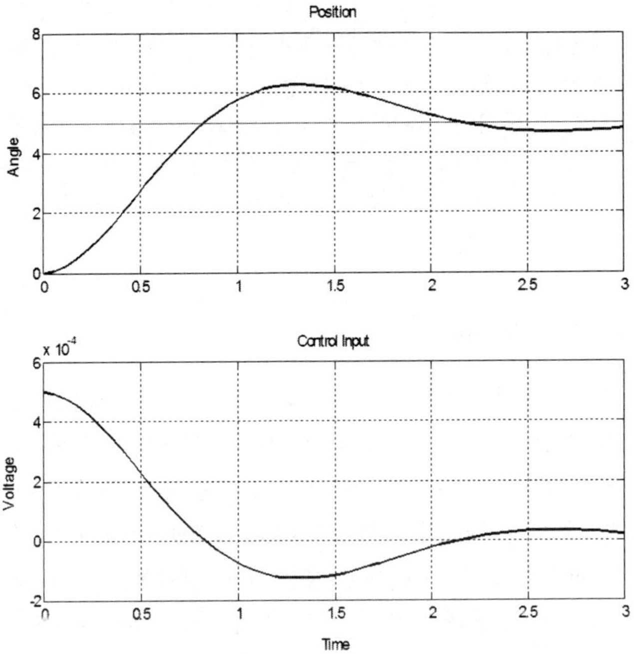

그림 5.5 P 제어 이득이 0.0001일 때 3초 간 응답 특성

또한 그림 5.4와 그림 5.5에서 제어 입력은 매우 작은 값을 나타내고 있다. 실제 이러한 값은 평범한 모터 제어기에서는 구현할 수 없는 미세한 제어 입력(전압 출력)의 정밀도를 요구한다. 실험에서는 이와 같은 미세한 출력을 얻을 수 없기 때문에 실험에서 이와 같은 결과를 얻을 수 없다.

따라서 모의실험에서 얻어진 제어 입력 특징 중에 제어 입력이 너무 크거나(제어 입력 포화의 경우) 너무 작거나(DA 변환기의 최소 출력보다 작은 경우), 그리고 급격히 변화라는 경우는 실제 구현이 불가능한 경우가 있음을 언제나 생각하여야 한다.

Point ‖ **제어기의 설계에서 응답 특성을 관찰하는 것만큼이나 중요한 것이 제어 입력의 특징을 관찰하는 것이다.** ‖

잠깐만...

제어 대상에 따라 특수한 과도 응답 특성을 요구할 수 있다. 제어기의 설계에 이를 잘 반영하여야 한다. 예를 들면, 유리를 닦는 로봇은 로봇 팔이 유리에 접근할 때 오버슈트가 발생하면 유리가 깨어지는 치명적인 결과를 초래할 수 있다. 절대 오버슈트가 발생하지 않도록 제어기를 설계하여야 한다. 또 다른 예로 렌즈의 초점을 맞추는 로봇은 어느 정도의 오버슈트는 상관없지만 빠른 안정 시간이 요구된다고 할 수 있다.

5.1.3 P 제어기의 한계

P 제어기는 현재의 시스템 출력과 제어 명령과의 차, 즉 오차에 P 제어기 이득을 곱하여 출력한다. 따라서 제어 입력은 언제나 오차와 같은 부호를 가지며 오차의 크기에 비례한다. 오차가 큰 초기에는 매우 큰 입력이 발생하며, 오차가 작아지면 제어 입력은 작아진다. 그리고 오차의 부호가 반대가 되면 제어 입력의 부호도 반대가 된다. 이러한 특징은 제어 명령을 지나쳐 오차가 반대 부호를 나타낼 때 비로소 반대 방향의 제어 입력이 발생하는 결과를 초래한다.

일반적인 제어 대상은 기구의 특성과 모터와 같은 구동기의 전기적인 특성으로 인하여 약간의 시간이 흐른 후에 반응이 나타난다. 움직이는 물체를 정지할 때와 같이 관성이 작용한다고 생각할 수 있다. 따라서 오차가 0이 되는 순간 제어 입력은 0이 되지만, 이전의 제어 입력으로 인하여 제어 명령을 너머 반대 부호의 오차를 발생하게 된다. 따라서 제어 명령을 중심으로 출력이 출렁거리는 특성을 보인다. 결국 출력은 제어 명령을 지나치는 상황을 반복하다가 제어 명령에 다다르게 된다. 만약 P 제어 이득을 작게 설정하면, 늦은 상승 시간과 지연 시간을 보이며, 결과적으로 매우 긴 안정 시간을 얻을 수밖에 없다. 따라서 P 제어기만으로는 상승 시간과 지연 시간을 조정할 수는 있지만 안정 시간을 단축시키기는 것은 매우 어렵다는 것을 알 수 있다.

Point ‖ **P 제어기만으로 안정 시간을 단축시키는 것은 매우 어렵다.** ‖

일반적으로 흔한 경우는 아니지만, 감쇠 특성이 충분히 좋은 안정한 시스템에서 P 제어만으로 어느 정도 성능을 만들 수 있다. 안정 시간을 측정하는 오차의 기준을 넓게 생각할 수 있는 시스템에서, 또는 즉 제어 명령을 아주 정밀하게 추종하는 것이 필요하지 않은 경우에 적절하다. 또한 아날로그 제어만으로도 쉽게 구현이 가능하다는 장점이 있다. 그러나 많은 경우 과도 응답 특성이 제어 설계 목표를 만족시킬 만큼 좋지 않기 때문에 P 제어만 단독으로 사용되지 않는다.

5.2 시간 영역에서 PD 제어기 설계

5.2.1 D 제어기의 특성

P 제어기의 단점을 해결할 수 있는 적절한 방법이 D 제어기이다. 일반적인 단위 응답의 특성을 그림 5.6과 같이 시간에 따라 나누어 생각해보면 D 제어기의 역할을 보다 분명히 알 수 있다.

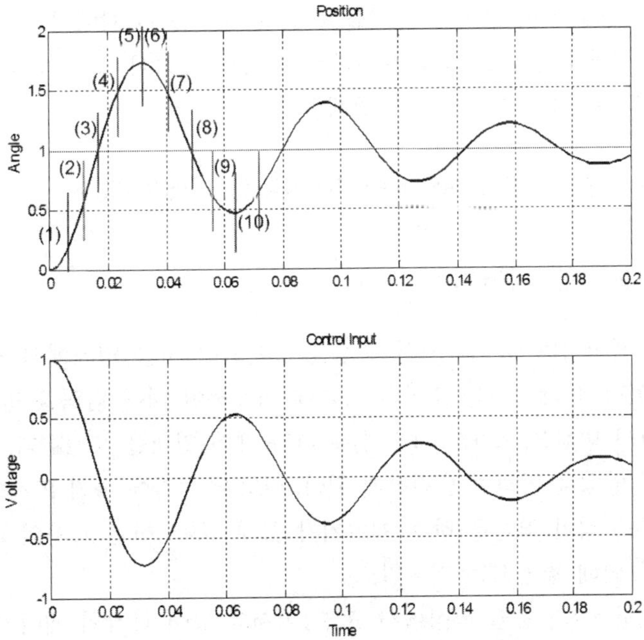

그림 5.6 P 제어기의 단위 응답에서 구간별 분석

P 제어기의 단점을 해결하기 위해서는 응답이 제어 명령으로 다가가는 구간 즉, 그림 5.6의 (3), (7)에서 반대 부호의 제어 입력을 발생해서 응답이 제어 명령을 많이 지나치지 않도록 해야 한다. 또한 제어 명령으로 다가가는 속도가 클수록 더 큰 반대 부호의 제어 입력을 발생하여야 한다. 이러한 특징을 나타내는 것이 응답의 기울기이다. 따라서 응답의 기울기에 비례하여 제어 입력을 만들게 하였고, 응답의 기울기라는 의미가 수학적으로 응답의 미분이기 때문에 미분 제어기라고 하였다.

잠깐만...

> 보다 정확하게 정리하면, D 제어기는 오차의 기울기에 따라 동작한다. 오차가 급격히 줄어들면 D 제어기는 큰 출력을 만든다. 제어 명령이 상수일 때에서는 응답의 기울기와 오차의 기울기는 크기가 같고 부호가 반대가 된다.

부호를 살펴보면, 시스템의 출력이 제어 명령을 향해 상승할 때에는 오차의 부호는 양수이며, 오차가 줄어들고 있기 때문에 D 제어기의 출력은 음수가 된다. 기울기가 완만한 초반에 작은 음수의 제어 입력이, 급격히 상승하는 중간 이후에는 큰 음수의 제어 입력이 발생한다.

Point ‖ **응답의 경향을 파악하는 D 제어기의 특징이 필요하다.** ‖

5.2.2 PD 제어기

P 제어기와 D 제어기의 특징을 결합하여 시간 영역에서 좋은 특성을 기대할 수 있다. P 제어기는 오차의 크기에 비례하여 제어 입력을 발생하고 D 제어기는 오차의 변화율(오차의 기울기)에 따라 제어 입력을 생성한다. PD 제어기는 이 두 제어 입력을 더하여 출력하게 된다. 따라서 시간에 따라 P 제어기와 D 제어기 중에 주도적인 역할을 하는 제어기가 있게 되며, 이는 오차의 크기와 오차의 변화율에 의해 결정되는 것이다.

그림 5.7의 응답 특성에서 표 5.1에서와 같이 각각의 제어기 역할을 추측해 볼 수 있다.

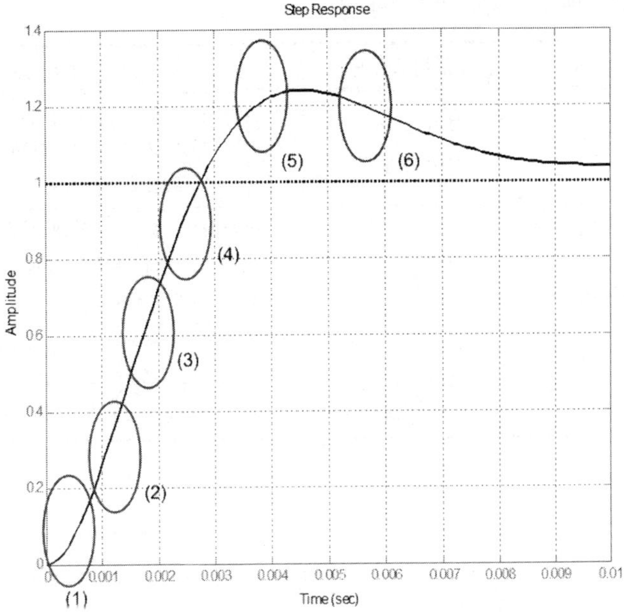

그림 5.7 PD 제어기 응답 특성의 예

표 5.1 PD 제어기에서 각 제어기의 역할 예 *(계속)*

구간	오차	오차 변화율	제어 입력
1	매우 크다.	작다.	P 제어기의 역할이 주도적이며, D 제어기의 출력은 아직 미비하다.
2	줄어들기 시작하지만, 아직 크다.	커지기 시작한다.	P 제어기의 출력이 아직도 크다. D 제어기의 출력이 커지기 시작한다.
3	급격히 줄어들기 시작한다.	급격히 커진다.	P 제어기의 출력이 줄어들기 시작한다. D 제어기의 출력이 급격히 증가하며, 전체의 제어 입력이 급격히 줄어들며, D 제어기의 이득에 따라 전체 제어 입력이 '−' 부호를 가질 수도 있다.

표 5.1 PD 제어기에서 각 제어기의 역할 예

구간	오차	오차 변화율	제어 입력
4	충분히 작다.	급격히 줄어든다.	P 제어기의 출력은 작아지며, D 제어기의 출력 역시 작아지기 시작한다. 전체 제어 입력이 매우 작거나 '–' 부호를 가진다.
5	오버슈트에 의해 반대 작은 부호가 나타난다.	작다.	P 제어기의 출력이 반대 부호를 가진다. D 제어기의 출력도 반대 부호를 가져 전체 제어 입력이 '–' 부호를 갖게 된다.
6	아직 반대 부호의 오차이다.	반대 부호의 오차 변화율을 나타낸다.	P 제어기의 출력은 아직 반대 부호이지만, D 제어기의 출력은 다시 '+' 부호이며, 전체 제어 입력은 작은 '+' 또는 '–' 부호가 된다.

잠깐만... PD 제어기를 설계하여 잘 동작하는 시스템에서 P 제어기와 D 제어기의 제어 입력을 관찰해보면 D 제어기의 제어 입력은 그다지 커지지 않는다. 이것은 응답이 상승하는 구간에서 이미 D 제어기가 잘 동작하여 제어 명령에 다다르면서 오차의 기울기가 완만해지기 때문이다. 따라서 D 제어기의 제어 입력이 잘 나타나지 않는 것처럼 보인다. 그러나 외부의 잡음 등이 피드백에 포함되어 있을 경우 D 제어기의 특징은 상당히 크게 나타나며 이것이 좋지 않은 결과를 초래할 수도 있다.

Point ‖ **PD 제어기에서 오차와 오차의 변화율에 따른 특징을 생각으로 유도해보자.** ‖

5.2.3 제어 이득 선정

보통 시간 영역에서 PD 제어기 설계는 P 제어 이득의 선정으로부터 시작한다. P 제어 이득을 조절하여 설계 요구 사항을 만족시키는 상승 시간과 지연 시간의 결과를 얻은 후, 오버슈트와 안정 시간을 고려한 D 제어 이득을 선정한다. 적절한 D 제어기의 이득을 선정하지 못할 경우 P 제어기의 제어 이득부터 다시 선정하여야 한다.

5.3 Simulink에서 모의실험

모의실험 환경 구성

먼저 Simulink에서 P 제어기를 설계해보자. 제어 대상 시스템의 전달 함수는 다음과 같다.

$$G(s) = \frac{100}{s^2 + 2s}$$

제어기의 구성은 그림 5.8과 같이 블록 다이어그램과 같은 형태로 구성을 한다.

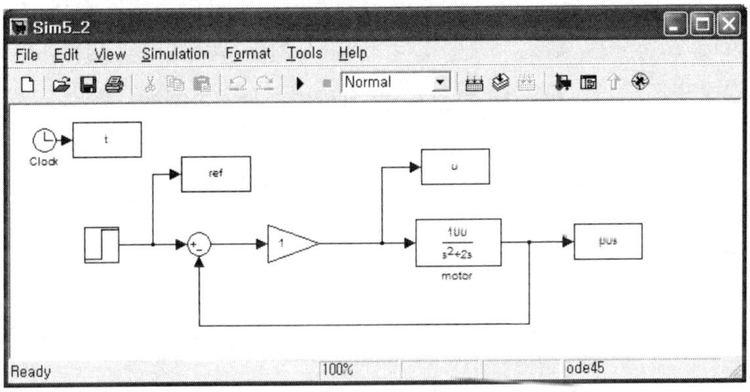

그림 5.8 Simulink에서 비례 제어기 설계 예

결과는 화면에 직접 나타낼 수도 있고, Workspace에 저장한 후에 plot 명령어를 사용하여 나타낼 수 있다. 여기서는 관심이 있는 변수를 저장한 후 plot 명령을 사용하여 나타내었다. 이때 시간을 별도로 저장하여야 한다. 저장한 변수는 plot 명령을 직접 사용하거나, m 파일에 명령을 기록하여 사용한다. 그림 5.9와 5.10을 그리기 위하여 사용한 명령어들은 다음과 같다.

```
figure(1)
subplot(2,1,1)              % 2행 1열의 그래프에서 1번째이다.
plot(t,pos,t,ref,'r')       % x축 변수, y축 변수, 그래프의 표시 선택 순서.
title('Position')
```

```
ylabel('Angle')
grid on
subplot(2,1,2)              % 2행 1열의 그래프에서 2번째이다.
plot(t,u)
title('Control Input')
xlabel('Time')
ylabel('Voltage')
grid on
```

P 제어기의 응답 특성을 확인하자.

그림 5.8의 제어 시스템에서 단위 응답은 그림 5.9와 같다. 여기서 상승 시간, 최대 오버슈트, 안정 시간, 정상 상태 오차를 측정할 수 있다. P 제어기 이득을 변경하면서 응답 특성의 변화를 관찰하면 그림 5.10과 같다.

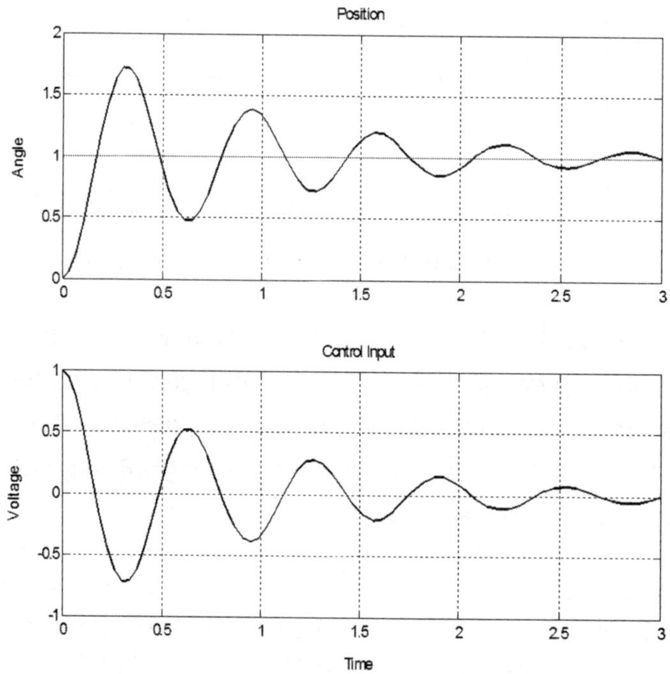

그림 5.9 비례 이득 K가 1일 때 단위 응답 특성

Matlab Sim5_2를 열어 실행한 후, 그래프 출력을 위한 p5_2를 실행하면 그림 5.9를 얻을 수 있다. P 제어기의 값을 바꾸고 다시 실행하면 그림 5.10의 결과를 얻을 수 있다.

비례 이득을 10으로 증가시키면 상승 시간은 빨라지고 최대 오버슈트는 커진다. 비례 이득을 0.1로 줄이면 상승 시간은 느려지나, 최대 오버슈트가 작아진다. 비례 이득을 10과 0.1 사이의 값으로 선택할 경우 그림 5.10에 나타난 두 응답 사이의 특성을 나타낼 것이다. 그러나 안정 시간은 어떤 경우에도 유사하게 나타난다는 것을 알 수 있다. 그리고 비례 이득만을 조절하여서는 안정 시간을 단축시킬 수 없다는 것도 알 수 있다.

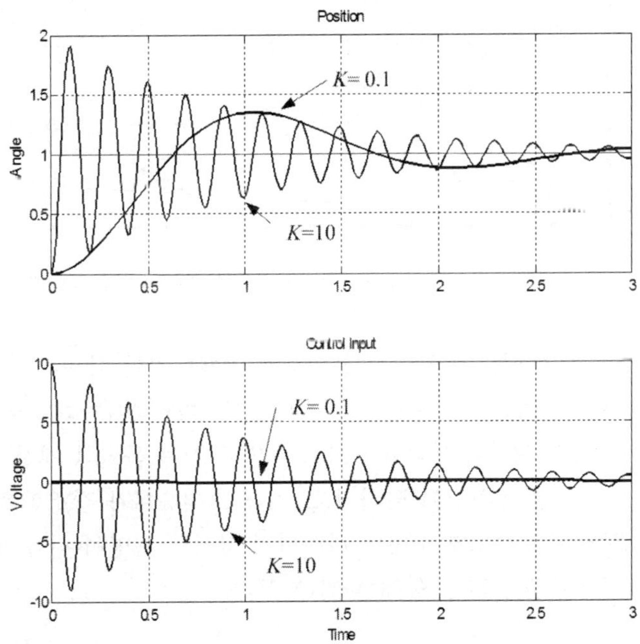

그림 5.10 비례 이득 K가 10과 0.1일 때 단위 응답 특성

다음 예에서 D 제어기를 추가하여 응답 특성을 개선하려 한다.

D 제어기의 성능을 확인하자.

PD 제어기를 포함한 제어 시스템을 그림 5.11과 같이 구성하였다. 그림 5.8에 단지 PD 제어기를 적용하였고, P 제어기와 D 제어기의 역할을 알 수 있도록 각각의 값을 저장하는 변수를 추가하였다.

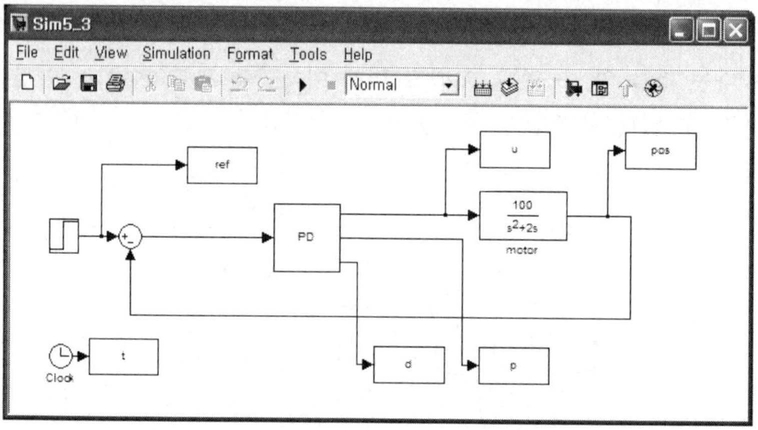

그림 5.11 Simulink에서 PD 제어기 설계 예

D 제어기의 역할을 알아보기 위해서 P 제어기의 이득은 1로 고정하고, D 제어기의 이득을 조절하여 보았다. 그림 5.12는 PD 제어기의 단위 응답 특성을 나타내고 있다. D 제어기 이득을 0.01로 하였을 때는 특별한 개선점이 없다가 이 값을 증가할수록 상승 시간이 빨라지고, 최대 오버슈트가 감소함을 알 수 있다. 이 때 제어 입력은 그래프에 분명히 나타나지 않지만 분명히 다를 것으로 생각된다. 이를 그림 5.13과 5.14를 통해 파악해 보자.

Point ‖ **D 제어기가 추가되자 상승 시간이 빨라지고, 최대 오버슈트가 줄고 안정 시간도 줄었다.** ‖

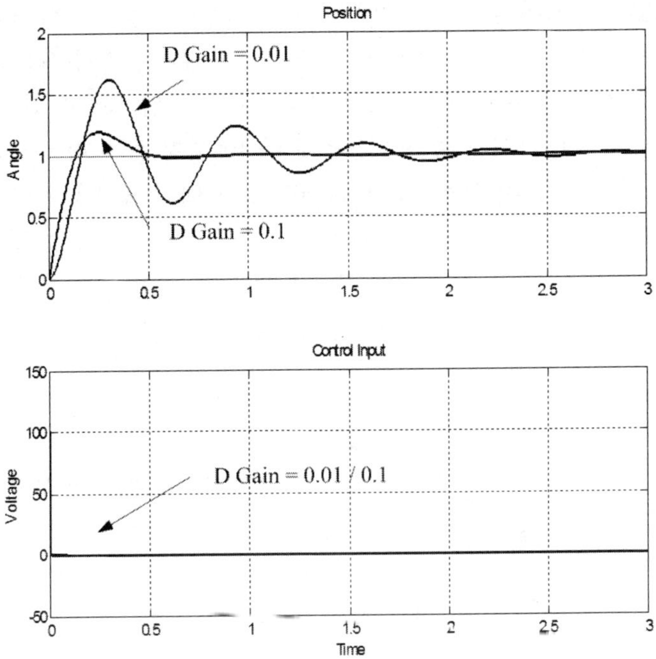

그림 5.12 D 제어기 변화에 따른 PD 제어기의 응답 특성

Point **그래프를 볼 때에는 언제나 각 축의 단위와 의미를 먼저 파악한다.**

잠깐만...

그림 5.12와 같은 그래프에서 제어 입력 특성을 보고 특이한 점이 없다고 그냥 지나쳐 버릴 수 있다. 그림 5.12의 경우는 제어 입력의 처음 값이 매우 크기 때문에 그래프의 단위가 커지면서 자세한 그래프의 모양이 나타나지 않았다. 따라서 모든 그래프를 관찰할 때에는 각 축의 단위를 파악하고 필요한 경우 상세한 그래프로 자세히 관찰을 해야 할 필요가 있다.

PD 제어기의 출력 즉, 제어 입력은 P 제어기 출력과 D 제어기 출력의 합으로 이루어진다. 그림 5.13에서 위 그래프는 P 제어기 출력이다. 현재 P 제어기의 이득이 1이기 때문에 이 그래프는 그림 5.12의 응답 특성과 같은 모양을 갖는다. 한편 아래의 D 제어기 출력은 처음에 약 100까지 큰 출력을 나타내다가 곧 크기가 줄어들어 매우 작은 출력을 나타낸다. D 제어기 출력을 확대하여 그림 5.14에 나타내었다.

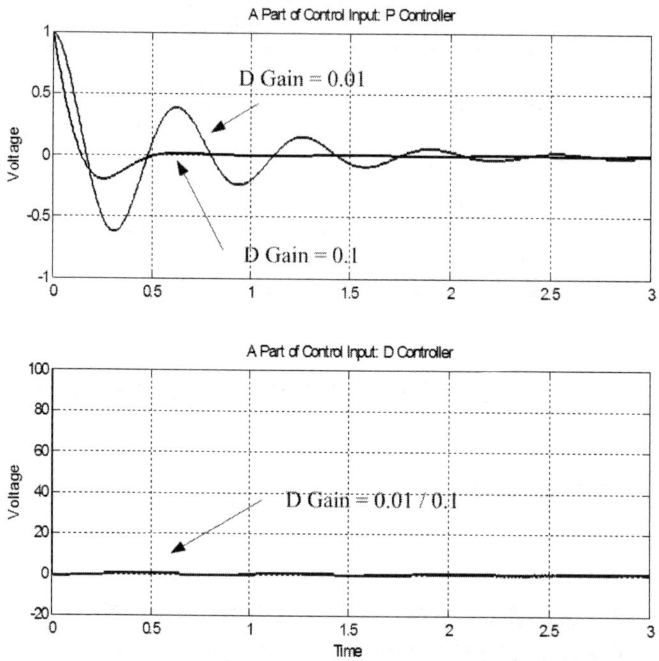

그림 5.13 그림 5.12에서의 P 제어기와 D 제어기 제어 입력

그림 5.14에서 확대한 D 제어기 출력을 보면 D 이득이 큰 경우에 큰 '–'의 제어 입력을 발생하여 그림 5.12에서 나타난 것과 같이 최대 오버슈트를 작아지도록 하였다.

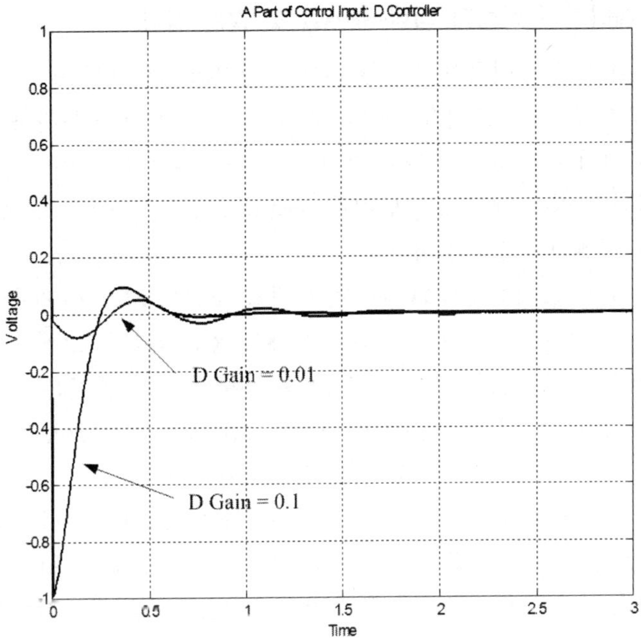

그림 5.14 그림 5.13에서의 D 제어기의 제어 입력 확대

이상과 같이 D 제어기의 이득을 조금씩 조정하여 원하는 출력을 얻는 것이다. 만약 상승 시간과 같이 대역폭에 직접 관련이 있는 성능이 부족하다면 P 이득을 다시 선정하고 D 제어기 이득을 찾는 과정을 반복하여야 한다.

잠깐만...

모의실험을 통해 P 제어기 이득과 D 제어기 이득의 변화에 대한 단위 응답 특성의 변화를 관찰하면 개략적인 PD 제어기의 이득 변화에 대한 출력을 예측할 수 있다. 이러한 경험 과정을 거치면 PD 제어기의 적절한 이득을 찾는 데 그리 많은 시간이 걸리지 않는다.

Matlab Sim5_3을 열어 실행한 후, 그래프 출력을 위한 p5_3을 실행하면 그림 5.12 - 그림 5.14를 얻을 수 있다.

PD 제어기의 성능이 점점 좋아질 것 같은 착각

적절한 제어 이득을 결정한 후에도 각각의 제어 이득을 조금씩 크게 하는 방법으로 좀 더 작은 오버슈트와 좀 더 빠른 안정 시간을 유지하면서도 빠른 상승 시간을 나타내는 제어 이득을 다시 찾을 수 있다. 그러나 이 과정을 계속 반복하면 이상적인 매우 빠르고도 안정한 응답을 얻을 수 있을 것으로 생각할 수 있지만, 이는 현실에서 불가능하다.

앞의 설계 예제에서 D 제어기 이득을 조금씩 크게 하면서 응답 특성을 관찰하였다. D 제어기 이득이 1이 되었을 때의 응답 특성을 그림 5.15에 나타내었다. 매우 빠른 상승 시간, 최대 오버슈트는 0이며, 안정 시간은 더 이상 줄일 수 없을 만큼 짧다. 즉, 가장 이상적인 응답 특성을 나타내고 있다. 그러나 이 제어기의 성능은 현실에서 얻을 수 없는 실패한 설계이다.

그림 5.15의 제어 입력 그래프는 초기에 약 1000에 가까운 제어 입력을 나타내고 있다. 그림 5.16에서 보면 P 제어기 출력은 크지 않으나 D 제어기 출력은 약 1000과 약 −50사이의 변화를 거쳐 줄어드는 것을 관찰할 수 있다.

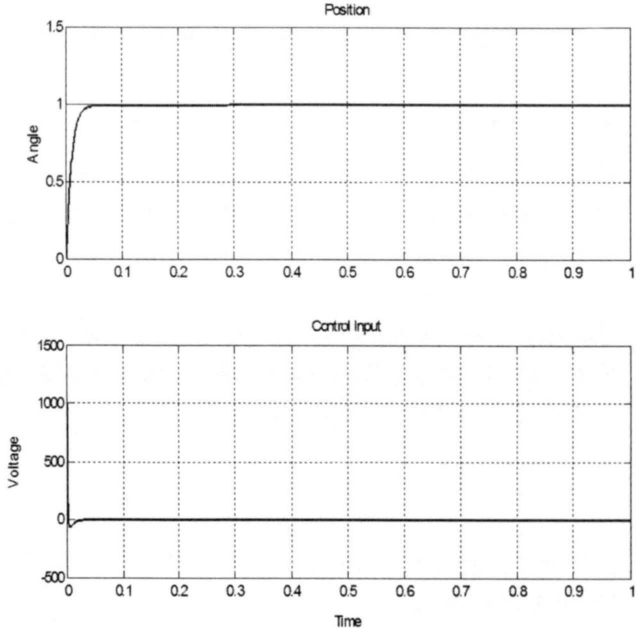

그림 5.15 P 제어기 이득이 10이고 D 제어기 이득이 1일 때 단위 응답 특성

현실에서는 각 시스템마다 최대 동작할 수 있는 성능이 있기 때문에 그림 5.15의 결과를 얻을 수 없다. 즉, 급격한 가속에 이른 급격한 감속으로 완벽에 가까운 응답을 낼 수 없는 것이다. 일반적으로 이러한 시스템의 기구적인 한계 특성을 보호하기 위하여 제어 입력의 제한을 두고 있다. 만약 이 제어 입력의 한계를 ±10 V라고 한다면 그림 5.16의 제어 입력은 제어 입력의 포화를 일으키는 것이다.

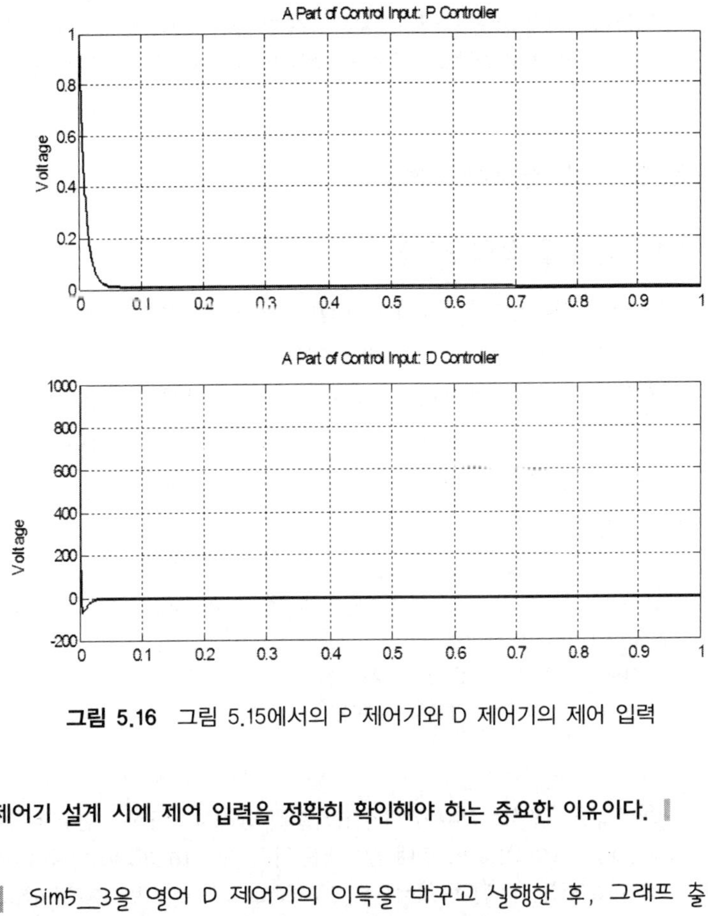

그림 5.16 그림 5.15에서의 P 제어기와 D 제어기의 제어 입력

Point **제어기 설계 시에 제어 입력을 정확히 확인해야 하는 중요한 이유이다.**

Matlab Sim5_3을 열어 D 제어기의 이득을 바꾸고 실행한 후, 그래프 출력을 위한 p5_3을 실행하면 그림 5.15, 그림 5.16을 얻을 수 있다.

잠깐만...

제어 입력의 포화를 일으키기 때문에 시스템이 구현 불가능이라는 의미는 아니다. 제어기에서 계산된 제어 입력이 제어 입력의 포화에 의해 제한되기 때문에 설계 결과, 즉 기대한 안정성 및 성능을 얻을 수 없다는 의미이다.

잠깐만...

그림 5.16과 같은 응답을 내는 제어기를 구현하기 어려운 또 다른 이유는 빠른 응답 속도에 기인한다. 주파수 영역에서 생각하면 빠른 응답 특성은 높은 대역폭을 의미하며 이를 구현하기 위해서는 매우 짧은 샘플링 시간이 요구된다. 따라서 이를 만족시킬 수 있는 하드웨어 시스템을 구현하는 것이 어려운 문제가 될 수 있다.

5.4 고려해야 할 중요한 사항

5.4.1 제어 입력의 포화

모든 제어 시스템에는 물리적인 한계가 있다. 가장 근본적인 원인은 제어 대상 시스템의 성능이 한계가 있기 때문이다. 제어 대상 시스템에는 시스템의 보호를 위해 성능의 한계를 넘어서는 제어 입력을 차단한다. 그럼에도 불구하고 일반적으로 제어기를 구현할 때 최종 출력 직전에 최대 제어 입력이상이 출력되지 않도록 차단하는 소프트웨어적인 방법을 구현한다. 즉 다음과 같은 코드를 추가한다. (예는 C 언어임)

```
m_dControlInput  = m_PD(m_dError, m_dEdot_error) ;     // Line 1
m_dDAC = m_dControlInput  ;                              // Line 2
if(m_dDAC  > MAX) m_dDAC = MAX) ;                        // Line 3
if(m_dDAC  < -MAX) m_dDAC = -MAX) ;                      // Line 4
```

잠깐만...

최대 값을 제한하는 변수가 제어기의 알고리즘에서 사용하는 변수가 아니어야 한다. 즉, m_dControlInput이 최대 값을 넘는다고 하여 m_dControlInput에 직접 MAX를 대입해서는 안 된다. 그러한 이유로 Line 2의 추가 변수를 정의하고 이를 제한하게 된 것이다. m_dControlInput는 제어기의 알고리즘, 여기서는 m_PD의 내부에서 다음 제어 입력 계산을 위해 사용되기 때문이다.

잠깐만...

제어 입력의 포화가 발생한 상태는 피드백의 영향을 받지 못하는 일시적인 개루프 상태라고 생각할 수 있으며, 순간적으로 시스템은 비선형이 된다고 생각할 수 있다. 따라서 제어 입력 포화가 된 상태의 출력 특성은 예측하기가 매우 힘들다.

모의실험에 제어 입력 포화 요소를 넣으면?

모의실험을 통해 제어기를 설계할 때에는 반드시 제어 대상 시스템에 적용되는 제어 입력 포화 요소를 포함하여 응답 특성 및 설계 결과를 분석하여야 한다. 그림 5.17은 제어 입력 포화 요소를 제어기 출력에 삽입한 것을 나타낸다.

제어 대상 시스템에 인가되는 입력은 최대 값으로 제한된다. 그러나 PD 제어기 내부에서는 제어 입력의 포화가 일어난 상태를 반영하지 않는다. 따라서 제어기 성능 파악을 위해 별도로 측정한 P 제어기 출력, D 제어기 출력은 제어 입력 포화를 넘는 값이 출력될 수 있다.

그림 5.18과 5.19는 앞에서 수행한 설계 예제에 대하여 제어 입력 포화가 어떤 영향을 끼치는지 파악하기 위한 모의실험 결과이다.

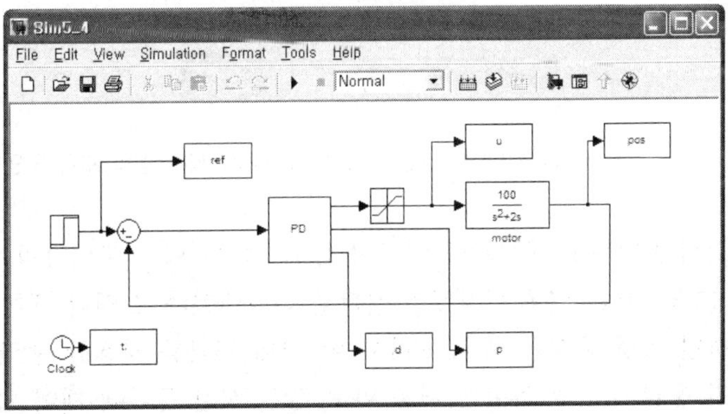

그림 5.17 제어 입력 포화 요소를 포함한 PD 제어 시스템

그림 5.18은 P 제어기의 이득이 1, D 제어기의 이득이 0.1일 때의 결과이다. 단위 응답 특성의 차이는 처음 아주 짧은 시간 동안에 제어 입력이 약 100까지 증

가하는 것을 실제 제어 입력 포화 값인 10으로 제한하였기 때문에 발생하였다. 처음 시작할 때 제어 입력의 포화로 입력이 제한되면서 상승 시간이 길어진 것으로 해석할 수 있다.

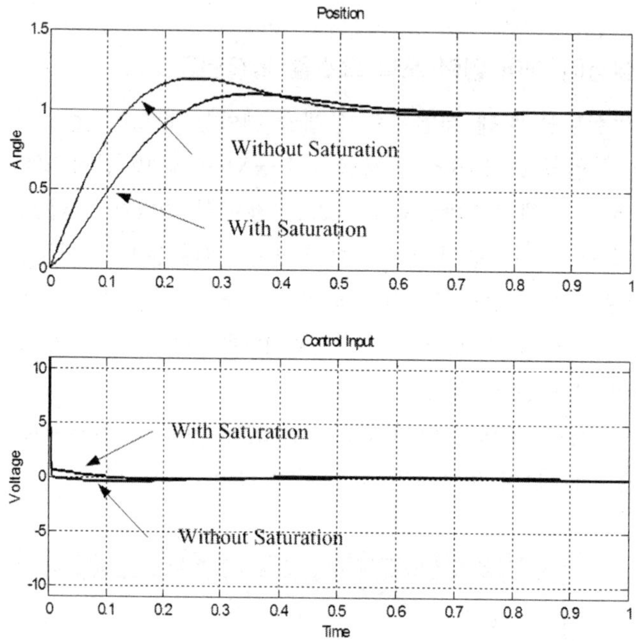

그림 5.18 그림 5.12의 결과에서 제어 입력 포화의 영향

그림 5.19는 P 제어기의 이득이 1, D 제어기의 이득이 1일 때의 결과이다. 이 때 그림 5.15는 매우 이상적인 결과를 나타내었다. 그러나 제어 입력의 포화를 적용하면 응답 특성은 매우 느려져 이 설계 결과를 사용할 수 없음을 알 수 있다. 단위 응답 특성의 차이는 처음 아주 짧은 시간 동안에 제어 입력이 약 1000까지 증가하는 것을 실제 제어 입력 포화 값인 10으로 제한하였기 때문에 발생하였다. 결과적으로 상승 기울기가 완만하게 되었기 때문에 D 제어기의 역할은 미미하게 되었다. 매우 잘 설계되었다고 생각한 제어기의 성능이 제어 입력의 포화를 고려하지 않아 실패한 제어기가 된 대표적인 예이다.

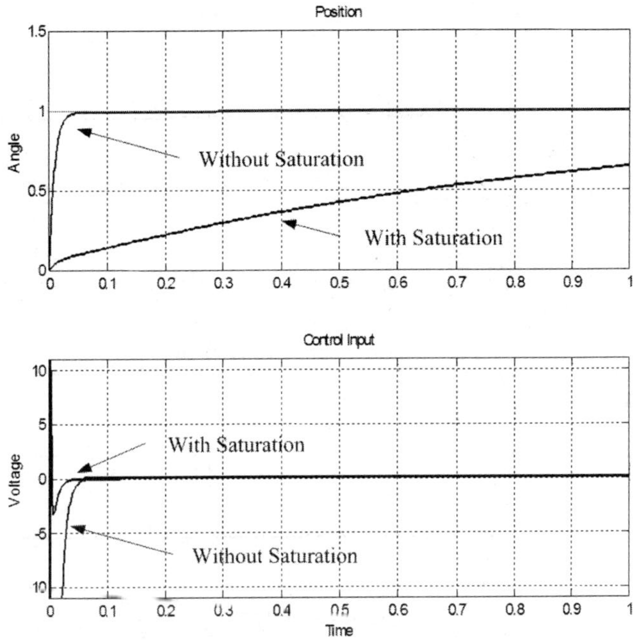

그림 5.19 그림 5.15에서 제어 입력 포화의 영향

그림 5.18과 5.19는 제어 입력 포화를 고려하지 않고 설계하여 문제가 발생한 예이다. 실제 제어기에서 제어 입력을 언제나 최대 제어 입력의 크기보다 작게 유지할 수는 없다. 때로는 이를 적절히 이용하여야 한다. 물론 이는 비선형적인 특성을 지니므로 많은 경험이 필요하다. 그림 5.20은 제어 시작 단계에서 제어 입력이 포화되지만 곧 PD 제어기가 적절하게 동작하면서 비교적 빠른 상승 시간, 오버슈트는 거의 없는 좋은 응답 특성을 나타낸 예이다.

Matlab Sim5_4를 열어 실행한 후, 그래프 출력을 위한 p5_4를 실행하면 그림 5.18을 얻을 수 있다. D 제어기의 이득을 바꾸고 실행하면 그림 5.19를 얻을 수 있다. P 제어기 이득을 20으로 하고 D 제어기 이득을 0.75로 하면 그림 5.20을 얻을 수 있다.

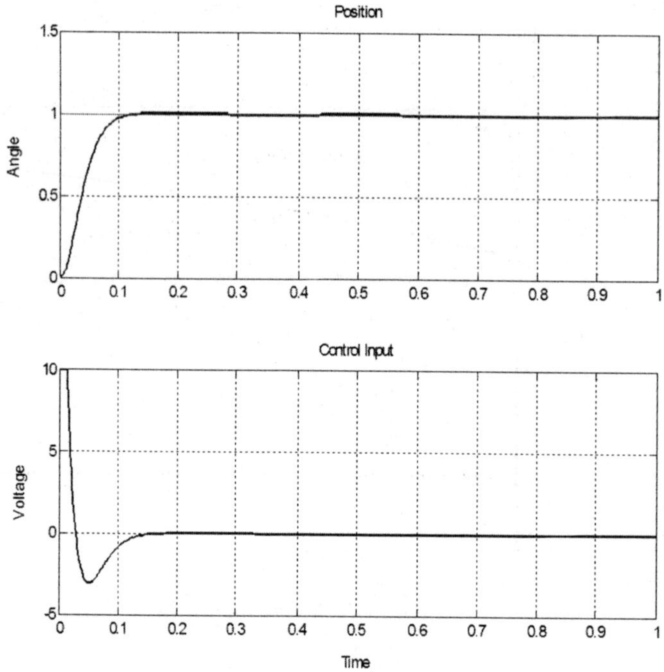

그림 5.20 제어 입력 포화가 고려되어 설계된 예

잠깐만... 제어 입력의 포화를 고려하여 설계된 제어 시스템에서도 큰 제어 명령이 주어진 경우 초기의 큰 오차로 인하여 제어 입력의 포화가 발생할 수 있다. 이로 인하여 처음 설계된 제어기의 성능을 얻지 못하는 경우가 있다.

5.4.2 샘플링 시간

지금까지 수행한 모의실험은 모두 연속 시간 영역에서 이루어진 것이다. 물론 제어 대상 시스템은 연속 시간 영역에서 동작하지만, 컴퓨터에 의하여 구현된 제어기는 실제 이산 시간 영역에서 동작을 하기 때문에 반드시 샘플링 시간의 영향을 포함하게 된다. 일반적으로 샘플링 시간이 충분히 빠른 경우 연속 시간 영역에서와 상당히 유사한 성능을 보이며 어느 이상 빨라져도 더 이상 차이는 좁혀지지 않는다. 그러나 샘플링 시간이 느려지면 성능의 저하가 발생되고 결국에 시스템이 불안정해진다. 이는 다음 장의 주파수 영역 설계에서 보다 자세히 다루기로 한다.

충분히 빠른 시간이란 시스템의 대역폭을 기준으로 보았을 때를 의미하며 모든 경우에 해당하는 기준 시간이 있는 것은 아니다. 즉, 높은 대역폭을 요구하게 되면 샘플링 시간도 더욱 빠르게 하여야 하며, 낮은 대역폭을 갖는 시스템의 경우 늦은 샘플링 시간도 충분하다고 판단할 수 있다. 보통 설계 가능한 대역폭은 샘플링 주파수의 1/10 ~ 1/20 Hz에 해당한다. 따라서 설계 기준으로 대역폭이 먼저 주어진 경우 10 ~ 20배 해당하는 주파수를 샘플링 주파수로 할 때 충분 빠른 경우에 해당한다.

생각해봅시다. >>>

① P 제어기만으로 충분한 성능을 얻을 수 있는 예를 생각해보자.
② P 제어기만으로 충분한 성능을 얻을 수 없는 예를 생각해보자.
③ D 제어기의 역할이 중요해지는 때와 그렇지 않을 때를 구분해보자.
④ PD 제어기에서 P 제어기와 D 제어기의 역할에 대하여 생각해보자.
⑤ 예제 Simulink 파일을 분해하여 어떻게 구성되었는지 파악해보자.
⑥ Matlab에 저장된 데이터를 그래프로 그리는 다른 방법을 찾아보자.
⑦ 제어 입력의 포화가 발생하는 원인을 생각해보자.

Chapter 06 ... 시간 영역에서 PI, PID 제어기 설계

| 학습 목표 |

- I 제어기가 필요한 이유를 이해한다.
- 시간 영역에서 PI 제어기, PID 제어기를 설계한다.
- wind-up 문제를 인식한다.

6.1 Ι 제어기 필요성

Ι 제어기가 반드시 필요한 상황은?

지금까지는 PD 제어기에 의하여 적절한 과도 응답 특성과 오차가 없는 정상 상태 특성을 얻을 수 있었다. 그러나 다음과 같은 상황에서는 PD 제어기만으로 정상 상태 특성을 만족시키지 못할 수 있다.

그림 6.1은 상수 외란이 인가된 경우이다. 이 외란은 모의실험이 시작된 후 0.5초가 될 때 작용한다. 즉, 0.5초 후에 특정 상수 값의 외란이 제어 입력에 계속 작용하는 것이다.

잠깐만... 그림 6.1에서 인가한 외란은 2장에서 설명한 외란 중 토크 외란에 해당한다.

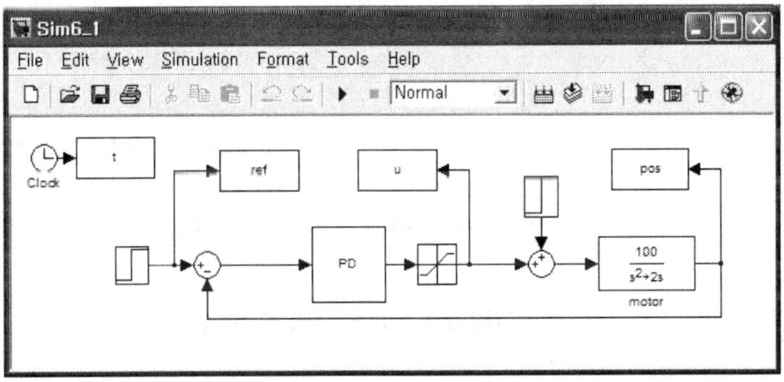

그림 6.1 상수 값을 갖는 외란이 작용한 경우의 모의실험 (PD 제어기)

그림 6.2에서 단위 응답 특성을 관찰하면 PD 제어기가 잘 설계되었음을 알 수 있다. 잘 설계된 PD 제어기에 의하여 과도 응답 특성은 좋다. 그러나 0.5초 후 작용한 외란의 영향은 시간의 흐름에 따라 줄지 않고 계속 오차로 남아있음을 볼 수 있다. 그림 6.2의 제어 입력 그래프를 보면 0.5초 이후에 PD 제어기에 의하여 제어 입력은 계속 제어 대상에 인가되고 있지만, 오차를 0으로 줄이지 못함을 알

수 있다.

Point **그림 6.1의 제어 대상 시스템은 PD 제어기만으로 일정한 힘이 인가되는 형태의 외란(상수 외란) 영향을 완전히 제거하지 못한다.**

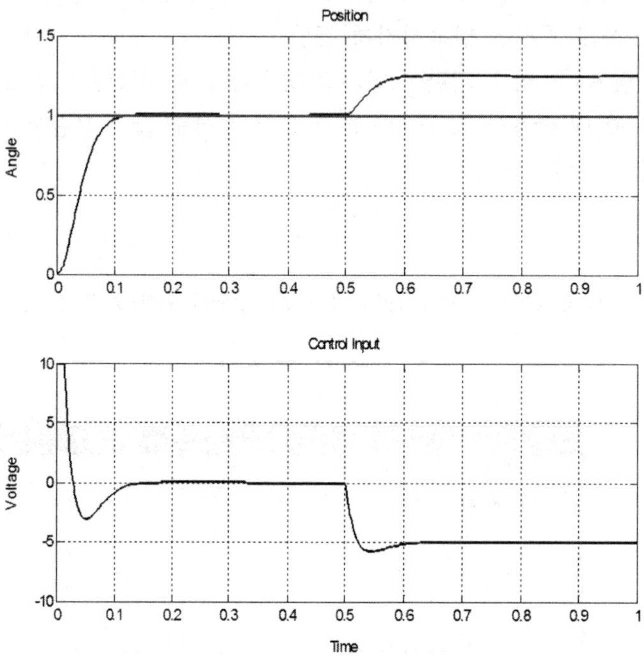

그림 6.2 그림 6.1의 모의실험 응답 특성

Matlab Sim6_1을 열어 실행한 후, 그래프 출력을 위한 p6_1을 실행하면 그림 6.2를 얻을 수 있다.

그림 6.3은 제어 명령이 시간에 따라 증가하는 램프 입력인 경우의 모의실험을 위한 것이다. 여기서는 기울기가 10으로 0.1초마다 1도씩 명령이 증가한다.

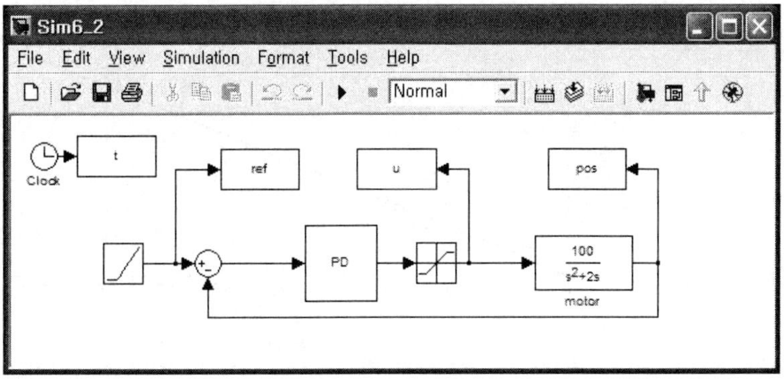

그림 6.3 램프 명령이 주어진 경우의 모의실험 (PD 제어기)

그림 6.4를 관찰하면, 잘 설계된 PD 제어기에 의하여 명령을 잘 추종하는 것처럼 보인다. 그러나 제어 입력을 관찰하면 일정부분의 입력이 계속 인가됨을 볼 수 있다. 이 제어 입력을 그래프를 보고 위의 응답 그래프에 아주 작은 오차가 존재한다는 것을 추측할 수 있다. PD 제어기에서는 제어 입력이 발생하는 원인이 오차가 있거나(P 제어) 오차의 변화가(D 제어) 있는 경우에 있기 때문이다.

Point **모의실험 또는 실험 결과를 관찰할 때에는 그래프 사이의 관계에 대해서 명쾌하게 설명을 할 수 있을 정도로 이해하여야 한다.**

그림 6.5는 그림 6.4의 오차를 확대하여 그린 것이다. 앞에서 추측한 것처럼 초기에 약 0.09까지 커진 오차는 줄어들기 시작하지만, 0.01에서 오차를 더 이상 줄이지 못하는 것을 알 수 있다. PD 제어기의 제어 입력은 바로 이 오차에 의해 발생한 것이다.

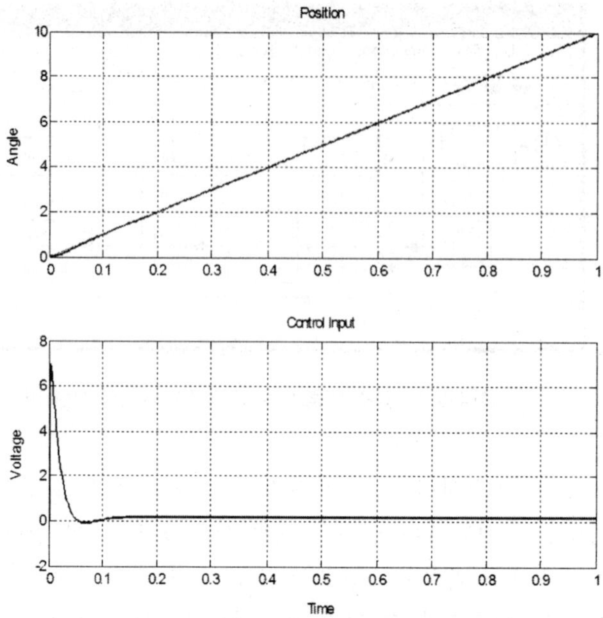

그림 6.4 그림 6.3의 모의실험 응답 특성

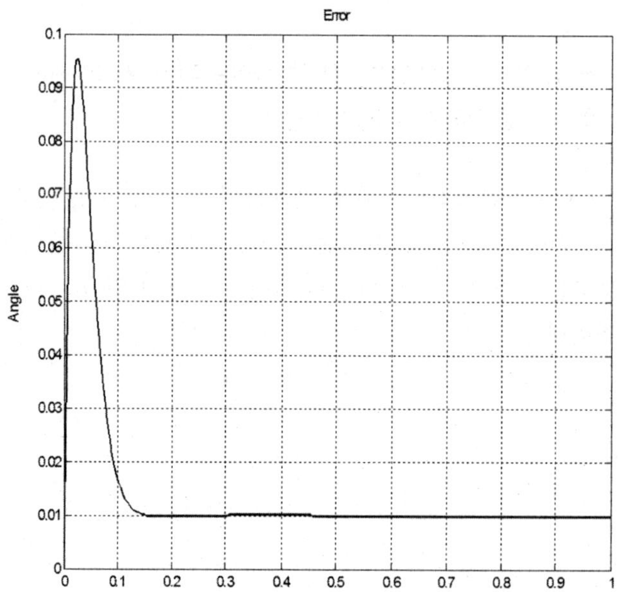

그림 6.5 그림 6.3의 모의실험 오차 특성

Matlab Sim6_2를 열어 실행한 후, 그래프 출력을 위한 p6_2를 실행하면 그림 6.4와 그림 6.5를 얻을 수 있다.

Point **그림 6.3의 제어 대상 시스템은 PD 제어기만으로 램프 형태의 제어 입력은 완전히 추종하지 못한다.**

따라서 정상 상태 오차를 줄이기 위해서는 PD 제어기 이외에 다른 제어기의 역할이 필요하다. P 제어기는 오차에 비례하여 제어 입력이 생성되기 때문에 외란이 일정한 힘으로 존재하면 어느 정도 작용을 하다가 평행점을 이루고 더 이상 외란의 영향을 줄이는 작용을 하지 못한다. 따라서 외란을 완전히 제거할 다른 제어 입력을 생성하여야 한다. 그 중에 간단한 방법이 오차의 크기를 계속 더하여 제어 입력을 생성하는 것이다.

이 방법은 오차가 줄어들지 않으면 오차가 쌓이게 되어 계속 제어 입력이 커지고, 오차가 작아지면 제어 입력이 더 이상 커지지 않고 일정한 값을 유지하면서 오차를 0으로 만든다.

잠깐만...

위 두 가지 예의 원인은 이론적으로 시스템의 타입에 있다. 시스템 타입의 원인에 의한 오사는 PD 제어기로 그기를 감소시킬 수는 있지만 완전히 제거할 수 없다. 이 예에서 다루어진 제어 대상 시스템의 전달 함수에 원점의 극점이 포함되어 있기 때문에 단위 응답에서는 정상 상태 오차가 나타나지 않는 것이고, 이러한 원점의 극점이 2개 이상 있어야만 정상 상태가 나타나지 않는 상수 외란이나 램프 명령에서는 정상 상태 오차를 보이는 것이다. 이것이 I 제어기가 필요한 가장 중요한 이유이다. I 제어기에 원점의 극점이 포함되어 있기 때문이다. 자세한 내용은 13장 주파수 영역에서 PI 제어기 설계에서 다루기로 한다.

6.2 시간 영역에서 PID 제어기 설계

6.2.1 I 제어기

I 제어기 표현

I 제어기는 오차를 적분하여 제어 입력으로 사용하는 것으로 다음과 같이 표현할 수 있다.

$$u(t) = k_i \int e(t)dt$$

따라서 같은 부호의 오차가 존재하면 시간의 흐름에 따라 출력은 계속 커지며 반대 부호의 오차가 생기면 I 제어기의 출력은 줄어든다. 반대로 생각하면 한 번 오차가 생긴 후, 반대 부호의 오차가 생기지 않는다면 I 제어기의 제어 입력은 그대로 유지가 된다.

Point **I 제어기에 의한 제어 입력은 반대 부호의 오차가 발생하지 않으면 줄어들지 않는다.**

I 제어기 원리

그림 6.6을 보면 (1) 구간에서 I 제어기의 제어 입력은 양의 값으로 커져가고 (2) 구간에 가면 쌓인 제어 입력이 감소하기 시작한다. (3), (4) 구간에서 I 제어기의 제어 입력이 커지고 감소하는 것을 반복하고 결국 0이 된다. 수학적으로는 I 제어기의 제어 입력은 응답 곡선과 제어 명령 사이의 값, 즉 오차의 시간에 따른 적분 값이 된다.

적분 제어는 이미 제어기가 동작하고 있음에도 불구하고 어떤 오차가 존재할 때 좋은 효과를 낸다. 제어기가 동작을 함에도 오차가 존재하는 것은 현재의 제어 입력이 오차를 발생하는 원인과 평행을 이룬다고 생각할 수 있다. 이 때 I 제어기는 오차가 계속 존재하면 같은 오차에 대하여 점점 큰 제어 입력을 생성하게 된다. 따라서 평행 상태를 극복하고 오차를 제거하게 되는 것이다.

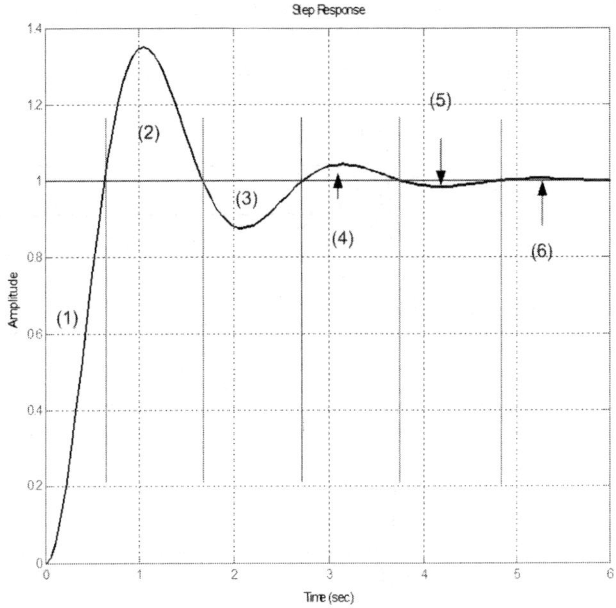

그림 6.6 시간 영역에서 I 제어기의 작용

6.2.2 I 제어기 설계

PD 제어기의 한계 극복

그림 6.1의 모의실험에서 제어 명령을 0으로 한 경우를 다루어 보자. 즉 제어 목표가 외란의 영향에 관계없이 0을 유지하는 것이다. 0.5초에 외란이 인가될 때 응답을 그림 6.7에 나타내었다. 외란의 영향으로 약 0.25도 만큼 벗어남을 알 수 있다. 또한 시간이 지남에도 오차는 줄지 않는다. 제어 입력을 보면 외란을 제거하기 위해 약 −5 V가 계속 인가되는 것을 알 수 있다. 즉 약 −5 V의 제어 입력과 상수로 인가된 외란이 평행을 이루어 약 0.25도의 오차를 보이는 것이다. 여기서 P 제어 이득을 크게 하면 오차의 크기는 줄어들지만 오차가 0으로 수렴하지 않는다.

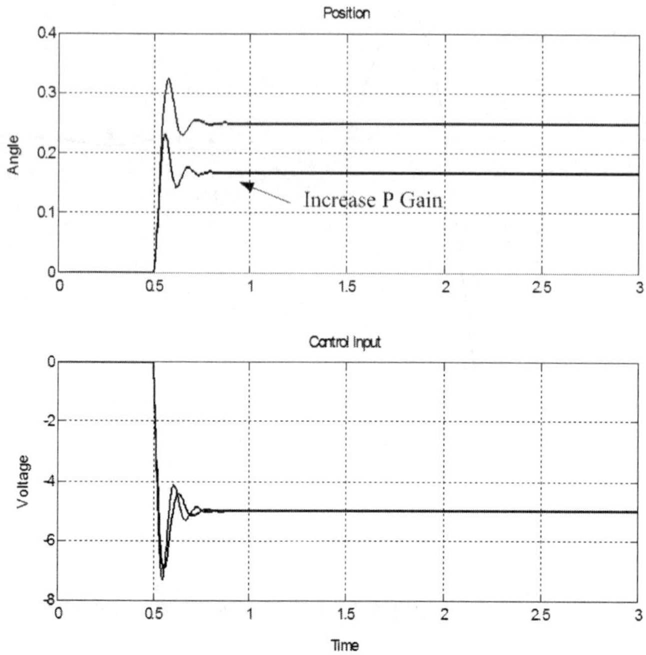

그림 6.7 PD 제어기에 의한 응답 특성

PID 제어의 성능

이 때 I 제어기를 추가하면 그림 6.8에서처럼 오차가 줄어들기 시작한다. I 제어기의 이득이 크면 더 빨리 줄어들고 작으면 천천히 줄어든다. I 제어기의 이득은 정상 상태 오차가 발생할 때 오차의 줄어드는 속도를 좌우하게 된다.

그림 6.8을 관찰해 보면 오차는 시간에 따라 줄어들지만 제어 입력은 크게 바뀌지 않았음을 알 수 있다. 유사한 제어 입력이 인가되었는데 어떻게 오차가 그대로 있는 결과와 오차가 0으로 없어지는 결과가 나오는가를 의심할 수 있다. 그림 6.9는 그림 6.8의 제어 입력을 P, I, D 제어기의 성분으로 나누어 나타낸 것이다.

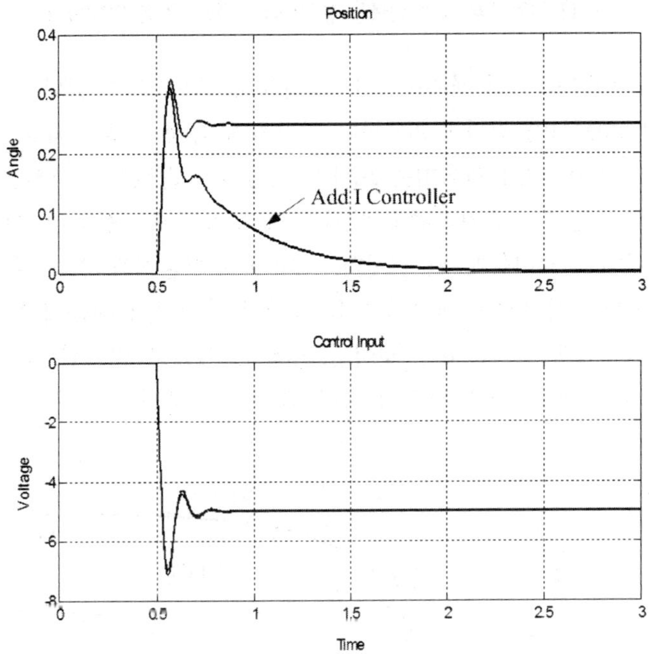

그림 6.8 PID 제어기에 의한 응답 특성

Point **먼저 P, I, D 제어기 각각의 제어 입력 구성을 그림 6.7과 그림 6.8로부터 추측해보자.**

그림 6.8의 분석에 앞서 그림 6.7에서 제어 입력의 구성을 예측해보자. 그림 6.7은 PD 제어기의 응답이므로 제어 입력은 P 제어기와 D 제어기에 의하여 만들어진다. 응답의 변화가 없을 때 즉 오차의 변화율이 0일 때에는 제어 입력은 P 제어기의 출력으로 만들어진다. 따라서 그림 6.7의 약 1초 이후의 제어 입력은 순수한 P 제어기의 제어 입력으로 오차에 비례하여 발생함을 추측할 수 있다.

그림 6.8의 경우는 약 2.5초 이후에 오차가 0으로 수렴한다. 따라서 P 제어기의 제어 입력은 0이 될 것으로 예측할 수 있다. D 제어기의 제어 입력은 오차가 변화할 때만 발생하기 때문에 오차의 변화율이 점점 작아짐에 따라 역시 0으로 될 것이 예상된다. 그렇다면 2.5초 이후의 제어 입력은 거의 I 제어기에 의해 발생된다는 것을 추측할 수 있다.

Point ‖ **PID 제어기의 제어 입력을 분석하고 동작 원리를 이해하자.** ‖

그림 6.9를 보면 예측한 것이 올바른 것임을 알 수 있다. 특히 0.5초와 2.5초 사이에 PID 제어 입력이 PD 제어 입력처럼 특정 값을 그대로 유지하는 것을 이해할 수 있다. 즉, I 제어기는 오차가 발생하는 순간부터 오차를 더해가며 I 제어기의 제어 입력을 증가시켰고 이에 따라 오차는 줄어들었다. 따라서 P 제어기의 제어 입력은 줄어들게 된 것이다. 오차가 줄어들어도 반대 부호의 오차가 생기지 않는 한 I 제어기는 제어 입력을 그대로 유지하기 때문에 2.5초 이후의 I 제어기 출력은 그대로 유지되는 것이다. 이러한 이유로 비슷한 제어 입력이 인가된 것 같지만 응답 특성은 완전히 다른 결과를 나타낸 것이다.

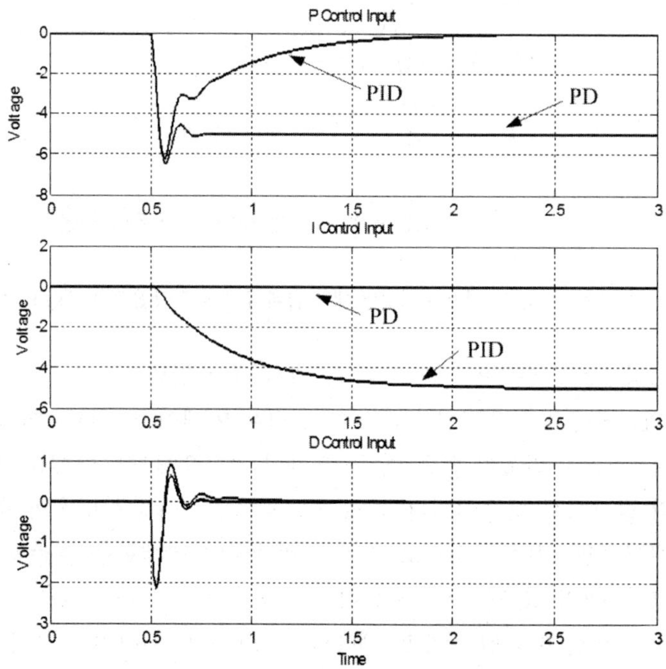

그림 6.9 그림 6.8의 제어 입력 분석

잠깐만...

위의 상황을 좀 더 생각해보면 P 제어기는 오차의 량에 따라 매 순간 제어 입력을 결정하지만, I 제어기는 오차를 0으로 만들 때 까지 오차의 과거 값을 기억하고 그것으로부터 계속 제어 입력을 증가시키는 것으로 생각할 수 있다. 따라서 P 제어기와 D 제어기는 매 순간 제어 입력을 결정하는 특징을, I 제어기는 과거의 기록을 현재에 반영하는 특성을 가지고 있다.

6.2.3 I 제어기의 어려움

I 제어기 이득은 보통 정상 상태 오차의 크기를 줄이는 속도에 비례하여 선정한다. 그러나 이 I 제어기의 영향이 과도 응답 상태에서도 작용을 하기 때문에 PI 또는 PID 제어기에서 I 제어기 이득 선정은 쉽지 않다.

그림 6.10은 그림 6.1의 모의실험에 PID 제어기를 적용한 결과이다. P 제어기와 D 제어기의 이득은 PD 제어기와 동일하며, I 제어기가 추가된 것이다. 0.5초에 인가된 외란에 의한 오차는 줄어들고 있지만 처음 단위 응답에서 큰 오버슈트가 나타남을 알 수 있다. 처음 상승 시간 동안 오차를 누적하여 추가 제어 입력을 만들기 때문이다. 이것은 반대 부호의 오차가 만들어져 I 제어기의 누적된 오차를 모두 소진할 때까지 I 제어기는 작용을 계속한다.

그림 6.11에서 I 제어기의 제어 입력은 0.5초의 외란이 인가되기 전까지 계속 양의 부호를 유지함을 알 수 있다. 최대 오버슈트를 발생한 직후 매우 큰 반대 부호의 P 제어기 출력에 의해 응답은 다시 제어 명령 아래로 떨어지지만 I 제어기는 누적 오차를 소진하는 동안 양의 부호를 유지한다.

Point ‖ **PI 또는 PID 제어기에서 I 제어기는 과도 응답 특성에도 작용을 한다. 이것이 I 제어기의 설계를 어렵게 하는 요인이다.** ‖

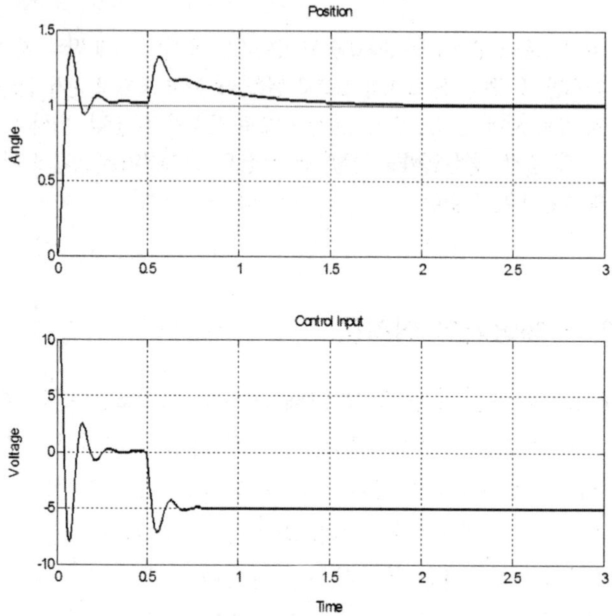

그림 6.10 PID 제어기의 응답 특성 예 (빠른 응답과 외란)

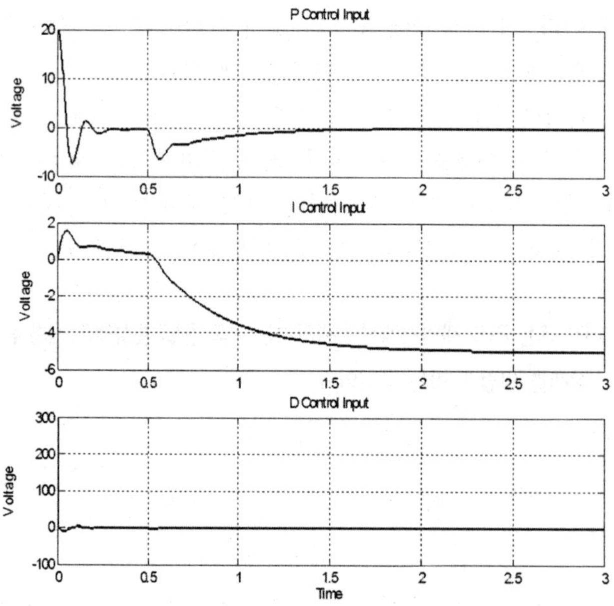

그림 6.11 그림 6.10의 제어 입력 분석

그림 6.12는 이러한 특성을 보다 분명히 나타낸다. 단위 응답 특성으로 상승 시간은 0.1 초 이하의 시간이 소요된다. 그러나 제어 명령을 넘어선 후 응답은 오차를 0으로 줄일 때 까지 상대적으로 긴 안정 시간을 요구한다. 그림 6.13에서 제어 입력을 분석해보자.

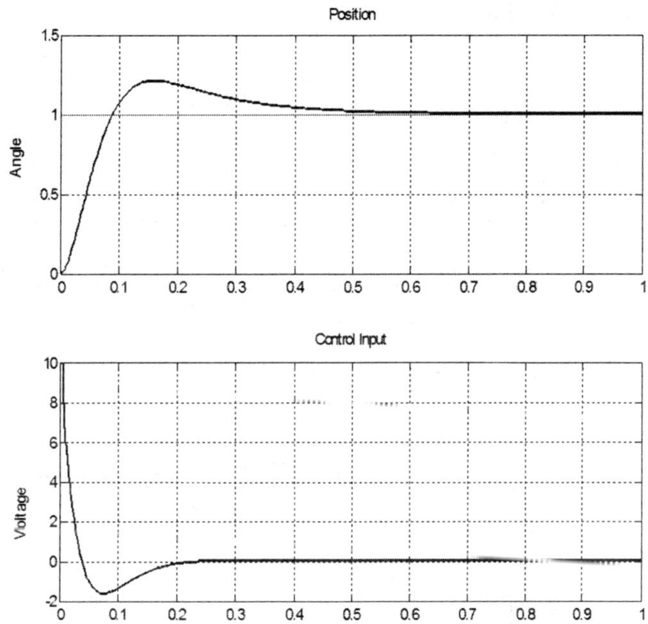

그림 6.12 PID 제어기의 응답 특성 예 (느린 응답)

Point **먼저 제어 입력의 구성을 그림 6.12로 추측해보자.**

그림 6.13을 보면 약 0.09초 전에 P 제어기와 I 제어기는 양의 제어 입력을 생성하고 특히 P 제어기는 더 큰 제어 입력을 발생한다. D 제어기는 응답의 상승 구간동안 그래프의 기울기에서 비례하여 음의 제어 입력을 발생할 것이다. 한편, 응답이 제어 명령에 다가감에 따라 P 제어기의 제어 입력은 줄어들기 시작한다. 그러나 I 제어기의 제어 입력은 계속 커지고 결국 응답이 제어 명령에 닿는 순간,

즉 오차가 0이 되는 순간에 최대 값에 이르게 된다. 따라서 응답은 계속 커질 수 밖에 없다. P 제어기가 음의 오차에 의해 음의 제어 입력을 생성하지만 I 제어기의 누적 오차가 줄어들면서 천천히 오차가 0으로 줄어들게 된다. 결국 I 제어기가 오차가 빠르게 줄어드는 것을 방해하고 있다고 생각할 수 있다. 여기서 제어 시작 초반을 제외하면 전체 응답 특성이 부드럽기 때문에 D 제어기의 출력은 미비하다고 볼 수 있다.

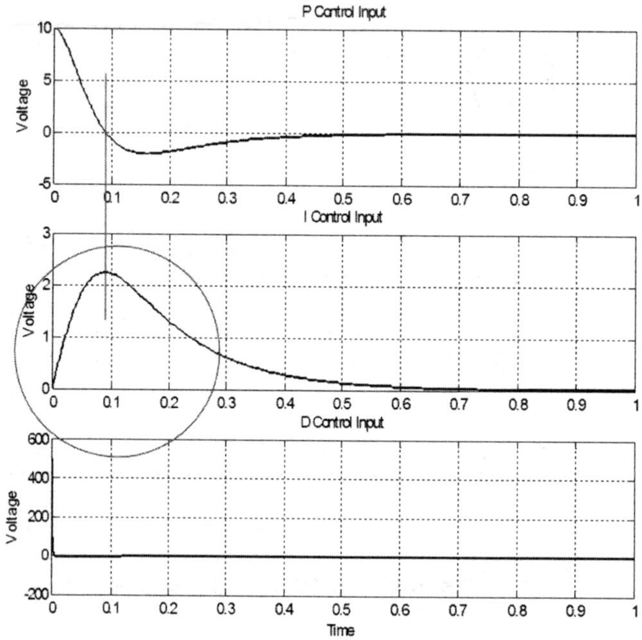

그림 6.13 그림 6.12의 제어 입력 분석

I 제어기는 정상 상태뿐만 아니라 과도 응답 상태에서도 작용을 하기 때문에 제어 이득에 매우 신중을 기하여야 한다. 또한 PD 제어기 설계 후 I 제어기 이득을 추가하는 방법으로는 PD 제어기에서 얻은 과도 응답 특성을 그대로 유지할 수 없다. 따라서 I 제어기 추가 후에 PD 제어기 각각의 이득을 수정하여 과도 응답 특성과 정상 상태 특성을 모두 만족시키는 이득을 다시 선택하여야 한다.

Point ‖ **PID 제어기는 PD 제어기 설계 후 I 제어기를 추가하는 방식이 아니고, PID 제어기 자체를 설계하여야 한다.** ‖

6.3 Simulink에서 모의실험

설계 예 1.

그림 6.1에서 수행한 모의실험을 PID 제어기를 이용하여 다시 수행하였다. 먼저 제어 명령을 0으로 하였을 때 I 제어기의 이득 설정에 따른 응답 특성을 분석하였다.

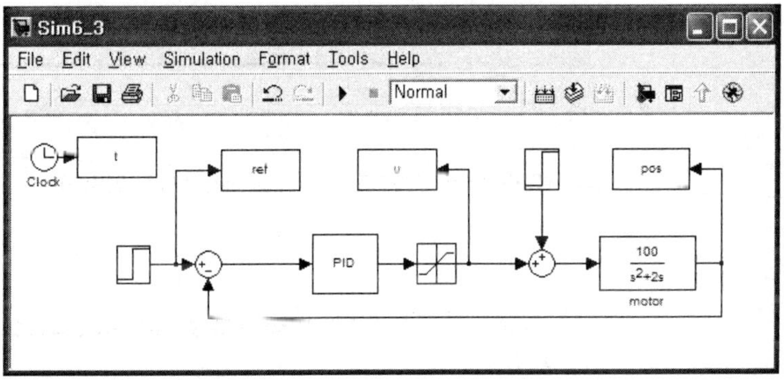

그림 6.14 상수 값을 갖는 외란이 작용한 경우의 모의실험 (PID 제어기)

그림 6.15를 보면 예측한 바와 같이 I 제어기의 이득을 키우면 오차는 빨리 줄어든다. 제어 입력은 큰 차이를 나타내지는 않는다.

이 때 단위 응답의 특성은 그림 6.16과 같이 얻을 수 있다. PID 제어기의 이득은 그림 6.10에 나타난 오버슈트를 방지하기 위해서 I 이득이 10인 경우를 기준으로 다시 조정을 하였다. 예상한 것과 같이 I 제어기의 이득 값을 50과 100으로 키움에 따라 오차가 줄어드는 속도가 빨라지고, 반면 최대 오버슈트는 커짐을 알 수 있다.

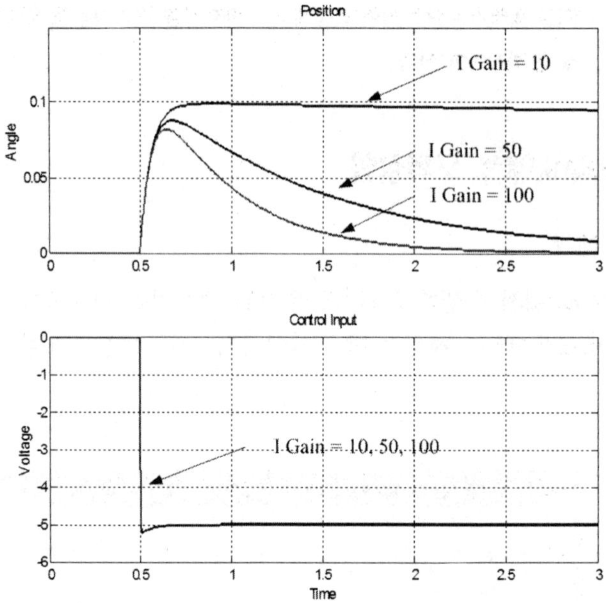

그림 6.15 그림 6.14의 응답 특성 (제어 명령 0)

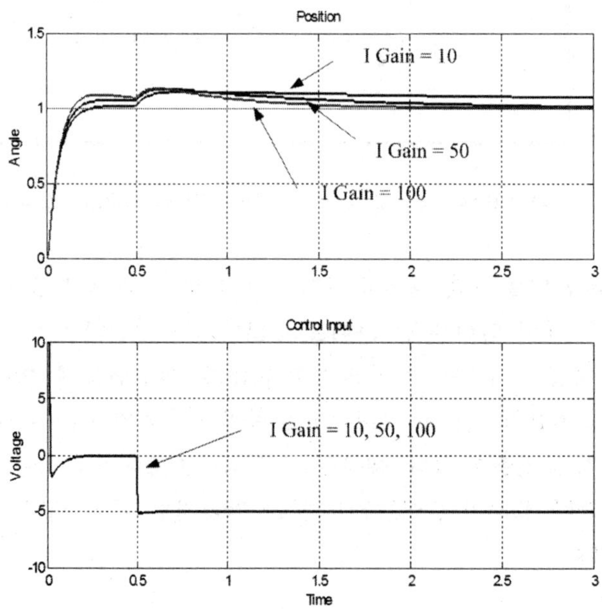

그림 6.16 그림 6.14의 응답 특성 (제어 명령 1)

그림 6.17은 확대한 오차의 크기를 나타낸 것으로, 결국 PID 제어기 설계에서 I 제어기의 이득을 수정하면 이에 따라 과도 상태의 특성을 고려하여 P 제어기와 D 제어기의 이득을 함께 수정하여야 함을 알 수 있다.

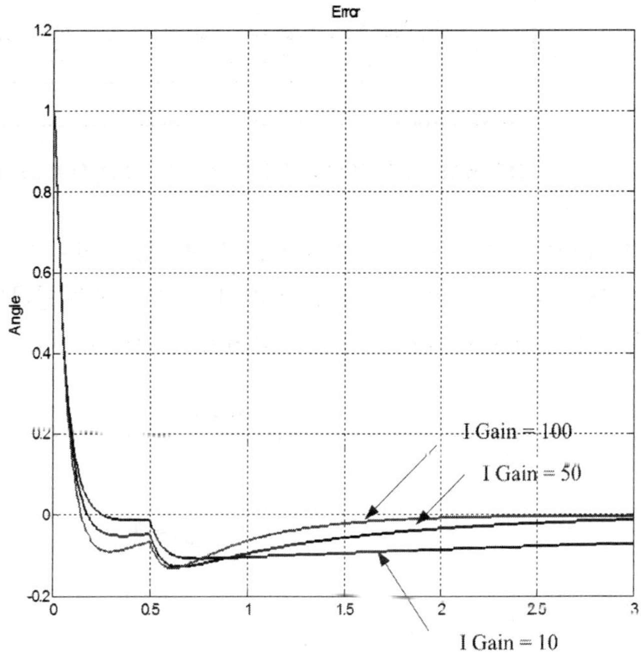

그림 6.17 그림 6.16의 오차 특성

Matlab Sim6_3을 열어 실행한 후, 그래프 출력을 위한 p6_3을 실행하면 그림 6.15를 얻을 수 있다. 여기서 제어 명령을 수정하고 실행하면 그림 6.16과 그림 6.17을 얻을 수 있다.

설계 예 2.

제어 명령이 시간에 따라 증가하는 램프 제어 명령일 때에도 I 제어기가 오차를 제거할 수 있는지 확인하기 위하여 그림 6.3에서 수행한 모의실험을 PID 제어기를 이용하여 다시 수행하였다.

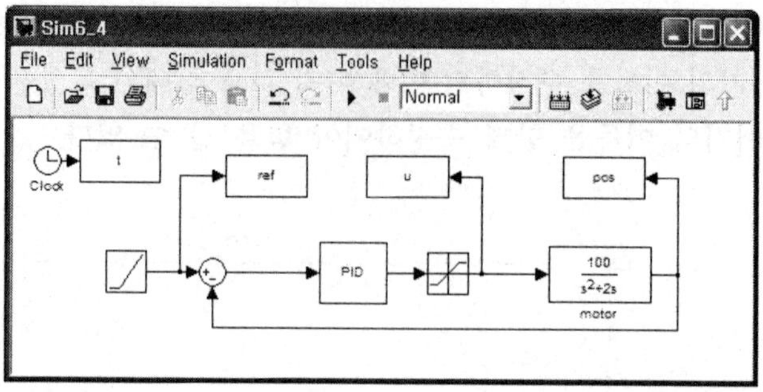

그림 6.18 램프 명령이 주어진 경우의 모의실험 (PID 제어기)

그림 6.19는 제어 명령의 기울기가 10인 경우로 오차의 크기는 잘 나타나지 않으나 그림 6.4에서 관찰한 것과 같이 제어 입력이 계속 인가됨을 알 수 있다. 이를 분석하기 위해 확대한 오차를 그림 6.20에 나타내었다.

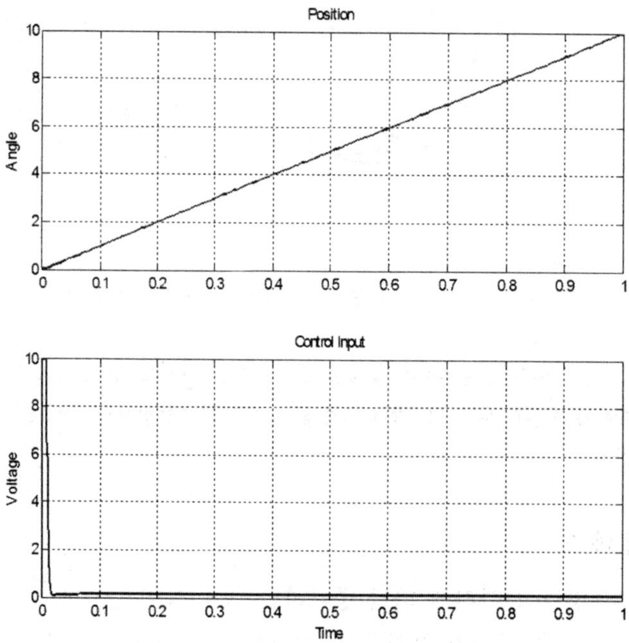

그림 6.19 그림 6.18의 모의실험 응답 특성

오차는 과도 응답 구간 동안 약 0.05도 정도 커지다가 곧 0으로 수렴함을 알 수 있다. 따라서 I 제어기가 그림 6.5에 나타난 약 0.01의 오차를 제거하였고, 그림 6.19에서 나타난 제어 입력은 I 제어기에 의한 제어 입력임을 알 수 있다.

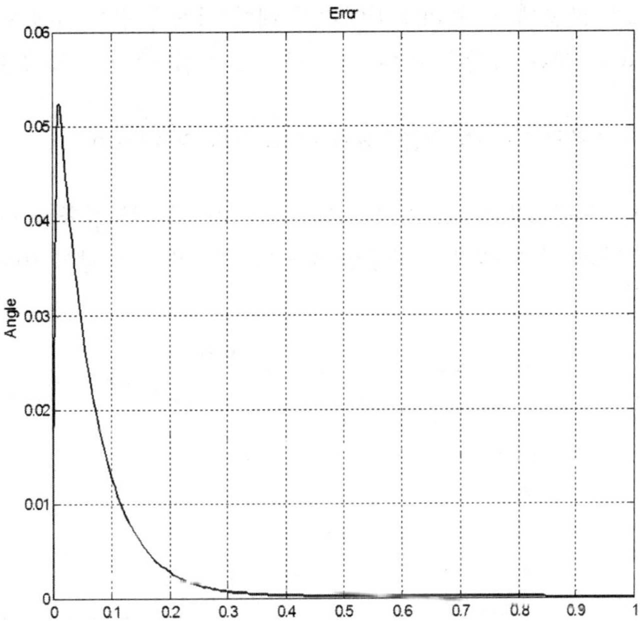

그림 6.20 그림 6.18의 모의실험 오차 특성

Matlab Sim6_4를 열어 실행한 후, 그래프 출력을 위한 p6_4를 실행하면 그림 6.19와 그림 6.20을 얻을 수 있다.

6.4 고려해야 할 중요한 사항

6.4.1 Integral wind-up 문제

I 제어기는 오차를 계속해서 더하여 제어 입력을 만들기 때문에 정상 상태의 오차를 제거할 수 있다. 그러나 이렇게 오차를 더해가는 특성이 성능 저하나 제

어기의 이득 선정의 어려움을 넘어 더 심각한 문제를 일으킬 수 있다.

그림 6.13에서 설명한 것과 같이 응답이 제어 명령에 거의 다다름에도 불구하고 그동안 누적된 오차로 인하여 I 제어기의 제어 입력은 계속 커져가고 오차가 음의 부호를 가져야만 줄어들기 시작한다. 이 때 다행히도 P 제어기의 제어 입력이 크기 때문에 전체 PID 제어기의 제어 입력은 음의 부호를 갖고, 비록 우리가 기대하는 빠른 응답은 아니지만, 다시 오차를 줄이는 특성을 나타내었다.

Point ‖ **I 제어기의 가장 위험한 문제는 Integral Wind-up** ‖

다음 그림 6.21과 6.22는 I 제어기의 가장 심각한 상황을 나타낸다. 이 응답 특성은 앞의 설계 예에서 사용한 제어기이며 제어 명령이 50이다.

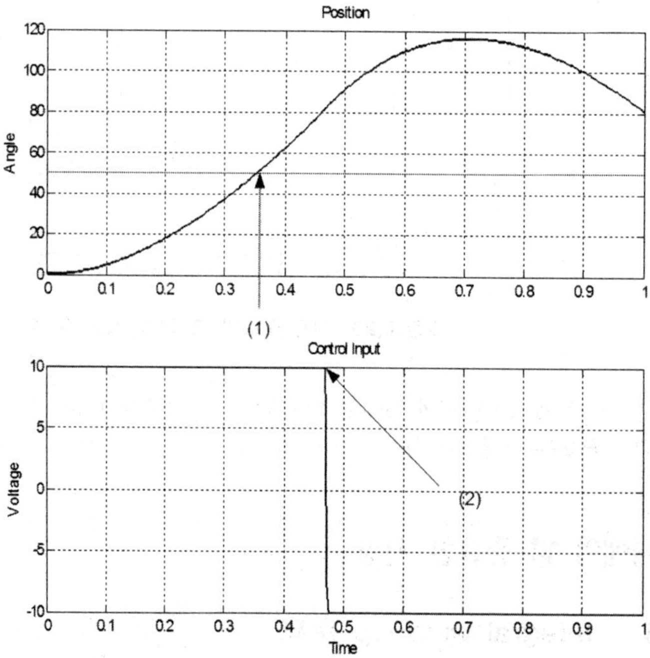

그림 6.21 | 제어기의 wind-up이 나타난 응답 특성

그림 6.21의 (1) 지점에서 목표점에 다다르지만 제어 입력은 (2) 지점까지 포화 상태를 유지한다. 이러한 문제는 (1) 지점에 다다를 때까지의 I 제어기의 제어 입력이 너무 많이 누적되어 있어서 오차가 음의 부호를 가진 후 I 제어기가 누적된 오차를 줄여나가도, 또 P 제어기가 반대 부호 제어 입력을 생성해도 전체 제어 입력이 제어 입력의 포화에서 벗어나지 못하기 때문이다. (2) 지점이 지나서야 제어 입력의 포화에서 벗어났지만 지금까지 발생한 오차가 너무 크기 때문에 다시 반대 부호의 제어 입력 포화가 발생한다. 그림 6.22를 보면 제어 목표에 다다르는 약 0.35초에서의 P 제어기와 I 제어기의 제어 입력을 파악할 수 있다.

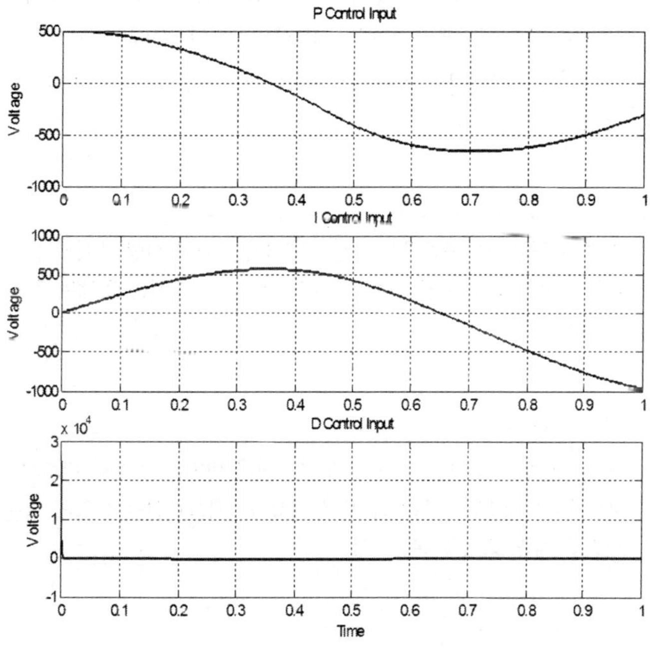

그림 6.22 그림 6.21의 제어 입력 분석

결국 이 시스템은 제어 명령이 1과 같이 작을 때에는 정상적인 동작을 하지만 제어 명령이 커지면 제어 입력의 포화를 반복하는 상황이 발생한다.

이와 같이 I 제어기의 누적된 제어 입력으로 인하여 오차가 줄어들어도 제어 입력의 포화 상태를 벗어나지 못하는 경우가 있다. 이를 integral wind-up 문제라고 부르고, 이를 방지하는 anti wind-up 부분이 수반되어야 한다.

Point ‖ **Integral wind-up 문제를 해결하는 Anti wind-up 제어기** ‖

일반적으로 I 제어기의 누적 오차가 제어 입력을 포화를 일으키면 더 이상의 오차를 누적하지 않는 방법과 제어 입력의 포화 상태에서 벗어날 때 I 제어기의 누적 오차를 0으로 만드는 방법 등이 사용된다. 또한 제어 대상 시스템의 특성에 따라 특수한 방법이 사용되기도 한다.

P 제어기나 D 제어기의 경우 제어 입력의 포화가 발생하여도 제어 오차가 줄어들면 바로 제어 입력의 포화 상태를 벗어나기 때문에 비교적 제어의 동작을 예측하기 쉽다. 그러나 I 제어기는 wind-up 특성으로 인하여 특성을 예측하기가 매우 힘들다.

잠깐만...

Anti wind-up 구조가 포함된 I 제어기는 이미 선형 제어기가 아니다. 일정한 규칙에 의하여 오차를 누적하는 것을 중지하거나 누적 오차를 없애는 것은 선형 제어기로 다룰 수 없다.

잠깐만...

Anti wind-up 제어기의 구체적인 설계 방법은 여기서 다루지 않는다. 이 제어기는 제어 대상 시스템의 특성과 제어 목표에 밀접한 연관이 있기 때문에 일반적인 설계가 어렵고 검증 과정도 복잡하다.

6.4.2 제어 목적과 PID 제어기

위치 제어와 속도 제어

위치 제어와 속도 제어는 제어기의 구성면에서 상당히 유사하다. 예를 들면 위치 제어에서 PID 제어기를 사용할 수 있고 역시 속도 제어에서도 PID 제어기를 사용할 수 있다. 여기서 위치와 속도의 관계가 적분(위치 → 속도) 또는 미분(속도 → 위치)의 관계를 갖듯이 이 두 제어기의 물적인 의미도 유사한 관계를 갖는다. 구체적으로, 위치 제어에서 PID 제어기의 P 제어는 위치 오차에 이득을 곱한 형태이지만, 속도 제어에서 PID 제어기의 P 제어는 속도 오차에 이득을 곱한 형태이다. 그러나 이 두 관계가 단순한 적분 또는 미분의 관계를 갖는다고 단정할 수는 없다. 예를 들면 위치 제어에서 PID 제어기의 P 제어가 속도 제어에서 PID 제어기의 I 제어와 어느 정도 연관 관계는 있지만 같다고 단정할 수는 없다. 제어 명령이 상수일 때만 같다고 할 수 있다. 위치 제어에서 PID 제어의 I 제어(누적 위치 오차)와, 속도 제어에서 PID 제어기의 D 제어(가속도 정보 사용)는 각각 고유한 특성을 가지는 부분이다.

위치 제어에서의 속도 제어

위치 제어에서 제어 목표가 정상 상태만으로 주어지지 않고 과도 응답까지 주어지는 경우가 있다. 이는 일반적으로 부드러운 과도 응답을 얻음으로써, 기구에 무리를 주지 않거나, 전체 제어 시스템으로 생산되는 제품의 품실을 개선하고자 하는 목적이 있다. 이를 위해 위치 제어의 제어 명령이 단위 명령으로 주어지지 않고, 시스템이 도달 가능한 범위에서 위치 궤적이 주어지는 것이 보통이다. 제어 시스템의 도달 가능한 범위는 보통 제어 구동기(actuator)의 최대 가속도를 기준으로 정해진다.

또한 좀 더 정밀한 제어를 위해 위치 궤적의 미분 궤적 또는 별도의 속도 궤적이 속도 명령으로 사용된다. 이것이 위치 루프와 속도 루프를 각각 구성하게 된다. 이를 구성하는 방법은 매우 다양하며, 응용 시스템에 따라 새로운 형태의 제어기가 설계되기도 한다.

생각해봅시다. >>>

① 주변에서 I 제어기가 반드시 필요한 시스템의 예를 찾아보자.
② I 제어기를 설계할 때 고려하여야 할 부분을 정리해보자.
③ PID 제어기와 PD 제어기에서 공통부분인 PD 제어기가 어떻게 다른지 생각해보자.
④ I 제어기를 사용할 때 발생하는 wind-up의 발생 원인을 생각해보자.
⑤ Wind-up을 해결하기 위한 방법을 찾아보자.
⑥ 위치 궤적과 속도 궤적을 만드는 방법에 대하여 생각해보자.
⑦ 위치 제어와 속도 제어를 함께 할 때 왜 위치 제어 결과가 개선되는지 생각해보자.

Chapter 07 ... 주파수 영역에서 제어기 설계 1

| 학습 목표 |

- 시스템의 주파수 영역 특성을 이해하자.
- Bodc 선도의 원리를 이해하자.
- Bode 선도에서 대역폭, 이득 여유, 위상 여유를 정의하자.
- Matlab에서 Bode 선도를 그려보자.

7.1 Bode 선도

7.1.1 주파수 영역 해석

왜 주파수 영역에서?

시간의 흐름에 따라 제어 시스템의 특징을 관찰하는 것은 비교적 쉽고 직관적으로 생각할 수 있기 때문에 처음 제어 시스템을 접하는 사람이 선호한다. 그러나 시간 영역에서 관찰된 특징만으로 다양한 질문이나 현상에 대해 명쾌한 답을 할 수 없다. 예를 들면, 얼마나 빠른 명령에 시스템이 반응할 수 있을까? 제어기의 이득을 조금씩 키우면 응답이 조금씩 빠르게 나지만 더 크게 하면 시스템이 불안정해 지는데 왜 그럴까? 그러면 이러한 질문들은 서로 관계가 있는 질문일까? 아니면 없는 것일까? 이러한 질문에 답을 하기 위해서는 주파수 영역에서 제어 시스템을 관찰하고 해석할 수 있어야 한다.

사실 주파수 영역에서의 관찰과 해석 방법은 시간 영역에서의 관찰과 해석 방법보다 체계적이고 일관되게 정리되어 있다. 여기서는 가장 이해하기 쉽고 다양하게 활용이 가능한 Bode 선도를 이용한 주파수 특성 관찰과 해석 방법을 설명하려한다. 주파수 영역에서의 설계와 해석 방법을 시간 영역에서의 설계와 해석 방법과 함께 사용하면 이론적인 측면과 실험적인 측면을 함께 고려할 수 있다. 따라서 설계와 해석의 정확성을 증대시키고, 효율적인 작업을 가능하게 한다.

무엇을 관찰하는가?

주파수 영역의 시스템 특징은 시스템에 인가된 입력과 출력의 신호를 주파수 영역에서 관찰하여 입출력을 관계를 나타내는 것이다. 보통 시스템에 인가되는 신호는 다양하고 매우 복잡한 주파수 성분을 가지고 있어 해석하기 쉽지 않다. 따라서 시스템을 해석할 때에는 특정 주파수 성분을 갖는 신호만을 입력으로 사용한다. 보통 sine 신호를 널리 사용한다. 순수한 하나의 sine 신호는 하나의 주파수를 가지며, 이러한 sine 신호 여러 개를 조합하여 일반적인 신호를 표현할 수 있는 장점이 있다.

정리하면 시스템의 주파수 영역 특성 관찰은 입력에 알고 있는 sine 신호를 인가하고, 출력 신호를 관찰하여 차이를 비교하는 것이다. sine 신호는 주파수, 크기, 위상으로 표현되므로 입력과 출력에서 3가지 특징을 비교하게 된다. 이 결과는 시스템의 주파수 영역 특징 중, 관찰한 주파수(sine 신호의 주파수)에 해당하는 결과이다. 따라서 넓은 주파수 범위의 특징을 알기 위해서는 주파수를 바꿔가며 입출력 비교를 반복해야 한다.

잠깐만...

출력 신호를 관찰할 때는 입력을 인가한 후 시스템의 출력이 정상 상태에 도달한 후 관찰하여야 한다.

sine 신호로 어떻게 시스템 특징을 알 수 있을까?

주파수 영역 해석의 중요한 원리는 시스템이 선형이라고 가정하는 것이다. 즉, 우리가 관찰하고 해석할 대상이 선형이어야 하고, 선형이 아니라면 의미가 없어지는 것이다. 먼저 선형의 의미를 파악해보자. 선형 시스템의 입력과 출력 관계를 그래프로 그리면 그림 7.1의 (a)처럼 원점을 지나는 1차 직선이 된다. 이러한 입출력 관계를 하나의 함수로 생각할 수 있으며, 두 가지 특징을 그림 7.1(b)에 나타낸 것처럼 $y = 0.5x$ 함수에서 보자. 첫 번째는 입력을 2에서 4로 두 배 증가시키면 출력이 두 배 증가되는 성질이며, 두 번째는 입력에 2와 4를 더해 6을 인가하면 출력은 입력이 2일 때 출력과 4일 때 출력의 합이 되는 성질이다. 수식으로 표현을 하면 전자는 함수 $y = f(x)$가 있을 때 $ay = f(ax)$를 만족하는 특징이고, 이를 homogeneity라고 한다. 후자는 $f(x_1 + x_2) = f(x_1) + f(x_2)$를 만족하는 특징으로 additivity라고 한다. 두 가지 성질을 하나의 식 $f(ax_1 + bx_2) = af(x_1) + bf(x_2)$으로 표현할 수 있다.

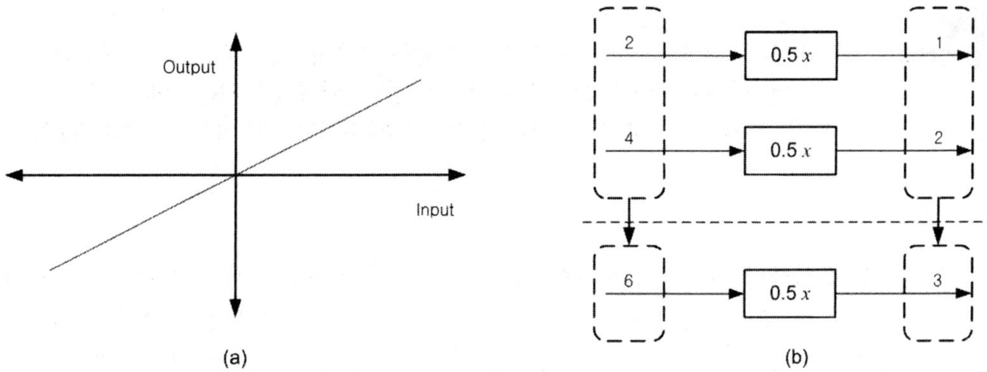

그림 7.1 선형 시스템의 특징

또 하나의 가정은 시불변 시스템이라는 것이다. 시스템이 시간에 따라 변하지 않는다는 것을 의미한다. 모터 제어 시스템의 경우 모터의 특징이나 제어기의 특징이 시간에 따라 달라지지 않는다고 할 수 있다. 반대의 예는 비행기 제어 시스템 경우이다. 비행기는 출발할 때에 비하여 도착할 때는 소모한 연료의 무게만큼 시스템이 변하였다. 따라서 이러한 시스템은 시변 시스템이 된다. 다음의 예에서 보는 것처럼 시불변 시스템은 주파수 영역에서 전달 함수와 시간 영역에서 상태 공간 식으로 표현이 가능하고, 시변 시스템의 경우 상태 공간에서만 시스템을 표현할 수 있다.

선형 시불변 시스템을 상태 공간에서 표현한 예는 다음과 같다.

$$\begin{aligned} \dot{\mathrm{x}}(t) &= \mathrm{A}\mathrm{x}(t) + \mathrm{B}\mathrm{u}(t) \\ \mathrm{y}(t) &= \mathrm{C}\mathrm{x}(t) + \mathrm{D}\mathrm{u}(t) \end{aligned} \tag{7.1}$$

같은 선형 시불변 시스템을 전달 함수로 표현하면 다음과 같다.

$$y(s) = \left[C(sI-A)^{-1}B + D\right]u(s) \tag{7.2}$$

선형 시변 시스템을 상태 공간에서 표현한 예는 다음과 같다.

$$\begin{aligned} \dot{\mathrm{x}}(t) &= \mathrm{A}(t)\mathrm{x}(t) + \mathrm{B}(t)u(t) \\ \mathrm{y}(t) &= \mathrm{C}(t)\mathrm{x}(t) + \mathrm{D}(t)\mathrm{u}(t) \end{aligned} \tag{7.3}$$

잠깐만...

> 시변 또는 시불변 시스템을 판단할 때 시스템에서 신호의 시간에 따른 변화를 의미하는 것이 아니다. 위의 식에서 보면 벡터 x는 시스템의 상태 변수로 시간에 따라 변화한다. A, B, C, D의 시스템 행렬이 시간에 따라 변화하는가가 시변 시스템의 판단 기준이 된다.

선형 시불변 시스템의 중요한 특징 중의 하나가 특정 주파수의 신호를 인가할 경우 같은 주파수의 신호를 출력하는 것이다. 즉, 선형 시불변 시스템은 시스템 내부에서 입력된 신호의 주파수를 바꾸지 않는다. 단지, 신호의 크기와 위상이 달라진다. 따라서 앞 절에서 설명한, 입출력의 비교에 사용되는 특징이 3가지가 아니고 2가지가 된다.

또한 주파수 영역 특성을 알고 있다면, 선형 시불변 시스템의 특징으로 어떤 입력 신호라도 출력의 특징을 예측할 수 있게 된다. 어떤 신호라도 여러 sine 신호의 합으로 표현할 수 있기 때문이다.

Point **선형 시불변 시스템은 입력 신호의 주파수를 바꾸지 않는다.**

잠깐만...

> 모든 신호를 sine 신호의 선형 조합으로 표현하는 것은 이론적으로 가능하다. 실제로는 한정된 수의 특정 주파수만을 갖는 특수한 경우가 아니라면 sine 신호의 선형 조합으로 완벽하게 표현하는 것은 불가능하다. 단지 근사 값을 얻을 수 있을 뿐이다.

잠깐만...

> 일반적인 시스템을 선형 시불변 시스템으로 가정하는 것이 적절하다고 하더라도 이러한 가정이 유지되는지 관찰하여야 한다. 선형 시스템으로 무리 없이 가정한 시스템도 제어 입력의 포화 상태에서는 비선형 시스템이 되고, 시간에 따른 변화가 거의 없는 시스템도 시스템 노후로 급격히 특성이 변화할 수 있다.

7.1.2 Bode 선도 그리기

Bode 선도는 주파수 영역에서의 해석 방법 중 가장 많이 사용되는 방법이다. 다른 방법과 비교했을 때 이해하기 쉽고, 다양한 정보를 제공한다. Bode 선도는 이미 언급한 바와 같이 입력 신호와 출력 신호의 크기와 위상 차이를 주파수의 변화에 따라 나타낸 그래프이다.

Point ‖ **Bode 선도만 정확하게 알아도 많은 것을 이해할 수 있다.** ‖

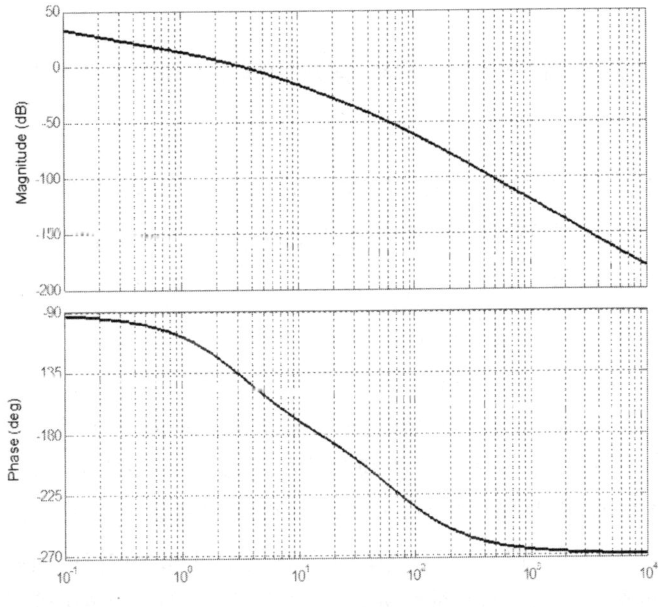

그림 7.2 Bode 선도 예제

그림 7.2에서 위의 그래프는 입출력 신호 크기의 비율을 나타내는 것으로 로그를 취한 것에 20을 곱해서 나타낸다. 즉, $20\log|Y(j\omega)/R(j\omega)| = 20\log|G(j\omega)|$로 나타낸다. 여기서 R이 입력이며, Y는 출력이다. 아래 그래프는 위상의 차를 나타낸다. 두 그래프의 X 축은 주파수를 로그로 나타낸 것이다. 여기서 10배의 주파수 차이를 1 decade라고 한다.

Bode 선도를 보면 처음 설명한 것과 같이 특정 주파수에서 크기의 비와 위상의 차이를 알 수 있다.

잠깐만...

일반적으로 Bode 선도를 그릴 때 나 해석할 때 전달 함수의 분모 식과 분자 식의 근을 이용한다. 그러나 이것은 근사적인 방법일 뿐, 기본적인 원리는 입출력 신호를 이용하여 구한다는 것을 분명히 기억해야 한다. 만약 근사적인 방법만을 알고 있는 경우, 분자, 분모 식에 근으로 표현되지 않는 경우(예를 들면 시간 지연 요소의 지수 식)는 해석할 수 없다.

잠깐만...

실험에 의하여 얻어진 Bode 선도를 식으로 옮길 때에는 근사적인 방법을 주로 이용한다.

시스템에 인가된 입력 신호를 $r(t) = R\sin(\omega_0 t)$라 하고 출력 신호를 $y(t) = Y\sin(\omega_0 t + \phi)$라고 할 때 입출력 신호 크기의 비는 $G = Y/R$이며 위상의 차이는 ϕ이다. 여기서 얻은 G와 ϕ는 주파수 ω_0에 대한 값이며 주파수를 바꾸면서 두 값을 계속 얻을 수 있다. 이를 X 축이 주파수이고 Y 축이 G와 ϕ인 두 개의 그래프를 그릴 수 있다. 이것이 Bode 선도의 원리이다.

일반적으로 제어 시스템이 수학적인 모델로 표현될 때는 미분 방정식을 이용하여 표현하고, 이러한 미분 방정식을 쉽게 풀기 위해 라플라스 변환을 적용하여 표현한다. 제어 시스템에서 입력과 출력의 관계를 전달 함수라고 한다. 전달 함수 $G(s)$는 흔히 $Y(s) = G(s)R(s)$라고 표현하며, 여기서 $Y(s)$, $R(s)$는 각각 입력 신호 $r(t)$와 출력 신호 $y(t)$의 라플라스 변환 결과이다. 여기서 연산자 s는 로 $j\omega$로 대치할 수 있으며, 이 경우 주파수 영역에서의 관찰과 동일한 결과를 나타내게 된다. 따라서 신호 크기의 비율은 $|G(j\omega)| = |Y(j\omega)|/|R(j\omega)|$와 위상의 차이는 $\angle G(j\omega) = \angle Y(j\omega) - \angle R(j\omega)$로 나타낼 수 있다.

전달 함수에서 Bode 선도 그리기

전달 함수가 주어진 경우 앞에서 설명한 물리적인 특징을 그대로 계산하여

Bode 선도를 그릴 수 있다. $G(s)$를 $s \rightarrow j\omega$로 바꾸어 $G(j\omega)$로 만든 후에 ω의 값을 대입하여 $20\log|G(j\omega)|$와 $\measuredangle G(j\omega)$를 그리면 된다.

또 한 가지의 방법은 이러한 계산 과정 없이 전달 함수의 분자 분모를 $(1+\tau j\omega)$의 형태로 바꾼 후 극점과 영점의 위치를 파악하여 근사적인 방법으로 Bode 선도를 그리는 것이다. 복잡한 계산 과정이 없이 대략적인 형태를 파악할 수 있는 장점이 있다. 근사적인 방법은 모든 제어 관련 참고 문헌에 자세히 설명되어 있으니 참고하기 바란다.

Matlab에서 Bode 선도 그리기

Matlab에서 bode라는 함수를 이용하여 쉽게 Bode 선도를 그릴 수 있다. 먼저 전달 함수를 입력하고, Bode 함수를 사용한다.

```
num = [1000]                     % 전달 함수의 분자는 1000
den=[1 70 220 0]                 % 전달 함수의 분모는 s^3 + 70s^2 + 220s
bode(num, den)                   % Bode 선도를 그리는 명령
```

관심 주파수 영역을 지정하기 위해서는 다음과 같이 관심 주파수 영역 데이터를 만들고 이를 bode 함수에 매개변수로 추가한다.

```
w = logspace(-1, 3, 1000) ;      % 10^-1 … 10^3를 1000개 나눈다.
num = [1000]
den=[1 70 220 0]
bode(num, den, w)
```

데이터의 가공을 위해서 직접 데이터를 그래프로 그릴 수 있다.

```
[mag, phase] = bode(num, den, w) ; % 변수로 받으면 그래프는 나타나지 않는다.
maglog = 20* log10(mag);
suplot(2,1,1)
semilogx(w, maglog) ;
grid on
suplot(2,1,2)
semilogx(w, phase) ;
grid on
```

7.2 Bode 선도 보기

7.2.1 대역폭

시스템의 성능을 대표하는 지수가 대역폭이다. 이는 관찰을 통해 쉽게 볼 수 있는 것으로 제어 명령에 대한 추종 능력을 나타내며, 동시에 외란에 대하여 얼마나 강인한지를 나타낸다. 시스템에 제어 명령의 신호 주파수를 증가시키며 인가하였을 때 일반적으로 주파수가 증가할수록 출력이 제어 명령을 추종하지 못하는 정도가 커진다. 제어 명령에 대한 추종 능력의 평가는 대역폭으로 하며, 출력이 제어 명령의 약 70.7% 이하로 떨어지는 주파수를 시스템의 대역폭이라고 정의한다. 수학적인 정의는 $|G(j\omega)| = 1/\sqrt{2} \approx 0.707$ 또는 3 dB 떨어지는 지점의 주파수를 의미하며 그래프에서는 그림 7.3과 같이 볼 수 있다.

Point ‖ **주파수 영역에서 대역폭이 제어 시스템의 성능을 나타낸다.** ‖

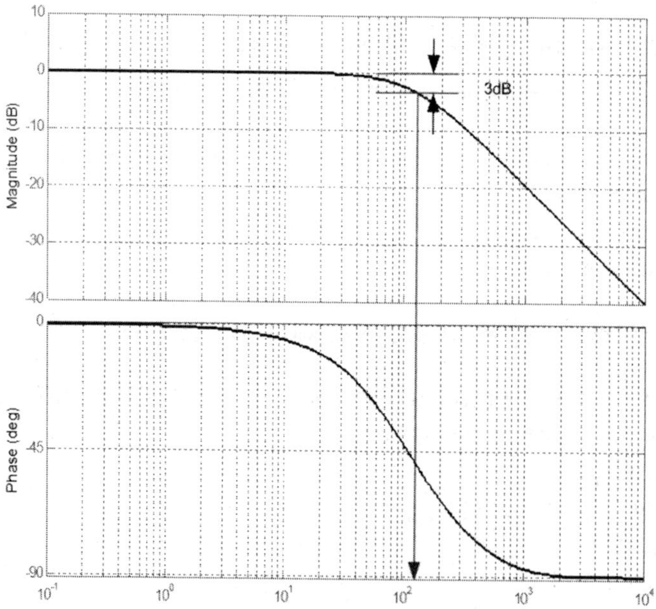

그림 7.3 Bode 선도에서 대역폭의 정의

> **잠깐만...** 대역폭의 단위는 Hz 또는 rad/sec를 사용한다. 그림 7.3에서의 대역폭은 약 114 rad/sec로 Hz로 변환하면 $114/2\pi$로 대략 18 Hz이다.

대역폭의 물리적인 의미

대역폭의 물리적인 특징을 나타낸 예로서 왕복 달리기를 생각할 수 있다. 체력의 변화가 없는 어떤 사람이 10 m 거리를 왕복 달리기를 하는데, 호루라기 소리를 들을 때 마다 방향을 바꾼다고 가정하자. 처음 호루라기를 10초에 한 번씩 분다면 아마 이 사람은 10 m에 이미 도착하여 기다리고 있을 것이다. 조금씩 호루라기 부는 주기를 빠르게 하면 점점 도착을 해서 쉬는 시간이 줄어들고, 어떤 주기가 되면 도착하자마다 바로 반대 방향으로 달려야 할 것이다. 이 때 까지는 100% 호루라기 명령을 따른 결과가 되는 것이다. 호루라기 주기가 더 빨라지면 10 m 지점에 도착하지 못하고 반대 방향으로 달려야 할 것이고, 좀 더 주기가 빨라지면 7.07 m 달린 후에 방향을 바꾸어야 할 것이다. 이 때의 호루라기 주기가 (엄밀하게 말하면 주기의 역수가) 대역폭이 된다.

> **잠깐만...** 대역폭은 시스템 전체의 성능을 나타내는 지수이므로 피드백이 구성되는 경우 이를 모두 포함한 시스템 전체를 대상으로 구한다. 따라서 closed-loop 특성이 된다.

7.2.2 이득 여유와 위상 여유

이득 여유와 위상 여유는 입출력 신호의 크기를 비교한 그래프와 위상을 나타낸 그래프들 함께 보며 판단하는 성능 지수로 전체 시스템의 안정도를 결정하는 중요한 지수이다.

> **잠깐만...** 이득 여유와 위상 여유는 피드백 시스템을 구성할 것을 가정하고, 판단하는 것으로 open-loop 특성이다.

이득 여유는 위상의 차가 180도 일 때 주파수를 측정한 후, 크기 그래프에서 이 주파수에 해당하는 값과 0 dB의 차이가 된다. 위상 여유는 크기 그래프에서 0 dB를 지나는 주파수 측정한 후, 위상 그래프에서 이 주파수에 해당하는 각도와 180도의 차가 된다. 이를 그림 7.4에서 확인할 수 있다.

Point **주파수 영역에서 이득 여유와 위상 여유가 제어 시스템의 상대 안정성을 나타낸다.**

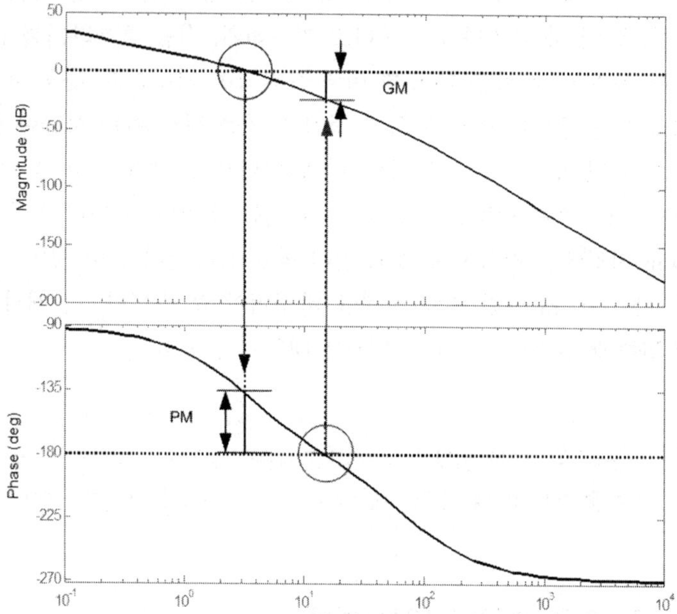

그림 7.4 Bode 선도에서 이득 여유와 위상 여유의 정의

이득 여유와 위상 여유의 물리적인 의미

이득 여유와 위상 여유는 시스템이 얼마나 안정한가를 나타내는 특성이라고 생각을 하면서 다음 그림을 보자.

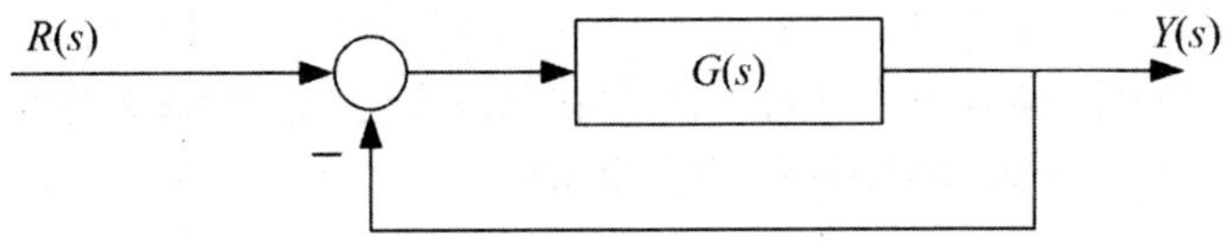

그림 7.5 일반적인 피드백 시스템의 구성

$R(s)$는 주파수 영역에서 볼 때 다양한 주파수를 갖는 sine 신호들로 이루어져 있을 것이고, $G(s)$는 각 주파수에 대한 특징을 가지고 있다. 일단 그 중 한 가지 주파수에 대하여만 생각하기로 하자. 그림에 나타난 것과 같이 시스템 $G(s)$는 음의 피드백이 되어 전체 시스템을 구성한다. 전체 시스템에 특정 주파수의 sine 신호가 입력되었을 때 $G(s)$의 특성에 의해 피드백 되는 신호의 위상이 180도 바뀌었다고 한다면 원래 신호와 부호가 반대인 sine 신호가 되며, 이것이 음의 피드백에 의하여 다시 인가될 경우 처음 인가되었던 것과 동일한 신호가 더해지는 상황이 발생한다. 이 때 중요한 것은 신호의 크기이다. $G(s)$가 증폭을 한다면, 시스템의 출력은 발산할 수 있는 것이다. 위상이 180도 바뀐 신호의 크기를 얼마만큼 감쇠하는가 하는 특징을 이득 여유로 나타낸다. 0 dB의 의미는 이득이 1인 경우로 입력이 그대로 출력으로 나오는 것을 의미한다. 0 dB 이상이면 증폭되는 것이며 이하일 경우 감쇠되는 것이다. 따라서 0 dB보다 작을수록 이득 여유는 커진다. 한편, 피드백이 있을 때 0 dB 이상의 신호가 무조건 증폭되는 것이 아니며, 이는 위상에 따라 다른 결과를 만든다. 0 dB를 나타내는 주파수에서 $G(s)$를 통과한 신호의 위상의 차가 180도를 기준으로 얼마만큼 위상이 어긋나 있는가가(차이가 있는가)를 나타내는 특징이 위상 여유가 된다. 결국 위상 차이가 180도가 되는 경우에 입출력 비의 크기는 작으면 작을수록 좋으며(이득 여유가 크다는 의미), 크기 그래프에서 0 dB를 지날 때 위상 여유는 가능한 180도에서 멀리 떨어져 있으면 좋다(위상 여유가 크다는 의미).

이득 여유와 위상 여유를 충분히 확보한 시스템을 피드백한 경우 시스템은 충분한 안정도를 갖는다.

잠깐만... 이득 여유와 위상 여유는 시스템의 안정도에 관련된 특징으로 많이 확보된 안정한 특징이 성능을 향상시키지는 않을 수 있다.

Matlab SystemBodeEx를 실행하면 그림 7.2 - 그림 7.4를 얻을 수 있다.

생각해봅시다. >>>

① Bode 선도에 어떻게 주파수 영역의 특징이 나타나는지 생각해보자.
② 근사적으로 Bode 선도를 그리는 방법을 학습하자.
③ Bode 선도가 그려지는 원리를 파악해보자.
④ 주변에 있는 시스템을 예로 들어 대역폭의 의미를 설명해보자.
⑤ 왜 이득 여유와 위상 여유는 개루프 시스템에서, 대역폭은 폐루프 시스템에서 결정하는지 이유를 생각해보자.

Chapter 08 ... 주파수 영역에서 제어기 설계 2

| 학습 목표 |

- 주파수 영역에서 루프 형상의 의미를 이해한다.
- Bode 선도에서 루프 형상의 의미를 이해한다.
- 루프 형상을 위한 극점, 원점, 비례 이득의 특징을 학습한다.
- 주파수 영역의 특성과 시간 영역의 특성 비교한다.
- 고이득 제어기의 특징과 한계를 알아본다.

8.1 루프 형상 방법

8.1.1 루프 형상

루프 형상이란?

주파수 영역에서 제어기 설계는 넓은 의미에서 루프 형상이라고 할 수 있다. 여기서 루프 형상의 의미는 크기 그래프와 위상 그래프의 형상을 바꾼다는 의미이다. 주파수 영역에서 크기와 위상의 특성을 바꾸면 당연히 시간 영역에서 특성이 바뀐다.

잠깐만...

시간 영역의 특성을 바꾸기 위해 주파수 영역의 특성을 바꾸려면, 시간 영역의 특성과 주파수 영역의 특성 사이의 관계를 알아야 하는 것이 당연하다. 그러나 여기서는 시간 영역의 결과를 예측하며 주파수 영역의 특성을 어떻게 바꿀 것인가 하는 문제 보다는 일단 주파수 영역에서만 특성을 어떻게 바꾸는지를 먼저 학습한 후, 그 관계를 다루기로 한다.

설계한 제어기는 그림 8.1처럼 직렬로 구성되고 피드백 구조를 갖기 때문에 제어기 $C(s)$를 설계한 후에 제어 시스템은 $C(s)G(s)$가 된다. 즉, 뭔가가 부족한 제어 대상 시스템 $G(s)$에 제어기를 설계하여 만족스러운 $C(s)G(s)$를 만드는 것이다.

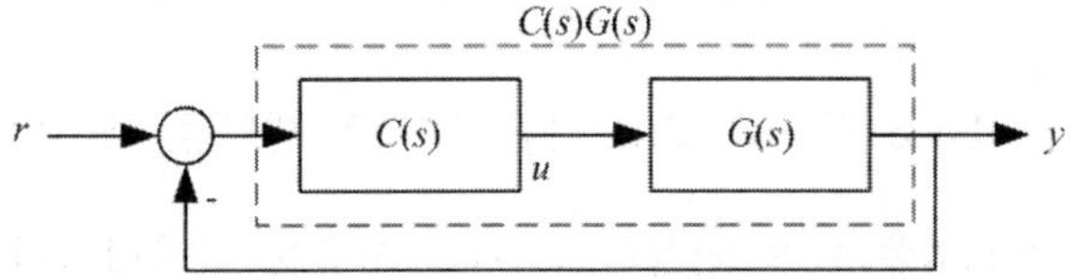

그림 8.1 설계된 제어기 C와 제어 대상 시스템 G의 관계

이것을 확장하여 생각하면 일단 제어기를 설계한 후, $C(s)G(s)$를 다시 제어

대상 시스템으로 놓고 그 앞에 제어기를 추가로 설계할 수 있다. 이와 같은 과정을 반복하여 다단계 제어기의 설계가 가능하다. 이러한 방법은 주파수 대역에 따라 특성을 부여하고 싶을 때 사용할 수 있다.

루프 형상의 간단한 예

먼저 그림 8.2에 제어 대상 시스템의 Bode 선도가 있다고 가정하자.

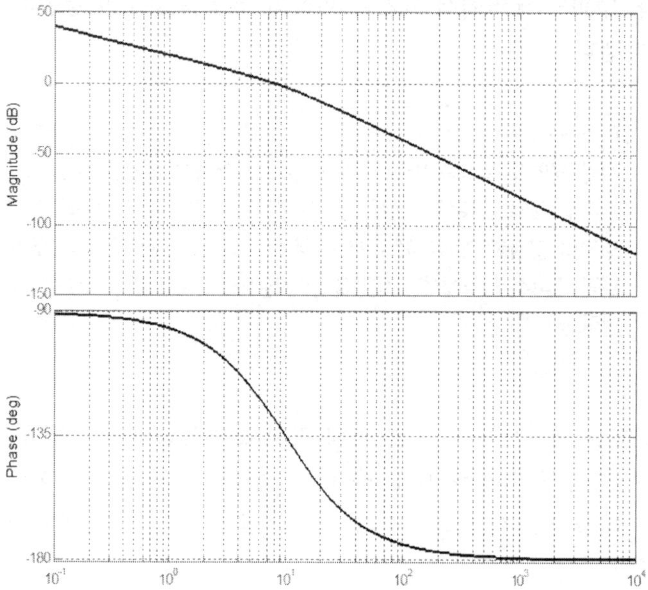

그림 8.2 제어 대상 시스템의 Bode 선도 예

먼저 이 Bode 선도를 보고 다음과 같은 생각을 할 수 있다.

- 이 시스템은 매우 안정하다. 이득 여유는 무한대이며, 위상 여유는 약 50도이다.
- 별도의 제어기 없이 폐루프 시스템을 구성했을 때 대역폭은 약 10 rad/sec 정도로 추측된다.
- 시스템이 안정하지만, 대역폭을 좀 더 크게 하기 위한 제어기가 필요하다.

Point ‖ **Bode 선도를 보고 시스템의 특성을 파악하는 연습을 하자.** ‖

이제 루프의 형상을 바꾸어 대역폭을 크게 하는 작업을 해보자. 그림 8.3과 같이 $C(s)$를 설계하여 $C(s)G(s)$의 크기 그래프를 위쪽으로 올렸다고 생각하면 대역폭은 증가할 것으로 추측할 수 있다. 그러나 대역폭이 커지는 만큼 $C(s)G(s)$의 위상 여유가 줄어들 것이라는 것도 함께 예상할 수 있다. 이것은 바람직하지 않기 때문에 대역폭을 크게 하는 것을 적절한 수준에서 제한하거나 위상 여유를 확보하기 위한 기능을 $C(s)$에 추가하여야 한다.

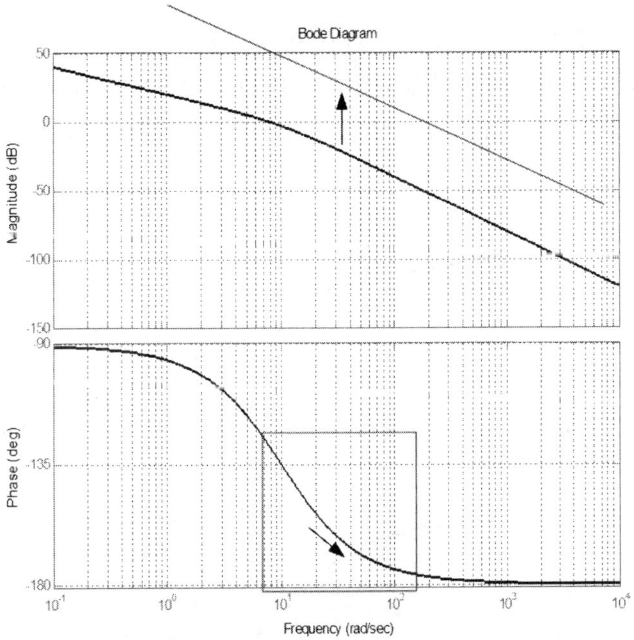

그림 8.3 간단한 루프 형상의 예

P 제어기가 아닌 일반적인 $C(s)$는 제어 대상 시스템의 크기 그래프와 위상 그래프에 함께 영향을 주기 때문에 어느 한쪽만을 생각하여 제어기를 설계할 수 없고 양쪽을 함께 관찰하여야 한다. 예를 들면 위상 여유를 확보하기 위한 부분

을 제어기에 추가하면 크기 그래프가 조금 바뀌어 처음 설계한 대역폭이 그대로 유지되지 않는다. 반대로 크기 그래프를 수정하면 역시 위상 그래프도 영향을 받는다. 따라서 크기 그래프와 위상 그래프는 동시에 생각을 하여야 하며, 이러한 설계 과정을 반복하여 주어진 전체 시스템의 성능 요구사항을 만족하는 $C(s)G(s)$를 설계하는 것이다. 여기서 $G(s)$는 이미 주어진 것이므로 $C(s)$를 설계하는 것이다. 그림 8.4에서는 비례 이득 10을 곱하여 대역폭을 증가시킨 후에 Lead 제어기를 설계하여 위상 여유를 약 46도 확보한 설계 예이다.

Point ‖ **주파수 영역에서 크기 그래프와 위상 그래프는 언제나 함께 영향을 받는다.** ‖

①이 제어 대상 시스템의 그래프이며 ②가 비례 이득으로 대역폭을 키운 결과이다(이 때는 위상 변화가 없다). ③은 Lead 제어기를 설계한 후에 결과이다. ②와 ③을 보면 위상 여유를 확보하는 동안 크기 그래프도 변화했음을 알 수 있다.

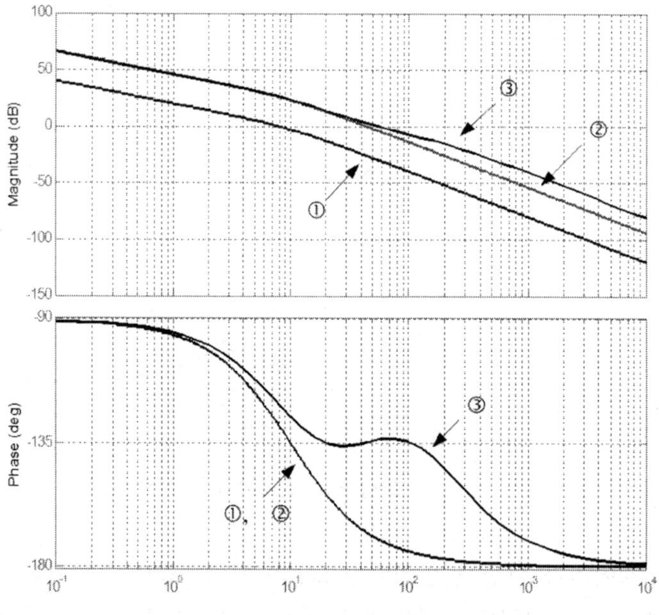

그림 8.4 루프 형상에 의한 설계 결과 예

잠깐만... 실제 제어 대상 시스템의 Bode 선도를 얻을 수 없다고 하더라도 시스템의 Bode 선도를 얻었다고 가정하는 것만으로 주파수 영역의 설계 개념을 파악할 수 있다.

Matlab loopshapingEx를 실행하면 그림 8.4를 얻을 수 있다.

8.1.2 극점과 원점

원하는 $C(s)G(s)$의 루프 형상을 얻기 위해 $C(s)$를 설계하는 것은 $C(s)$의 비례 이득 결정, 극점과 원점의 위치 및 개수를 결정하는 것으로 생각할 수 있다. 그림 8.5 ~ 그림 8.9는 루프 형상을 위한 기본적인 요소 즉, 비례 이득, 극점, 원점의 Bode 선도이다. 이것들을 기본 단위로 하여 제어 대상 시스템의 Bode 선도에 적절하게 이 그래프를 추가함으로써 루프 형상의 결과를 얻을 수 있다. 그림 8.1과 같이 제어기와 제어 대상 시스템이 직렬로 연결되는 경우, 크기 그래프는 로그 연산이므로 덧셈 또는 뺄셈에 의하여 그려지고, 위상 그래프 역시 각도이므로 덧셈 또는 뺄셈으로 그려진다.

Point **루프 형상의 기본 요소는 비례 이득, 극점, 영점이다.**

그림 8.5는 상수의 Bode 선도로 비례 이득의 경우이다. 위상의 변화 없이 이득이 변화한다. 비례 이득의 값이 10의 경우 20log(10)이므로 20 dB 상승하고, 0.1의 경우는 20log(0.1)이므로 −20 dB가 된다.

Point **상수 이득(P 제어기)은 크기 그래프만 변경되고 위상 그래프에는 영향을 주지 않는다.**

원점에 있는 극점은 주파수가 1 decade 증가할 때마다 크기가 20 dB 감소하는 기울기를 갖고, 원점에 있는 영점은 반대로 20 dB 증가하는 기울기를 갖는다. 위상의 경우 극점은 −90도, 영점은 +90도를 갖는다. 그림 8.6과 그림 8.7의 원점에 있는 극점과 원점은 그래프의 범위 밖에도 같은 기울기를 갖는 직선 그래프가 계속 이어진다.

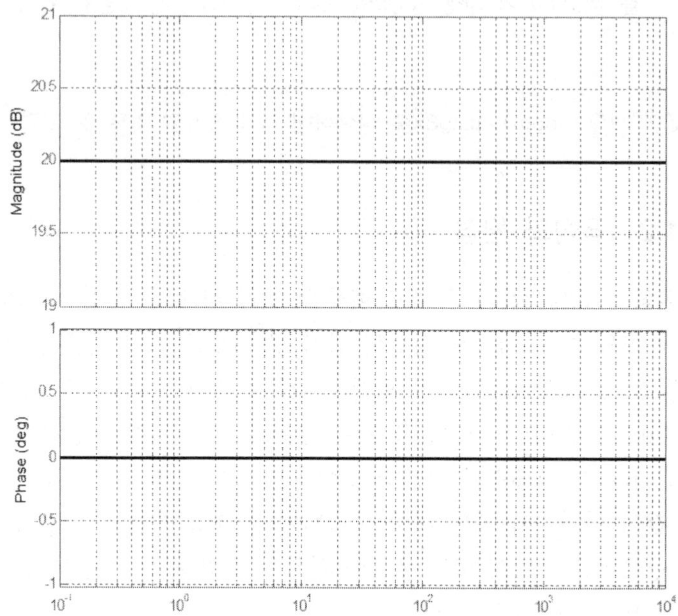

그림 8.5 상수의 Bode 선도

잠깐만...

만약 원점에 극점이 n개 있다면 기울기는 1 decade 마다 $20 \times n$ dB 감소하고, 위상은 $-90 \times n$도이다. 영점의 경우도 마찬가지로 n에 비례한다.

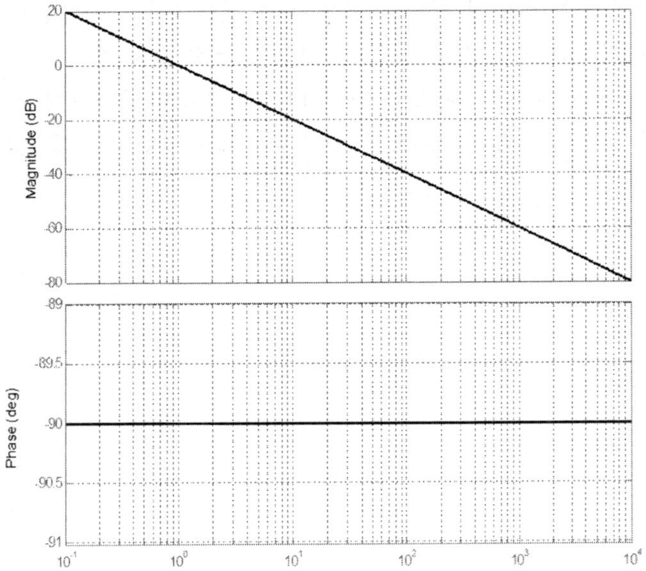

그림 8.6 원점에 있는 극점의 Bode 선도

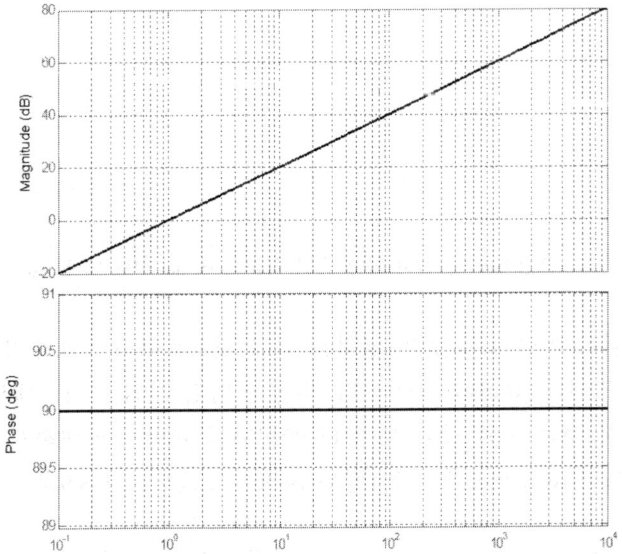

그림 8.7 원점에 있는 영점의 Bode 선도

원점이 아닌 곳에 있는 극점은 극점 값으로부터 주파수가 1 decade 증가할 때마다 크기가 20 dB씩 감소한다. 위상은 극점 값의 주파수에서 −45도가 되며, 그림 8.8에서 보는 바와 같이 0도부터 −90도까지 완만하게 변하게 된다. 식 8.1과 같이 극점이 −10 rad/sec에 있는 경우 Bode 선도는 그림 8.8과 같다.

$$P(s) = \frac{10}{(s+10)} \tag{8.1}$$

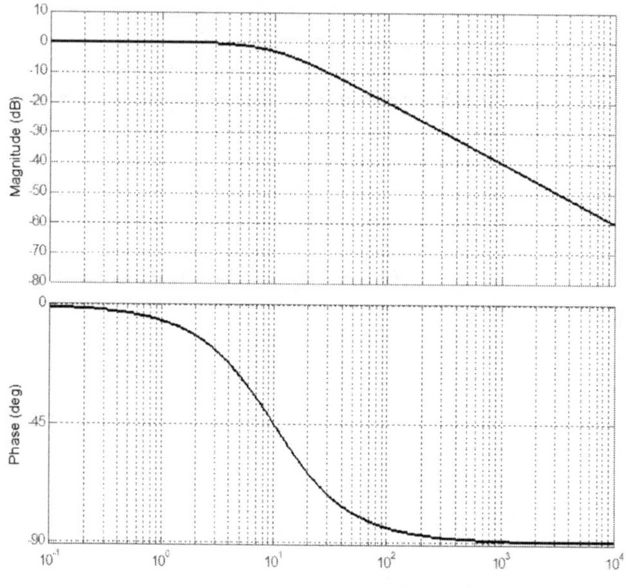

그림 8.8 원점이 아닌 곳의 극점의 Bode 선도 (극점 값: 10 rad/sec)

원점이 아닌 곳에 있는 영점은 영점 값으로부터 주파수가 1 decade 증가할 때마다 크기가 20 dB씩 증가한다. 위상은 영점 값의 주파수에서 45도가 되며, 그림 8.9에서 보는 바와 같이 0도부터 90도까지 완만하게 변하게 된다. 식 8.2와 같이 영점이 −10 rad/sec에 있는 경우 Bode 선도는 그림 8.9와 같다.

$$Z(s) = \frac{(s+10)}{10} \tag{8.2}$$

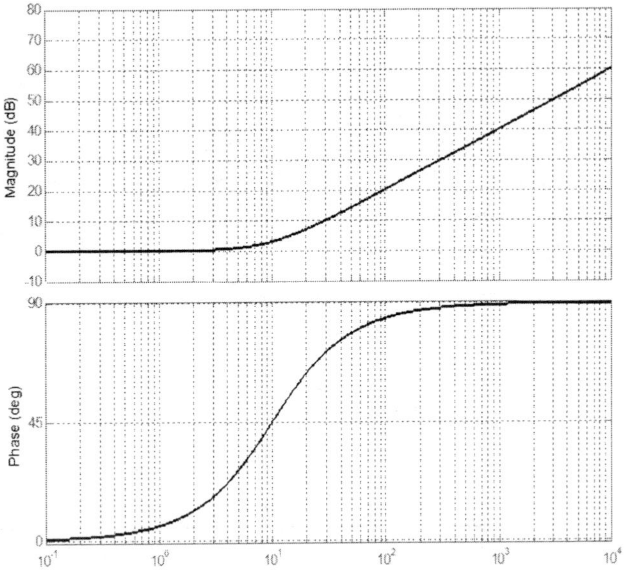

그림 8.9 원점이 아닌 곳의 영점의 Bode 선도 (영점 값: 10 rad/sec)

연속되는 극점과 원점

비례 이득과 극점과 영점이 연속되는 경우의 예를 만들어 보자.

먼저 비례 이득이 10이고, 원점에 극점이 있다. −10 rad/sec에 영점이 있고, −100 rad/sec에 극점이 있다. 이것을 각각 그림 8.10에 나타내었다. ①은 비례 이득 10의 로그 값 20 dB이며 위상은 0이다. ②는 원점에 극점이 있는 것으로 1 decade 마다 20 dB가 떨어지는 기울기를 가지며, −90도의 위상을 갖는다. ③은 −10 rad/sec에서 영점을 가지므로 10 rad/sec 이후부터 1 decade마다 20 dB씩 증가하고, 위상은 0도에서 45도를 거쳐 90도까지 변화한다. ④는 −100 rad/sec에서 극점을 가지므로 100 rad/sec 이후부터 1 decade마다 20 dB씩 감소하고, 위상은 0도에서 −45도를 거쳐 −90도까지 변화한다. 이 그래프를 각 주파수에 대하여 더하면 그림 8.11의 그래프를 얻게 된다.

Point **극점과 영점이 연속되어 있어도 크기 그래프와 위상 그래프를 동시에 관찰하면 모두 이해할 수 있다.**

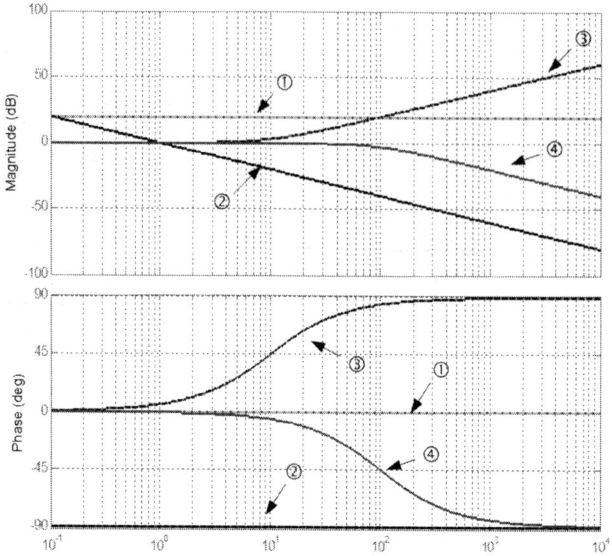

그림 8.10 비례 이득, 영점, 극점의 그래프

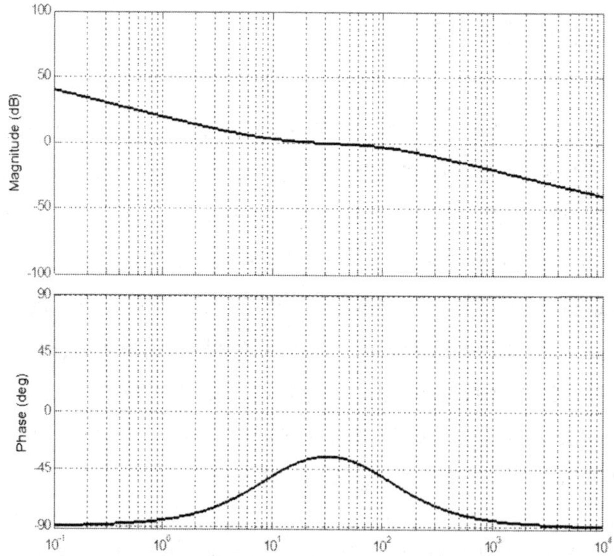

그림 8.11 그림 8.10의 요소를 모두 더한 그래프

Matlab loopshapingElements를 실행하면 그림 8.5 - 그림 8.11을 얻을 수 있다.

이제 제어 대상의 Bode 선도가 있을 경우, 비례 이득, 극점, 영점을 적절한 위치에 삽입하여 원하는 형상으로 바꿀 수 있다. 주파수 영역에서 제어기 설계는 대역폭과 이득 여유, 위상 여유 등의 기준으로 루프의 형상을 바꾸는 것이다.

Point ‖ **주파수 영역에서 고전 제어기 설계는 일종의 루프 형상이다.** ‖

8.1.3 단순 설계 방법과 고급 설계 방법

단순한 설계 방법은 목표한 루프의 형상을 그리고, 이를 달성하기 위한 비례 이득, 극점, 원점을 추가하는 것이다. 이 때 어느 주파수에 넣을 것인가 또는 몇 개의 원점과 극점을 넣을 것인가는 설계자의 의지이며, 경험과 상황에 따라 달라진다. 일반적으로 PD, PI, Lead, Lag 제어기와 이를 연속으로 사용한 다단계 필터 형태의 제어기는 이러한 방법으로 설계가 가능하다.

상황에 따라 보다 복잡한 루프 형상의 요구 조건이 주어지는 경우가 있다. 이러한 루프 형상을 만족시키는 제어기를 설계하기가 어려울 때는 수학적인 방법의 도움을 받아 이를 만족시키는 제어기를 설계할 수 있다. 요구 조건을 가중 함수로 표현한다. 이 가중 함수를 사용하여 전체 시스템이 안정하면서 주어진 성능을 만족하는 H_∞ 문제를 푼다. H_∞ 의 설계 방법은 이 책의 범위를 넘어서는 것이므로 설명하지 않는다.

8.2 주파수 영역과 시간 영역에서 응답 특성 비교

주파수 영역에서는 시스템이 전달 함수의 형태로 표현된다. 이는 분자와 분모가 s의 다항식으로 표현된다고 할 수 있다. 이 때 고차 s항을 갖는 전달 함수로 표현되는 시스템에 대한 시간 영역에서의 응답 특성을 예측하는 것은 매우 어렵다. 즉, 일반적인 시스템에서 주파수 영역의 표현식과 시간 영역의 표현식 사이의 수학적인 관계식은 매우 복잡하거나 구하기가 어렵다. 다만 2차 이하의 시스템에서는 어느 정도 가능하다. 다행히도 대부분의 시스템을 2차 시스템으로 모델링하여 다루고 있으므로 이 수학적인 관계를 이용하여 시간 영역의 응답 특성을 예측할 수 있다. 그러나 보다 효과적인 것은 기본적인 성질을 파악하여 다양한 경우에 활용하는 것이다.

Point **수학적인 관계식을 알아야 한다. 그러나 보다 중요한 것은 기본 성질을 파악하여 경향을 아는 것이다.**

8.2.1 1차 시스템에서 응답 특성

전달 함수 $G(s)$는 다음과 같이 표현되며 단위 응답 $R(s)$를 인가하였다고 가정하자.

$$G(s) = \frac{1}{(\tau s + 1)} \tag{8.3}$$

$$R(s) = \frac{1}{s} \tag{8.4}$$

출력은 $Y(s)$는 $G(s)R(s)$이고, $y(t)$는 다음과 같이 나타난다.

$$y(t) = 1 - e^{(-t/\tau)} \tag{8.5}$$

전달 함수의 극점 $-1/\tau$가 −100, −200, −500 rad/sec인 3가지 경우에 특성을 보자. 극점의 값이 작아지는 것은 극점이 왼쪽 방향으로 이동하는 것을 의미하며, 이는 식 8.5에 나타난 것과 같이 exp 항이 급격히 작아지게 되어 시간 응답에서 빠른 상승 시간을 의미한다. 그림 8.12는 각각의 극점의 위치를 나타낸 것이다. 그림 8.13은 3가지 극점에 대하여 시간 영역에서 단위 응답을 나타낸 것이다. 예상한 것과 같이 극점의 값이 작을수록 빠른 응답을 나타내었다.

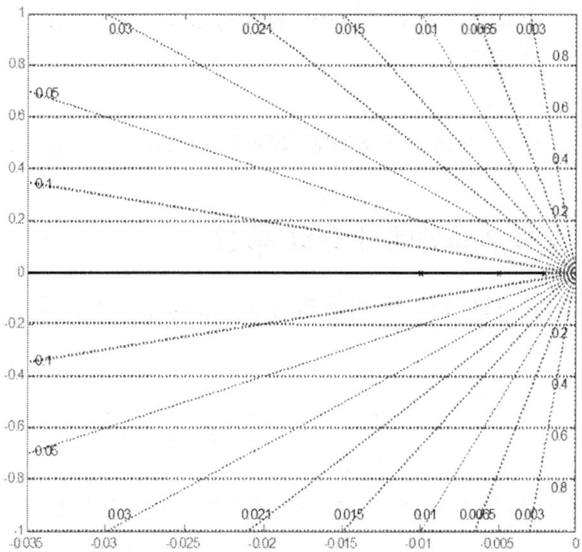

그림 8.12 1차 시스템에서 극점의 위치 (3가지 예)

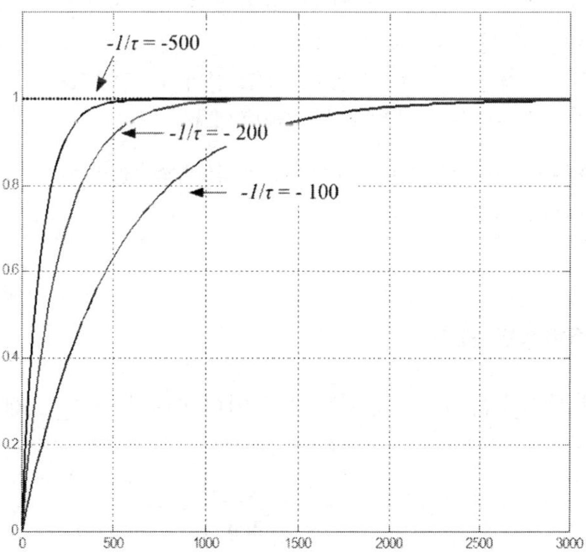

그림 8.13 1차 시스템에서 극점의 위치 변화에 따른 응답 특성 변화

여기서 중요한 특징은 극점이 왼쪽으로 갈수록 시간 영역에서 빠른 응답을 나타낸다는 사실이다.

Matlab simpleresp를 실행하면 그림 8.12, 그림 8.13을 얻을 수 있다.

8.2.2 2차 시스템에서 응답 특성

시스템의 전달 함수가 다음과 같이 표현되는 2차 시스템이 있다고 가정하자.

$$G(s) = \frac{\omega_n^2}{s^2 + 2\zeta\omega_n s + \omega_n^2} \tag{8.6}$$

이 때 주파수 영역과 시간 영역에서의 시스템 특성을 수학적으로 풀어보자.

잠깐만...

여기서 다루는 수학적인 해는 정확한 해를 구하는 방법을 익히거나 결과를 외우기 위한 것이 아니다. 이것은 주어진 시스템의 식과 결과 식의 특징을 관찰하여 주파수 영역과 시간 영역의 주요한 특징을 유추하기 위한 과정이다. 따라서 결과를 얻기 위한 식의 유도는 생략한다. 그러나 가능하면 직접 풀어 주어진 결과와 비교해보기 바란다.
이 절의 결과는 아래의 문헌을 참고하였다.

- Benjamin C. Kuo, Automatic Control Systems, 7th edition, Prentice Hall. Inc., 1995

공진 주파수와 크기

공진 주파수는 $\omega_r = \omega_n\sqrt{1-2\zeta^2}$ 이며 이 때 크기 그래프의 값은

$$M_r = \frac{1}{2\zeta\sqrt{1-\zeta^2}} \tag{8.7}$$

이다. 이 결과는 $\zeta \le 0.707$에서만 유효하다. $\zeta \ge 0.707$일 때 $\omega_r = 0$이며 $M_r = 1$

이고, $\zeta = 0$일 때는 M_r은 무한대이다. 이 결과로부터 얻을 수 있는 결론으로 공진 주파수는 ζ와 ω_n 둘 다 관계가 있지만 크기 그래프의 최고점, M_r은 ζ만이 관계가 있다는 것이다. 물론 $\zeta < 0$일 때, 즉 시스템이 불안정할 때 M_r은 의미가 없다.

대역폭

대역폭은 정의에 의해서 크기 그래프가 3 dB 떨어지는 주파수이기 때문에 다음과 같이 복잡한 식으로 구해진다.

$$\omega_{BW} = \omega_n[(1-2\zeta^{2)} + \sqrt{\zeta^4 - 4\zeta^2 + 2}\,]^{1/2} \tag{8.8}$$

여기서 중요한 것은 대역폭이 ω_n에 비례한다는 것이다. 그리고 ω_n 값이 고정되었을 때 대역폭은 ζ에 반비례하는 것이다.

최대 오버슈트

최대 오버슈트는 시간 영역의 단위 응답 특성에서 최고점을 구하는 것이다. 먼저 위 2차 시스템에 대하여 응답을 구하면 다음과 같다.

$$y(t) = 1 - \frac{e^{-\zeta\omega_n t}}{\sqrt{1-\zeta^2}}\sin(\omega_n\sqrt{1-\zeta^2}\,t + \cos^{-1}\zeta),\ t \geq 0 \tag{8.9}$$

수학적으로 미분하여 최고점을 나타내는 $y_{\max}$와 이 때 시간 $t_{\max}$는 다음과 같다.

$$t_{\max} = \frac{\pi}{\omega_n\sqrt{1-\zeta^2}} \tag{8.10}$$

$$y_{\max} = 1 + e^{-\pi\zeta/\sqrt{1-\zeta^2}} \tag{8.11}$$

여기서 중요한 관계는 $y_{\max}$는 ζ의 함수이고, $t_{\max}$는 ζ와 ω_n 함수라는 것이다.

상승 시간과 안정 시간

2차 시스템에서 상승 시간과 안정 시간에 대한 정확한 관계식은 매우 구하기 어렵다. 상승 시간 t_r과 안정 시간 t_{ss}에 대하여 근사적인 결과를 구하면 다음과 같다.

$$t_r = \frac{1-0.4167\zeta+2.917\zeta^2}{\omega_n} \quad 0<\zeta<1 \tag{8.12}$$

$$t_{ss} = \begin{cases} \dfrac{3.2}{\zeta\omega_n} & 0<\zeta<0.69 \\ \dfrac{4.5\zeta}{\omega_n} & \zeta>0.69 \end{cases} \tag{8.13}$$

따라서 t_r의 경우 ζ에 비례하고 ω_n에 반비례하는 것이다. 단위 응답에서 응답 특성을 상상해보자. ζ가 크면 감쇠의 성질이 강하기 때문에 응답은 천천히 나타나고 따라서 t_r은 길어진다. ω_n이 커지면 오버슈트가 커지면서 응답이 빠르게 나타나게 되고 t_r은 짧아진다. 여기서 오버슈트의 특성은 고려하지 않고 단순히 상승 시간만을 관찰한 것이다.

t_{ss}는 ζ 값에 따라 ζ에 비례할 수도 있고 반비례할 수도 있다. $\zeta \le 0.69$일 경우에는 오버슈트가 발생하는 경우이므로 t_{ss}는 ζ와 ω_n에 반비례한다. $\zeta > 0.69$일 경우는 ζ에 비례하고 ω_n에 반비례한다. 단위 응답 특성을 상상해보면, $\zeta \le 0.69$일 때는 ζ가 작으면 오버슈트가 커져서 안정 시간이 길어지고, ω_n이 작으면 응답이 천천히 안정 시간을 측정하는 범위 안으로 들어간다. $\zeta > 0.69$일 때는 감쇠가 커서 오버슈트가 없기 때문에 ζ가 커지면 안정 시간을 측정하는 범위 안으로 들어가는 시간이 커지고 역시 ω_n이 작아지면 위와 같은 이유로 안정 시간이 길어진다. 여기서 ω_n이 커질 때 응답은 많이 오실레이션하지만 안정 시간을 측정하는 범위 안으로 빨리 들어갈 수 있음을 나타낸다.

잠깐만... 위 결과는 2차 시스템에 대해서만 유효한 결과이다. 또한 ζ 와 ω_n도 2차 시스템에만 정의된 용어이다.

Point **위 관계식을 그냥 지나치지 말자. 식 8.6에 적절한 값을 대입하고 모의실험으로 확인을 하자. 그리고 다양한 각도에서 생각하자.**

8.2.3 영점 추가의 영향

앞 절에서 알아본 주파수 영역과 시간 영역의 특성 관계는 2차 시스템에 대해서만 유효한 결과이다. 따라서 식 8.6의 형태를 갖지 않는 시스템에 적용할 수 없다. 다른 형태를 갖는 시스템에 대해서 응답 특성을 파악하기 위해서는 다시 관계를 유도하여야 하나, 이 보다는 영점과 극점이 추가될 때 특징의 변화를 파악하는 것이 보다 효과적일 것이다.

잠깐만... 추가된 영점과 극점은 피드백을 하기 전에 추가되었다고 가정하는 것이 보다 현실적이다. 따라서 추가된 영점과 극점은 피드백 후에 그 영향이 다르게 나타난다.

식 8.6의 피드백 전의 전달 함수는 다음과 같다.

$$G(s) = \frac{\omega_n^2}{s(s+2\zeta\omega_n)} \tag{8.14}$$

따라서 여기에 영점이 추가되면 다음과 같다.

$$G(s)_{zero} = \frac{\omega_n^2(1+Ts)}{s(s+2\zeta\omega_n)} \tag{8.15}$$

피드백 후의 식 8.15는 다음과 같다.

$$G(s)_{zero-closed} = \frac{\omega_n^2(1+Ts)}{s^2+(2\zeta\omega_n+T\omega_n^2)s+\omega_n^2} \tag{8.16}$$

이 식과 식 8.14를 비교하면 영점의 영향이 피드백 후에는 영점과 극점에 모두 나타남을 알 수 있다. 그러나 극점의 경우 극점의 수가 늘어난 것은 아니고 극점의 위치가 변화했음을 알 수 있고 피드백 전에 추가된 영점은 그대로 나타나고 있다.

제 12장에서 다룰 PD 제어기와 유사한 이유로 피드백 전의 영점 추가는 전체 시스템의 대역폭을 증가시키는 역할을 한다. 그러나 피드백 전의 전달 함수에 영점을 추가한 것이 피드백 후 시스템의 극점에도 영향을 미치기 때문에 영점의 값 T에 따라 대역폭이 다르게 변화한다. T값이 작을 때에 대역폭이 약간 줄어들다가 T가 커짐에 따라 계속 증가하게 된다. 그러나 T가 매우 커지면 영점은 원점 근처에 위치하게 되어 매우 큰 시상수를 갖게 된다. 따라서 상승 시간은 줄어드나 안정 시간이 길어지는 현상을 발생시킨다.

8.2.4 극점 추가의 영향

피드백 전의 전달 함수에 극점을 추가할 때의 영향을 관찰하자. 식 8.14에 극점을 추가하면 다음과 같은 전달 함수를 얻는다.

$$G(s)_{pole} = \frac{\omega_n^2}{s(s+2\zeta\omega_n)(1+Ts)} \tag{8.17}$$

따라서 3차 전달 함수를 얻으며 피드백 후의 전달 함수는 다음과 같다.

$$G(s)_{pole-closed} = \frac{\omega_n^2}{Ts^3+(1+2T\zeta\omega_n)s^2+2\zeta\omega_n s+\omega^2} \tag{8.18}$$

따라서 추가된 극점은 피드백 후에도 극점에만 영향을 나타낸다. 그러나 전체 시스템이 3차가 되었기 때문에 시스템의 특성은 다양하게 변화할 수 있다. 일반적으로 극점의 추가는 시스템의 안정성을 떨어뜨리고, 대역폭을 줄이는 효과가 있다. 제 13장에서 다룰 PI 제어기도 유사한 특징을 나타낸다.

Point ‖ **영점과 극점이 추가될 때 영향을 파악하는 방법은 그리 어렵지 않다.** ‖

8.3 이론과 현실의 차이

8.3.1 고이득 제어기

시간 영역에서의 설계 한계는 주파수 영역에서도 똑같이 나타난다. 시스템의 성능을 높이기 위해서는 근본적으로 높은 대역폭을 갖도록 제어기를 설계하여야 한다. 이를 주파수 영역에서 파악하면, 크기 그래프를 위로 끌어 올리는 설계를 하여야 하며 이는 제어기에 단순히 비례 이득을 높여주는 것으로 가능하다. 그러나 실제 제어 대상 시스템의 Bode 선도는 고주파수 대역으로 갈수록 공진 등이 포함되어 있고 모델링되지 않은 동특성이 숨어 있다. 또한 모델의 불확실성도 증가한다. 따라서 이득을 증가시킬 경우 위상 여유를 잃어 시스템의 안정도가 줄어드는 것뿐만 아니라 공진 등 숨은 동특성이 0 dB 이상 올라오게 되어 다양한 문제를 일으킬 수 있다. 일반적으로 전 주파수 대역이 깨끗한 Bode 선도는 교과서의 예제에서나 볼 수 있다. 따라서 단순히 성능만을 위해 비례 이득을 높이는 고이득 제어기는 설계할 수 없다.

물론 시간 영역에서 설명된 구현의 문제점과 제어 입력 포화에 따른 문제점도 존재한다.

8.3.2 제어 입력 포화

주파수 영역의 해석과 설계 방법을 시작할 때 언급한 중요한 가정은 제어 대상이 선형 시스템이라는 것이다. 그러나 실제 시스템은 특정 영역에서만 선형일 뿐 언제나 선형이라고 볼 수 없다. 특히 제어 입력의 포화 상태가 되면 선형 시스템의 가정은 유효하지 않게 되며, 주파수 영역에서의 설계 및 해석은 의미를 잃게 된다. 일반적으로 제어 명령의 크기가 커질 때 응답의 형태가 달라지는 경우는 제어 입력의 포화로 인해 발생하는 경우가 많다. 따라서 주파수 영역의 설계 및 해석은 제어 입력이 포화되지 않는 다는 조건 아래 이루어지며, 실제 제어 입력의 포화가 발생하는 경우 시간 영역에서의 설계 및 해석 방법에 의해 보완하여 줄 필요가 있다.

8.3.3 샘플링 및 시간 지연의 영향

주파수 영역의 해석은 주로 연속 시간 영역에서 다루어지기 때문에 샘플링 시간에 대하여 직접 고려하지 않는다. 그러나 모든 제어기는 이산 시간 영역에서 다루어져야 하고 디지털 제어기로 구현이 되기 때문에 샘플링 시간에 의한 영향 및 시간 지연으로 인한 영향이 있다는 것을 반드시 잊지 말아야 한다.

일반적으로 주파수 영역에서 시간 지연의 영향은 지수 함수로 표현이 가능하다. 실제 Bode 선도에서 크기 그래프는 그대로 유지하고 위상 그래프가 음의 방향으로 증가한다. 이것은 위상 여유로 판단할 때 안정성을 잃는 결과를 초래한다. 특히, 위상 손실의 크기는 주파수에 비례하기 때문에 고주파수 영역에서 더 많은 위상 손실이 발생한다.

주파수 영역에서 안정하게 설계한 제어기가 구현 후 불안정해지는 이유 중에 한 가지가 샘플링 시간이 적절하지 않기 때문이다. 설계한 시스템의 Bode 선도에서 샘플링 시간이 길어짐에 따라 고려하지 않은 위상 여유가 줄어드는 현상이 발생한 것이다.

따라서 샘플링 영향에 의해 위상 여유를 잃지 않는 샘플링 시간의 선정이 필요하다. 적절한 샘플링 시간은 설계한 제어기의 대역폭에 따라 다르다. 물론 대역폭이 높은 제어기일수록 짧은 샘플링 시간을 요구한다. 위상 손실이 주파수가 증가함에 따라 커지기 때문이다.

Point **시간 영역에서 제어기 설계의 제약은 주파수 영역에서도 똑같이 존재한다. 같은 것을 다른 각도에서 본 것이기 때문이다.**

생각해봅시다. >>>

① 주파수 영역에서 제어기 설계가 루프 형상인 이유를 생각해보자.
② 극점, 원점, 비례 이득의 루프 형상 요소가 제어기 설계에 어떻게 사용될 것인지 생각해보자.
③ 1차 시스템의 응답 특성을 주파수 영역과 시간 영역에서 분석해보자.
④ 2차 시스템에서 주파수 영역과 시간 영역의 관계식을 유도해 보자.

Chapter 09 ... 주파수 영역에서 Lead 제어기 설계

| 학습 목표 |

- Lead 제어기의 특징을 이해한다.
- Lead 제어기의 설계 원리를 학습한다.
- Lead 제어기를 설계한다.
- Matlab으로 Lead 제어기를 설계한다.

9.1 Lead 제어기 분석

9.1.1 Lead 제어기의 특징

그림 9.1에 나타난 것과 같이 Lead 제어기는 고주파 통과 필터의 형태를 갖는다. 크기 그래프에 대하여 좀 더 자세히 관찰하면 약 0.03 rad/sec 이하의 주파수의 성분은 그대로 통과하고(0 dB이기 때문에), 그 이상의 주파수 성분은 증폭시키는 형태이다. 그러나 여기서 주의 깊게 보아야 할 부분은 크기 그래프가 아니고 위상 그래프이다. 여기서 위상 그래프는 0.3 rad/sec에서 약 50도 위상 앞섬의 특징을 갖는다. 이러한 이유에서 Lead 제어기라고 이름이 붙여졌다. Lead 제어기는 위상이 앞서는 특징을 이용하여 위상 여유를 개선한다.

Point **Lead 제어기는 위상 특징이 중요하다.**

Lead 제어기를 설계하는 것은 그림 9.1의 그래프를 제어 대상 시스템의 Bode 선도에 넣는 것을 의미한다. 위상 그래프를 제어 대상 시스템의 위상 그래프에 넣게 되면 동물을 삼킨 구렁이처럼 위상 그래프가 볼록 올라오게 된다. 이 부분을 위상 여유가 측정되는 주파수(위상 통과 주파수)에 맞춘다면 그만큼 위상 여유가 확보되는 것이다.

잠깐만...

Lead 제어기의 설계에서 크기 그래프가 약간 커지기 때문에 발생하는 전체 시스템의 대역폭 증가는 부가적인 효과로 생각할 수 있다. 오히려 이 영향으로 위상 여유를 결정하는 위상 통과 주파수가 오른쪽으로 이동하여 확보한 위상 여유가 줄어드는 경향이 있다. 따라서 목표 위상 여유보다 약간 많은 위상 여유를 확보할 수 있는 Lead 제어기를 설계하여야 한다. 대역폭은 별도의 비례 이득을 사용하여 설계하는 것이 일반적이다.

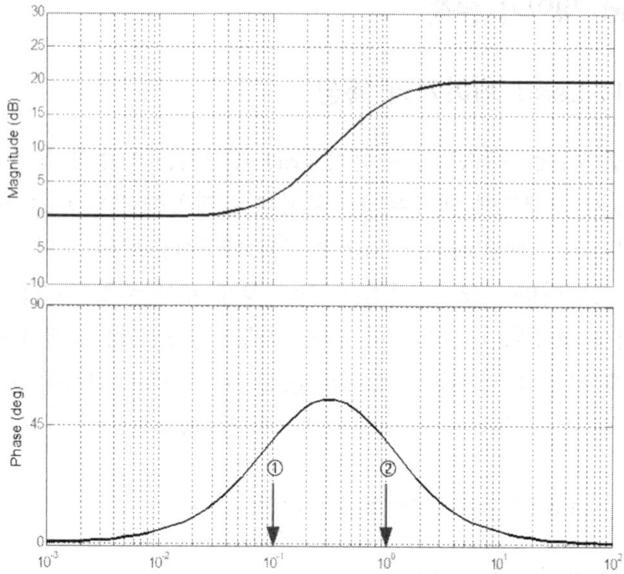

그림 9.1 Lead 제어기의 형태

Lead 제어기의 영점(그림 9.1에서 ①)이 극점(그림 9.1에서 ②) 보다 아래에 있다. 크기 그래프는 0 dB에서 20 dB의 변화가 있고, 위상 그래프는 0도에서 약 50도까지 변화한다. 크기 그래프와 위상 그래프의 정확한 모양은 영점과 극점의 위치에 따라 결정이 되는 것이다.

Matlab LeadController를 실행하면 그림 9.1을 얻을 수 있다.

9.1.2 Lead 제어기의 표현

Lead 제어기를 수학적으로 표현하면

$$C_{Lead}(s) = K(s+z)/(s+p) \tag{9.1}$$

이다. 연속되는 영점과 극점을 추가할 때, 대역폭을 증가시키고 위상 여유를 확보하기 위해 영점이 극점보다 낮은 주파수에 위치해야 한다. 이는 3개의 항 $C^1_{Lead} = K$, $C^2_{Lead} = (s+z)$와 $C^3_{Lead} = 1/(s+p)$로 이루어진다고 생각할 수 있다. 그러나 Lead 제어기는 극점과 영점을 각각 설계하지는 않는다.

식 9.1의 Lead 제어기는 일반적으로

$$C_{Lead}(s) = K(aTs+1)/(Ts+1) \tag{9.2}$$

로 바꾸어 표현할 수 있으며, $a > 1$이다. 따라서 극점의 위치 $-1/T$는 T에 의하여 결정되고, a에 의하여 영점의 위치 $-1/aT$가 결정된다. 물론 비례 이득은 가장 먼저 대역폭 확보를 위해 결정하게 된다. a, T는 수학적인 공식과 같은 절차에 의하여 구할 수 있다. 제어 대상 시스템의 모델이 있다면 Lead 제어기는 비교적 쉽게 설계가 가능하다.

Point ‖ **Lead 제어기의 설계 변수는 a와 T이다.** ‖

9.1.3 Lead 제어기의 성과

Lead 제어기가 어떻게 위상 여유를 확보하는지 먼저 결과만을 보면서 확인해 보자. Lead 제어기 설계 전과 후의 이득 여유와 위상 여유를 비교해 보기 위해 식 9.3의 시스템을 예로서 선택하였다.

$$G(s) = \frac{100}{s(s+2)} \tag{9.3}$$

극점은 0과 −2로 안정한 시스템이다. 그림 9.2에 나타난 것과 같이 이득 여유는 무한대이지만, 위상 여유는 약 11.4도 밖에 되지 않아서 실제 시간 응답에서 오실레이션이 많이 나타날 것으로 예상된다.

Lead 제어기를 설계하여 추가한 후에 Bode 선도를 보면 그림 9.3과 같이 위상 여유가 70.4도로 크게 증가한 것을 볼 수 있다. 위상 여유가 측정되는 위상 통과 주파수 (크기 그래프가 0 dB를 지나는 주파수) 부근에 Lead 제어기의 위상 앞섬 부분이 위치하여 위상 여유가 많이 확보되었음을 알 수 있다.

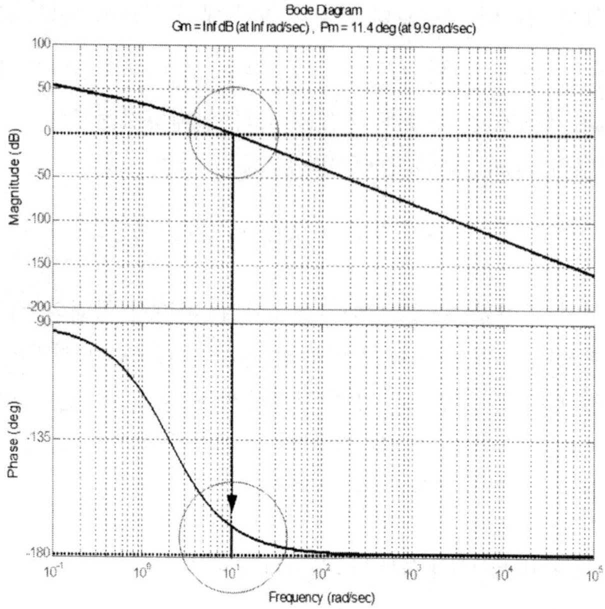

그림 9.2 제어 대상 시스템의 이득 여유와 위상 여유

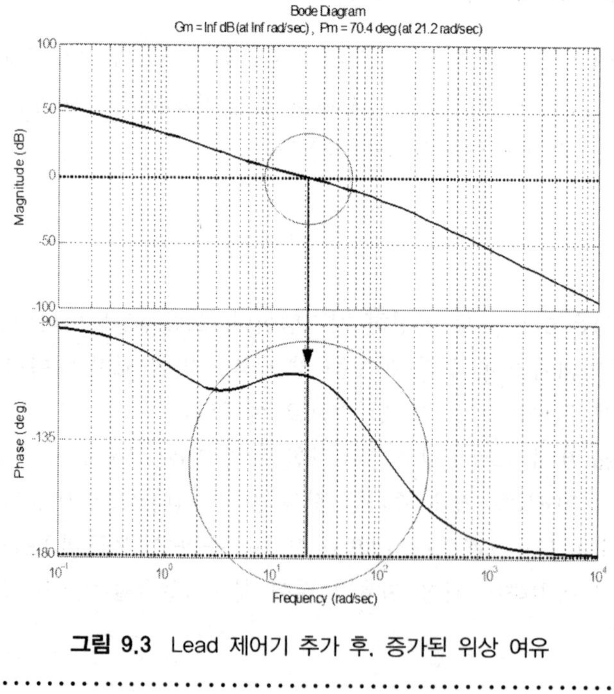

그림 9.3 Lead 제어기 추가 후, 증가된 위상 여유

Point **Lead 제어기는 위상 여유와 대역폭을 증가시킨다.**

이제 Lead 제어기의 설계 방법과 설계 후 주파수 영역과 시간 영역의 결과를 비교해보자.

9.2 Lead 제어기 설계

Lead 제어기 설계는 제어 대상 시스템의 Bode 선도와 목표 위상 여유가 결정되면 계산에 의해 진행된다.

9.2.1 Lead 제어기의 설계 순서

Lead 제어기는 위상 앞섬의 특징을 위상 여유가 측정되는 주파수에 삽입하는 것이다. 제어 대상 시스템의 전달 함수를 $G(s)$라고 할 때 다음의 순서에 의해서 설계를 수행한다.

Ⓐ 대역폭을 확보할 수 있는 비례 이득 K를 선택한다. 일반적으로 1 보다 큰 비례 이득을 선택하게 되면 위상 여유는 더욱 줄어들게 된다. 이 위상 여유를 보상하기 위하여 다음과 같은 순서로 설계한다.

Ⓑ 설계 기준의 목표 위상 여유, ϕ_d를 결정한다.

Ⓒ a는 식 9.4에 의하여 결정한다.

$$a = (1+\sin\phi_d)/(1-\sin\phi_d) \tag{9.4}$$

Ⓓ 비례 이득을 포함한 시스템의 이득 $KG(j\omega)$가 $-10\log_{10}a$가 되는 ω_d를 구한다.

Ⓔ T는 식 9.5로 구한다.

$$T = 1/(\sqrt{a} \cdot \omega_d) \tag{9.5}$$

계산 과정을 거치면 K, a, T를 얻을 수 있기 때문에 쉽게 Lead 제어기를 설계할 수 있다.

Point | **Lead 제어기 설계 시에 목표 위상은 희망하는 위상 보다 조금 높여 잡는다.** |

9.2.2 Matlab 코드

이득 여유와 위상 여유

이득 여유와 위상 여유를 구하는 Matlab 함수이다.

```
w = logspace(-2, 4, 1000) ;              % 1. 주파수 범위와 간격
num = [100]                              % 2. 전달 함수 분자
den = [1 2 0]                            % 3. 전달 함수 분모
[GM, PM]=margin(num, den)                % 4. 이득 여유와 위상 여유 값
margin(num, den)                         % 5. 그래프로 표현
grid on                                  % 6. 그래프에 격자 표시
```

Lead 제어기의 a 와 T 구하기

```
dpi = 65                                         % 7. 희망하는 위상 여유
leada=(1+sin(dpi*pi/180))/(1-sin(dpi*pi/180))    % 8. 식 9.4
loga = -10*log10(leada);                         % 9.
[Gm, Pm] = bode(motornum, motorden, w);          % 10.
mag = 20*log10(Gm);                              % 11.
[y,i] = min(abs(mag-loga));                      % 12. 설계 과정 ⓓ
leadT=1/(sqrt(leada)*w(i))                       % 13. 식 9.5
leadnum=[leada*leadT 1];                         % 14. Lead 제어기 분자
leadden=[leadT 1];                               % 15. Lead 제어기 분모
```

잠깐만... 설계 과정 Ⓓ에서는 $KG(j\omega)$가 $-10\log_{10}a$가 되는 ω_d를 구하는 것, 즉 $KG(j\omega_d) = -10\log_{10}a$가 되어야 하나 Matlab에서는 $KG(j\omega)-10\log_{10}a$가 최소가 될 때의 ω를 ω_d로 하여 줄번호 12에 구현하였다. 따라서 보다 정밀한 계산을 원한다면 줄번호 1의 w의 값을 촘촘하게 할당하여야 한다. 위 예에서는 10^{-2}부터 10^4까지를 1000개로 잡은 것이다.

제어기 연결

```
[opleadnum,opleadden]=series(motornum, motorden, leadnum, leadden);
```

폐루프 만들기

```
[clleadn,clleadd]=cloop(opleadnum, opleadden) ;
```

9.3 Lead 제어기 설계 예

9.3.1 비례 제어의 한계

Lead 제어기를 설계하기 전에 비례 이득의 조정에 의해 시스템의 응답이 어떻게 변화하는지 보기로 하자. 그림 9.4는 비례 이득 K를 10으로 할 때와 0.1로 할 때의 Bode 선도이다. 비례 이득을 키우거나 줄여도 위상에는 변화가 없다. 단지 크기 그래프를 높일수록 대역폭은 커질 수 있지만, 위상 여유는 줄어들게 된다. 물론 크기 그래프를 낮출수록 위상 여유는 커지고, 대역폭은 줄어들게 된다.

Point ‖ **비례 이득의 변화로 인한 위상의 변화는 없다.** ‖

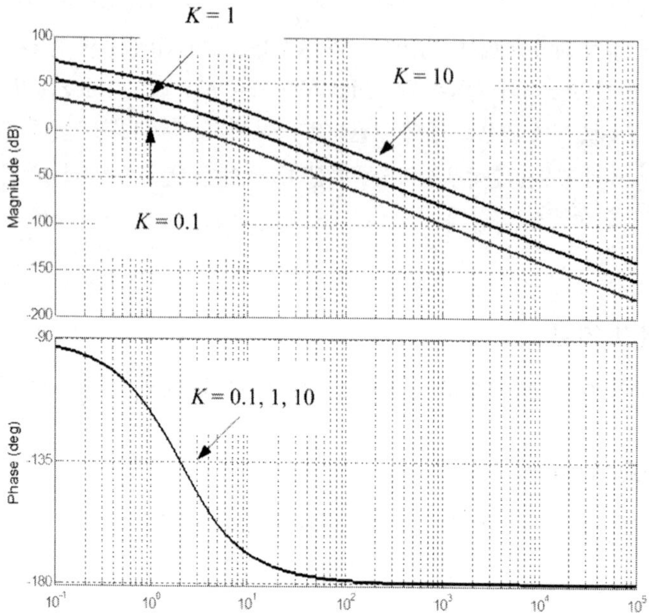

그림 9.4 비례 이득의 조정에 의한 크기 그래프의 변화

비례 이득을 조정했을 때 피드백 시스템의 Bode 선도는 그림 9.5와 같다. 이득이 커질수록 공진이 발생할 수 있는 형태를 나타내는 것을 관찰할 수 있다.

시간 영역에서의 단위 응답 특성은 주파수 영역에서 관찰하여 예상한 것과 같은 특징을 보인다. 그림 9.6에서 $K = 10$일 때의 그래프는 대역폭이 크기 때문에 상승 시간은 빠르지만 위상 여유가 작기 때문에 응답은 안정화되지 않고 심하게 떨린다. $K = 0.1$인 경우는 응답이 안정화되었지만 대역폭이 작아 매우 긴 상승 시간을 보인다.

제어기의 설계에서 원하는 것은 빠른 상승 시간과 짧은 안정 시간이다. 대역폭은 키우면서 아울러 위상 여유도 크게 하는 것이다. 비례 제어의 방법으로는 이를 실현할 수 없다.

Point ‖ **비례 제어만으로 대역폭과 위상 여유를 함께 개선하기는 어렵다.** ‖

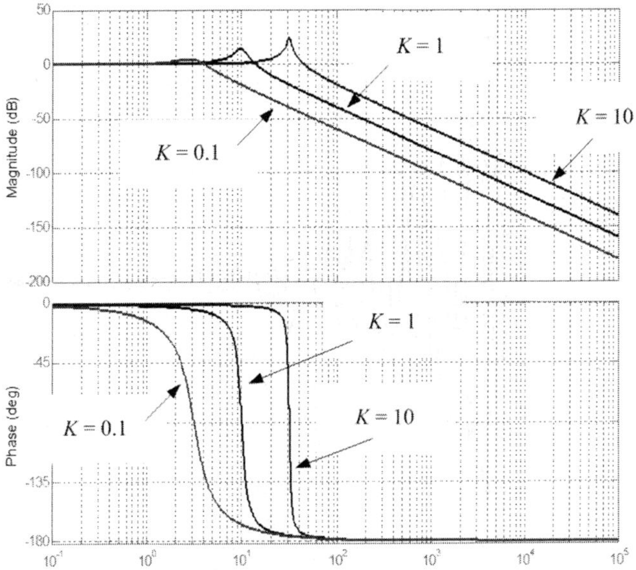

그림 9.5 비례 이득의 조정에 의한 전체 시스템의 주파수 영역에서 변화

잠깐만...

엄밀하게 말하면, 모든 경우에 대하여 대역폭과 위상 여유 두 가지를 동시에 원하는 만큼 만족시키는 방법은 없다. 즉, 어느 정도의 대역폭을 증가시킨 후에 위상 여유를 개선할 수 있을지라도 계속해서 대역폭을 키워나가면서 위상 여유를 만족시키는 제어 시스템을 설계하고 구현할 수 있는 방법은 없다. 이는 제어 문제에서 성능(대역폭)과 안정성(위상여유)에 관한 문제로 바꾸어 생각할 수 있으며, 주어진 조건과 상황에 대하여 성능과 안정성이 절충되어야 한다.

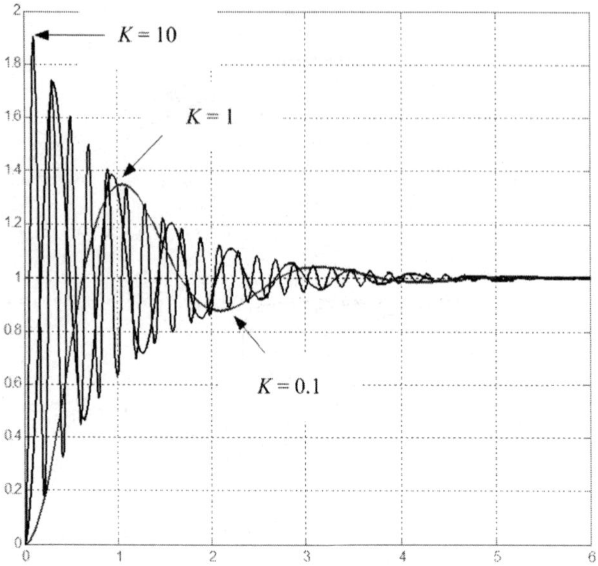

그림 9.6 비례 이득의 조정에 의한 전체 시스템의 시간 영역에서 변화

Matlab P_only를 실행하면 그림 9.4 - 그림 9.6을 얻을 수 있다.

9.3.2 Lead 제어기 설계 예

그림 9.4에서 주어진 시스템에 대하여 Lead 제어기를 설계해 보자. 그림 9.7은 비례 이득 K를 1로 할 때 원하는 대역폭을 만족할 것이라고 가정한다. 만약 설계 후 대역폭이 설계 기준을 만족시키지 못할 때에는 K를 다시 결정하고 Lead 제어기를 설계하는 것을 반복하여야 한다.

이 시스템에 대하여 목표 위상 여유를 70도로 하여 9.2.2절의 방법으로 Lead 제어기를 설계하면 그림 9.8과 같은 결과를 얻는다. Lead 제어기의 a는 32.1634이며, T는 0.0074이다.

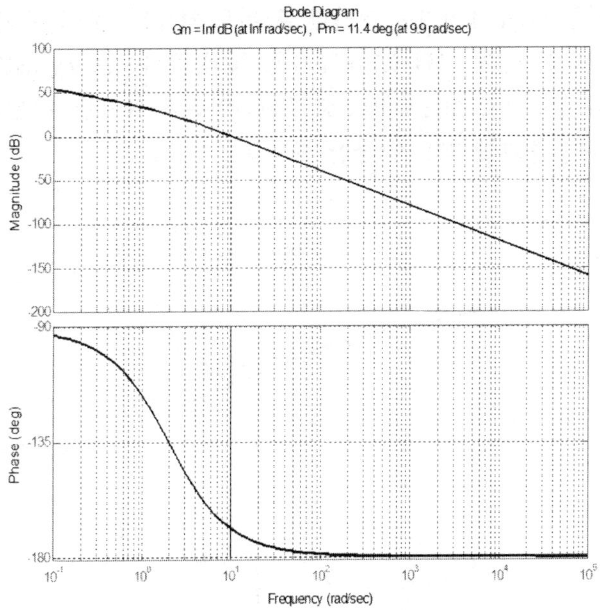

그림 9.7 제어 대상 시스템의 Bode 선도

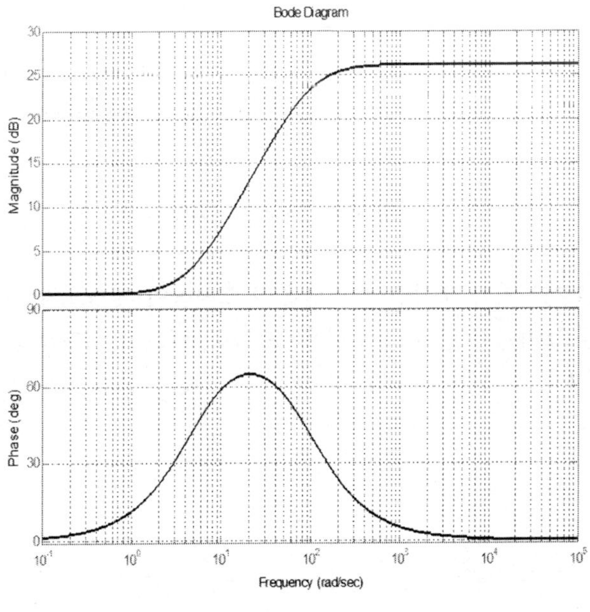

그림 9.8 설계한 Lead 제어기의 Bode 선도

설계한 Lead 제어기를 추가한 후 위상 여유는 70.4도로 개선되었음을 그림 9.9에서 알 수 있다. 그림 9.7에서 위상 통과 주파수는 9.9 rad/sec이었으나, Lead 제어기의 영향으로 21.2 rad/sec로 증가되었음을 확인할 수 있다. 물론 이로 인하여 대역폭이 증가할 것을 예상할 수 있다.

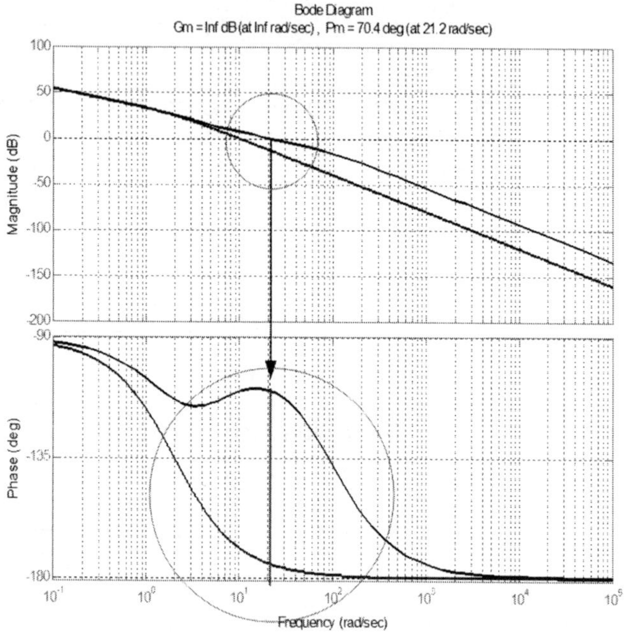

그림 9.9 Lead 제어기의 보상된 위상 여유

Lead 제어기가 포함된 시스템을 피드백하여 폐루프의 시스템을 구현하고 Bode 선도를 그리면 그림 9.10을 얻을 수 있다. 여기서 대역폭은 약 30.2 rad/sec임을 알 수 있다.

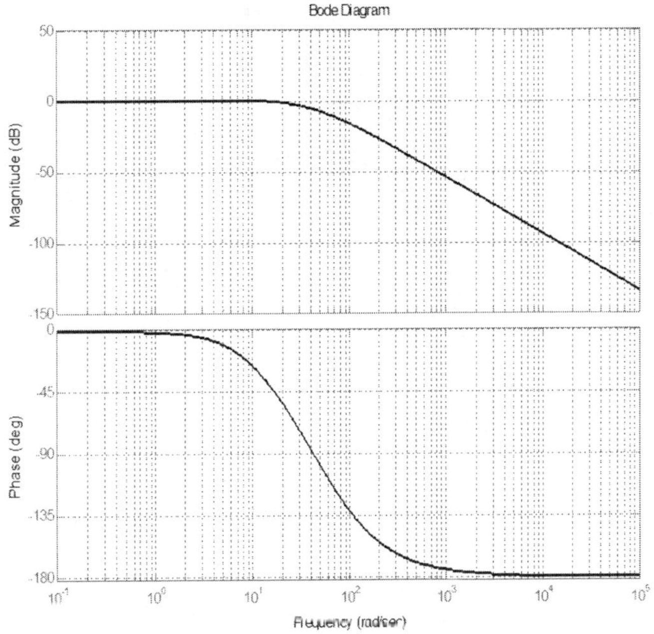

그림 9.10 Lead 제어기가 포함된 전체 시스템의 Bode 선도

그림 9.11은 설계된 시스템의 단위 응답의 특성을 나타낸다. 그림 9.6과 비교할 때 매우 빠르고 안정된 응답을 나타냄을 알 수 있다.

잠깐만... 이 설계 결과는 하나의 예로서 얼마나 잘 설계된 Lead 제어기인지 평가할 수 없다. 주파수 영역과 시간 영역에서의 특별한 목표가 주어지지 않았기 때문이다. 오버슈트 10% 내의 응답 특성을 원했다면 이 기준을 만족시키고 있지만, 만약 상승 시간을 0.05초를 필요로 한다면 설계를 다시 하여야 한다.

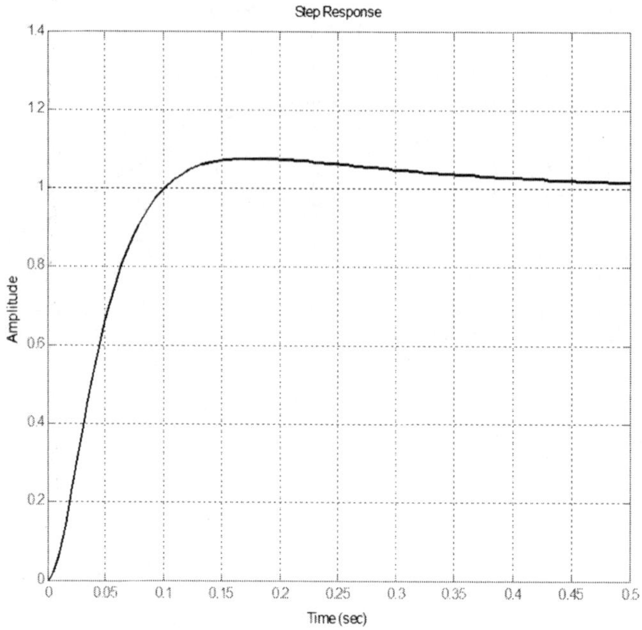

그림 9.11 Lead 제어기가 포함된 전체 시스템의 단위 응답

잠깐만...

제어기를 설계할 때에 가장 중요한 요소 중의 하나인 제어 입력을 관찰하지 않았다. 제어 입력은 제어기의 구현에 있어 중요한 요소로 제어기 설계 후 시간 영역에서 응답 특성을 관찰할 때 반드시 함께 확인하여야 한다. 이 문제는 11장에서 다시 다루기로 한다.

Matlab LeadDesign를 실행하면 그림 9.7 – 그림 9.11을 얻을 수 있다. 이 때 목표 위상 여유는 65도로 하였다.

9.4 Lead 제어기의 효과

적절하게 설계된 Lead 제어기는 다음과 같은 특징을 나타낸다.

- 위상 여유가 증가한다.
- 대역폭이 증가된다.
- 상승 시간과 안정 시간이 줄어든다.

생각해봅시다. >>>

① Lead 제어기를 공식에 의하지 않고 직접 설계해보자.
② Lead 제어기 설계를 위한 Matlab 코드를 분석해보자.
③ 제어 대상의 Bode 선도는 수학적인 계산이나 실험에 의하여 얻어진다. 만약 실험에 의하여 아래 그림 9.12를 얻었다면 이로부터 전달 함수를 얻어야 한다. 이를 위해 다음의 Bode 선도를 관찰하고, 다음의 항목을 기준으로 전

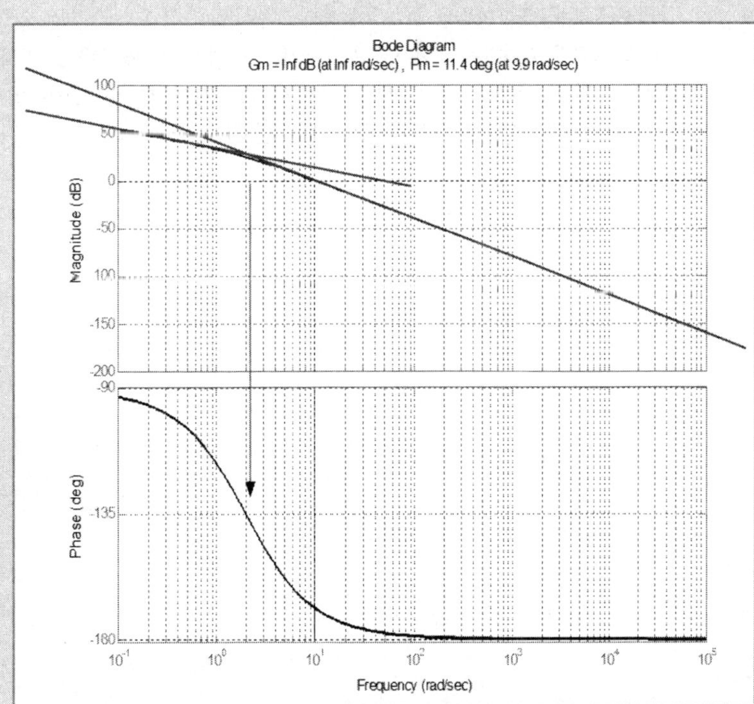

그림 9.12 제어 대상 시스템의 Bode 선도 예

달 함수를 추측해보자.

(1) 크기 그래프의 기울기가 약 2 rad/sec 근처에서 변화하고 있다.
(2) 약 2 rad/sec 이후의 기울기에 변화가 없으며 1 decade 마다 약 40 dB 씩 감소하고 있다.
(3) 9.9 rad/sec에서 크기 그래프의 값은 0 dB이다.
(4) 위상 그래프에서 낮은 주파수의 값은 −90도에서 시작하고, −180까지 변화한다.
(5) 약 2 rad/sec에서 −135도를 나타낸다.

잠깐만...

그림 9.12는 전달 함수를 Matlab에서 그린 Bode 선도이기 때문에 매우 깨끗하고 추측과 결과가 일치하는 쉬운 예이다. 실제 시스템의 Bode 선도는 이처럼 쉽게 크기 그래프와 위상 그래프가 일치하지 않는다. 이 때 근사한 방법을 적용하여 1차 또는 2차 시스템으로 전달 함수를 구하는 것이 일반적이다.

Chapter 10 ... 주파수 영역에서 Lag 제어기 설계

| 학습 목표 |

- Lag 제어기의 특징을 이해한다.
- Lag 제어기의 설계 원리를 학습한다.
- Lag 제어기를 설계힌다.
- Matlab으로 Lag 제어기를 설계한다.

10.1 Lag 제어기 분석

10.1.1 Lag 제어기의 특징

그림 10.1에 나타난 바와 같이 Lag 제어기는 저주파 통과 필터의 형태를 갖는다. 여기서 그래프를 좀 더 자세히 관찰을 하면 약 0.03 rad/sec 이하의 주파수 성분은 그대로 통과시키고 그 이상의 주파수에서는 최대 20 dB 정도 떨어진다. 반면 위상은 약 0.3 rad/sec에서 약 −50도 위상 뒤지게 된다. 이러한 이유에서 Lag 제어기라고 이름이 붙여졌다. 여기서 주의 깊게 보아야 할 부분은 Lead 제어기와는 달리 크기 그래프이다. Lag 제어기는 크기 그래프가 감소하는 특징을 이용하여 제어 대상 시스템의 위상 통과 주파수를 낮은 주파수 쪽으로 옮겨 위상 여유를 개선한다.

Point **Lag 제어기는 크기 그래프를 낮춰 위상 여유를 개선한다.**

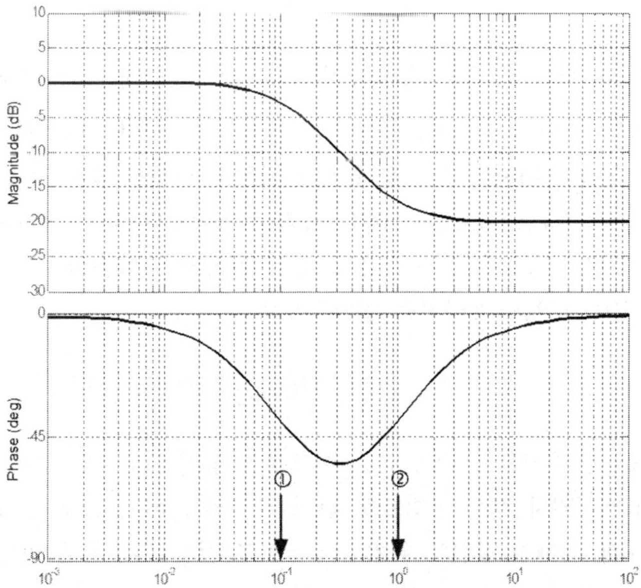

그림 10.1 Lag 제어기의 형태

Lag 제어기의 설계는 Lead 제어기와 마찬가지로 그림 10.1의 그래프를 제어 대상 시스템의 Bode 선도에 넣는 것을 의미한다. 그러나 위상 뒤짐이 최대가 되는 주파수가 삽입되는 위치를 결정하지 않는다. 크기 그래프에 의해 결정된다.

Lag 제어기의 극점(그림 10.1에서 ①)이 영점(그림 10.1에서 ②) 보다 아래에 있다. 위상 그래프는 0 dB에서 −20 dB의 변화가 있고, 위상 그래프는 0도에서 약 −50도까지 변화한다. 정확한 크기 그래프와 위상 그래프의 모양은 영점과 극점의 위치에 따라 결정된다.

Matlab LagController를 실행하면 그림 10.1을 얻을 수 있다.

10.1.2 Lag 제어기의 표현

Lag 제어기를 수학적으로 표현하면

$$C_{Lag}(s) = K(s+z)/(s+p) \tag{10.1}$$

로 Lead 제어기와 같은 형태를 갖는다. 즉, Lead 제어기와 같은 3개의 항 $C_{Lag}^1 = K$, $C_{Lag}^2 = (s+z)$와 $C_{Lag}^3 = 1/(s+p)$로 구성된다. Lead 제어기와 다른 점은 극점과 영점의 위치이다. 위상 통과 주파수의 위치를 낮은 주파수 영역으로 이동하여 위상 여유를 확보하기 위해 극점이 영점보다 낮은 주파수에 위치해야 한다. Lag 제어기 역시 극점과 영점을 각각 설계하지 않는다.

식 10.1의 Lag 제어기는 일반적으로

$$C_{Lag}(s) = K(aTs+1)/(Ts+1) \tag{10.2}$$

로 표현될 수 있다. 다만, $a < 1$이므로 극점이 영점보다 낮은 주파수에 위치한다. Lead 제어기와 같은 방법으로 먼저 극점의 위치 $-1/T$는 T에 의하여 결정되고, a에 의하여 영점의 위치 $-1/aT$가 결정된다. 물론 비례 이득은 대역폭 확보를 위해 가장 먼저 결정하게 된다. a, T는 수학적인 공식과 같은 절차에 의하여 구할 수 있다. 제어 대상 시스템의 모델이 있다면 Lag 제어기도 비교적 쉽게

설계가 가능하다.

Point **Lag 제어기의 설계 변수도 a 와 T 이다.**

10.1.3 Lag 제어기의 성과

Lag 제어기 설계 전 시스템의 Bode 선도는 그림 10.2이다. 이는 그림 9.2와 같은 그림이나 저주파수 대역을 넓게 표시하였다. 이 시스템의 전달 함수는

$$G(s) = \frac{100}{s(s+2)} \tag{10.3}$$

이며, 이미 9.1.3절에서 확인한 것처럼 안정한 시스템이고 이득 여유는 무한대지만 위상 여유가 작아 시간 영역에서 응답 특성이 좋지 않았다.

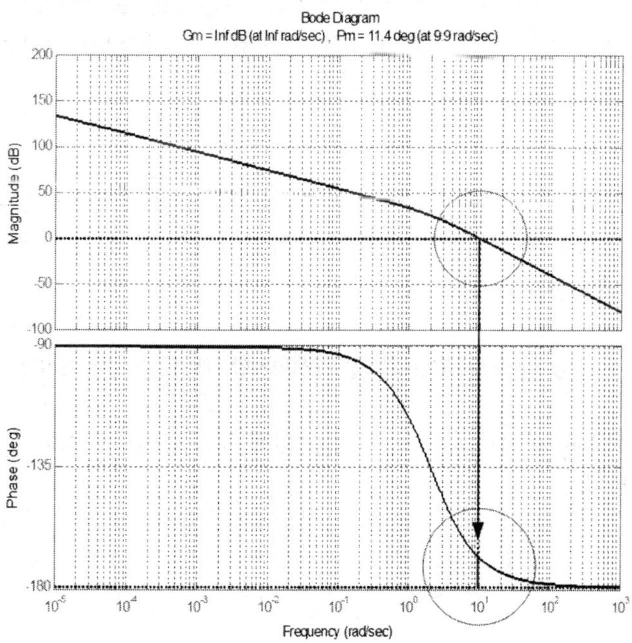

그림 10.2 제어 대상 시스템의 이득 여유와 위상 여유

위상 여유를 개선하기 위한 방법으로 Lag 제어기는 크기 그래프를 낮춘다. 그림 10.2에서 제어 대상 시스템의 극점으로 인하여 2 rad/sec에서 크기 그래프의 기울기가 급해짐을 알 수 있다. 그림 10.3에서는 약 0.001 rad/sec에서 기울기가 변화하여 가파르게 됨을 알 수 있다. 이로서 이 지점에 극점이 추가되었다고 추측할 수 있다. 약 0.1 rad/sec에서 크기 그래프의 기울기가 다시 완만하게 변화하는 것을 보면 이 지점에 영점이 추가되었음을 예상할 수 있다. 추가된 극점과 영점이 Lag 제어기를 의미하는 것이며 이로서 위상 통과 주파수는 낮아진다. 한편, 극점과 영점이 추가됨으로써 발생한 위상 그래프의 변화는 위상 여유를 측정하는 주파수보다 낮은 영역에서 발생함을 볼 수 있다. 결국 약 60도의 위상 여유를 확보하였다. 그러나 위상 통과 주파수가 낮은 주파수 영역으로 옮겨갔기 때문에 대역폭이 줄어들 것으로 생각할 수 있다.

잠깐만...

> Lead 제어기에서는 위상 앞섬이 최대가 되는 주파수를 위상 여유가 측정되는 주파수에 놓게 한다. 그러나 Lag 제어기는 위상 뒤짐이 최대가 되는 주파수를 위상 여유가 측정되는 주파수 보다 낮은 주파수에 놓게 된다.

그림 10.2와 그림 10.3을 잘 관찰해보면 크기 그래프를 낮춰 위상 여유를 확보했지만 Lag 제어기의 위상 뒤짐의 영향이 반영되어 처음 희망하는 만큼 위상 여유를 확보하지 못함을 볼 수 있다.

Point ‖ **Lag 제어기는 위상 여유를 개선하지만, 대역폭은 감소시킨다.** ‖

이제 Lag 제어기의 설계 방법과 설계 후 주파수 영역과 시간 영역의 결과를 비교해보자.

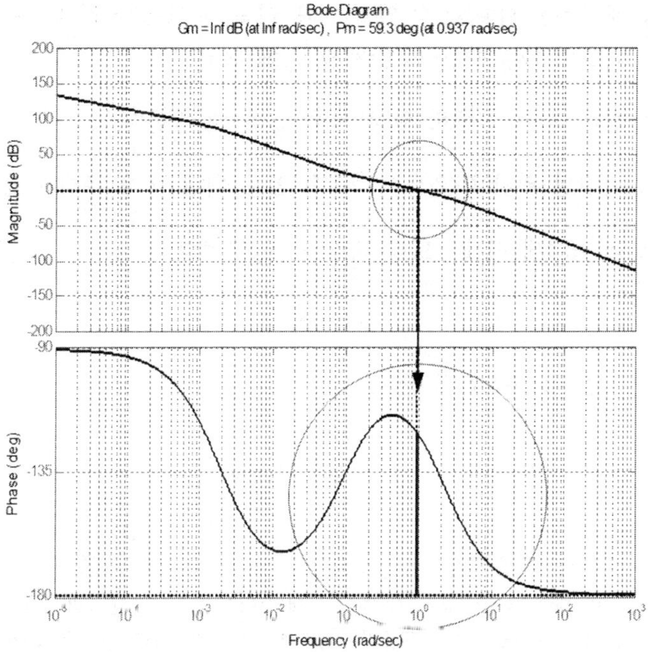

그림 10.3 Lag 제어기 추가 후, 증가한 위상 여유

10.2 Lag 제어기 설계

Lag 제어기 설계는 제어 대상 시스템의 Bode 선도와 목표 위상 여유가 결정되면 계산에 의해 진행된다.

10.2.1 Lag 제어기 설계 순서

Lag 제어기는 대역폭을 줄여서 위상 여유를 확보하는 방법이다. 크기 그래프에서 위상 통과 주파수 부근의 이득을 감소시켜 원하는 위상 여유를 얻을 수 있는 주파수를 위상 통과 주파수로 만드는 것이다. 제어 대상 시스템의 전달 함수를 $G(s)$라고 할 때 다음의 순서에 의해서 설계를 수행한다.

Ⓐ 대역폭을 확보할 수 있는 비례 이득, K 를 결정한다. 위상 여유를 보상하기 위하여 다음과 같은 순서로 설계한다.

Ⓑ 설계 기준의 목표 위상 여유, ϕ_d를 결정한다.

Ⓒ 결정된 위상 여유를 얻을 수 있는 위상 통과 주파수, ω_d를 구한다.

Ⓓ 식 10.4에 의해 1보다 작은 a 를 구한다.

$$a = 10^{|G(j\omega_d)|/20} \tag{10.4}$$

Ⓔ T는 식 10.5로 구한다.

$$T = 10/(a \cdot \omega_d) \tag{10.5}$$

잠깐만...

Lag 제어기는 이득의 관점에서 설계를 하게 된다. 크기 그래프가 0 dB를 지나는 위상 통과 주파수에서 위상 여유가 결정되는 것을 생각하고, 이득을 줄여 위상 통과 주파수를 맞추는 것이다. 그러나 이 때 위상도 함께 영향을 받기 때문에 처음 생각하였던 위상 통과 주파수에서 원하는 위상 여유를 정확하게 얻을 수 없다. 따라서 약간의 위상 여유 감소를 고려하여 설계를 하여야 한다.

Point **Lag 제어기 설계 시에도 목표 위상은 희망하는 위상 보다 조금 높여 잡는다.**

10.2.2 Matlab 코드

Lag 제어기의 a 와 T 구하기

```
[Gm, Pm]=bode(motornum, motorden, w) ;              % 1.
[y,i] = min(abs(dpi-(180+Pm))) ;                    % 2.
omega = w(i)                                        % 3.

[Gm, Pm] = bode(motornum, motorden, omega)          % 4.
```

```
laga= 10^(-abs(20*log10(Gm))/20)                   % 5.
lagT=10/(laga *w(i))                               % 6.

lagnum=[laga*lagT 1];                              % 7.
lagden=[lagT 1];`                                  % 8.
```

10.3 Lag 제어기 설계 예

제어기 설계 결과를 비교하기 위해 9장의 Lead 제어기 설계에서 사용한 동일한 대상에 대하여 Lag 제어기를 설계해보자. 이 시스템의 Bode 선도를 그림 10.4에 다시 나타내었다. 단지 Bode 선도의 주파수 범위가 그림 9.4와 다르다.

잠깐만...

여기서 Lead 제어기와 Lag 제어기가 위상 여유를 확보하기 위한 설계 방법이지만 설계 결과에는 큰 차이가 있음을 보여준다. 모든 제어기는 근본적으로 큰 의미에서 설계 목적이 같다고 할 수 있다. 이것이 어떤 제어기든 설계를 잘하면 동일한 결과를 얻을 수 있다는 의미는 아니다. 제어 대상의 특성에 따라 적절한 제어기를 선택하여야 한다. 제어기의 특성에 따라 특정 부분의 제어 목적을 만족하지 못할 경우 다른 제어기 또는 고급 제어기 설계 방법을 사용하여야 한다.

이 시스템에 대하여 목표 위상 여유를 65도로 하여 Lag 제어기를 설계하면 그림 10.5와 같은 결과를 얻는다. Lag 제어기의 a는 0.0206이며, T는 519.9735이다. 그림 10.5에서 위상 그래프를 보면 위상이 음수로 위상 여유를 오히려 잃을 수 있음을 알 수 있다. 그러나 Lead 제어기와 달리 위상 여유가 음수로 되는 부분이 위상 통과 주파수보다 낮은 주파수 대역에 있기 때문에 확보한 위상 여유를 크게 잃지는 않는다. 이를 그림 10.6과 그림 10.7에서 볼 수 있다.

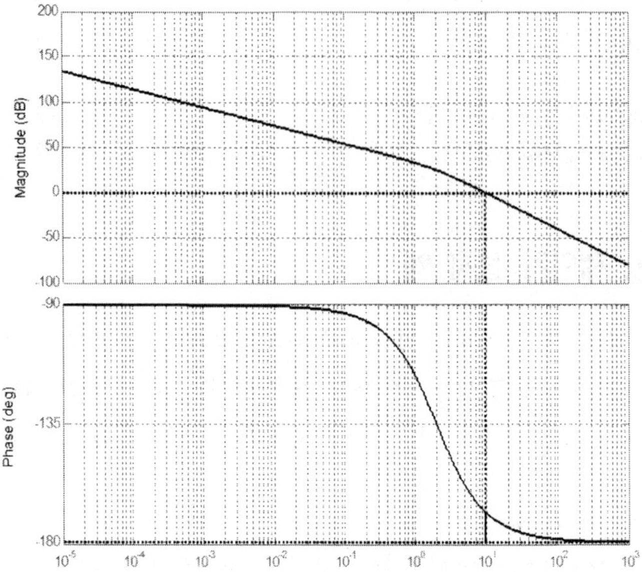

그림 10.4 제어 대상시스템의 Bode 선도

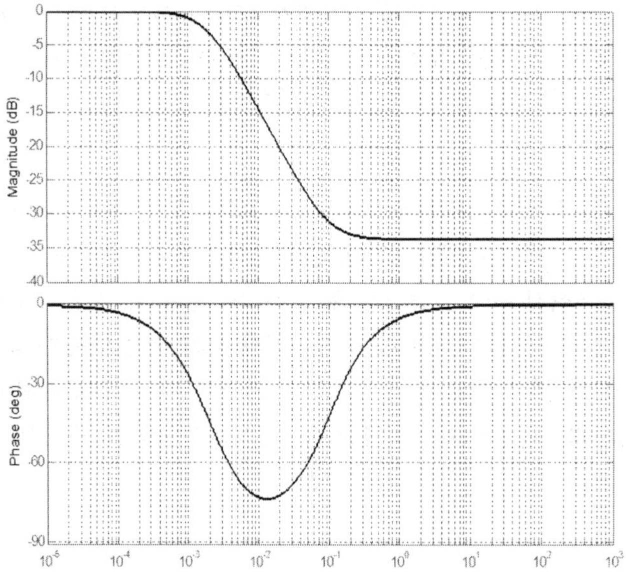

그림 10.5 설계한 Lag 제어기의 Bode 선도

그림 10.6에서 제어 대상의 크기 그래프와 Lag 제어기의 크기 그래프를 비교해 보자. 설계한 Lag 제어기는 제어 대상의 크기 그래프를 0.001 rad/sec 아래 주파수에서는 변화시키지 않고, 그이상의 주파수에서는 조금씩 크기 그래프를 감소시키고, 0.2 rad/sec 이상의 주파수 대역에서는 약 30 dB의 크기를 감소시킨다. 위상 그래프를 보면 Lag 그래프에서 음의 위상 값이 가장 큰 약 0.01 rad/sec는 제어 대상의 위상 통과 주파수 보다 매우 낮은 주파수에 해당한다. 그러나 위상 통과 주파수가 이동할 때 자연스럽게 확보된 위상 여유를 약간 잃을 수 있다.

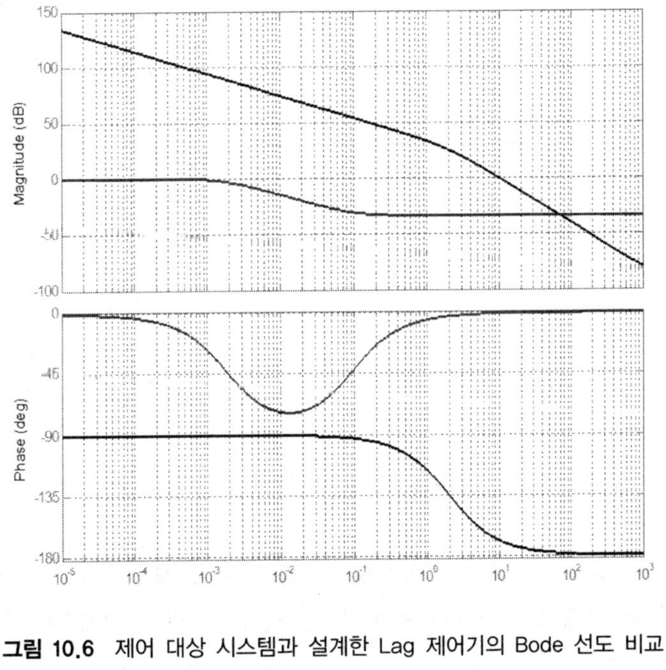

그림 10.6 제어 대상 시스템과 설계한 Lag 제어기의 Bode 선도 비교

그림 10.7은 제어 대상 시스템의 Bode 선도와 Lag 제어기를 적용한 후의 Bode 선도를 비교한 것이다. 9.9 rad/sec에서 11.4도의 위상 여유가 0.937 rad/sec에서 59.3도의 위상 여유가 되었음을 알 수 있다. 이 그림에서 이미 설명한 크기 그래프가 감소된 주파수 영역과 크기, 위상 통과 주파수의 이동으로 인한 위상 여유

의 확보, Lag 제어기 위상 그래프에 의한 손실을 확인할 수 있다. 여기서 중요한 것은 위상 여유를 확보하였지만 위상 통과 주파수가 0.937 rad/sec로 매우 낮아졌다는 것이다. 이러한 영향으로 결국 대역폭이 낮아질 것을 예측할 수 있다.

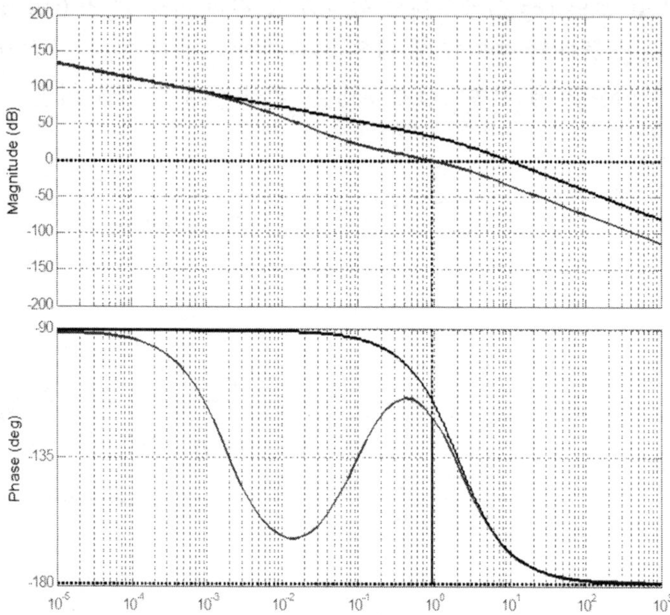

그림 10.7 Lag 제어기의 보상된 위상 여유

Lag 제어기가 포함된 시스템을 피드백하여 폐루프의 시스템을 구현하고 Bode 선도를 그리면 그림 10.8을 얻을 수 있다. 이 때의 대역폭은 약 1.53 rad/sec가 된다.

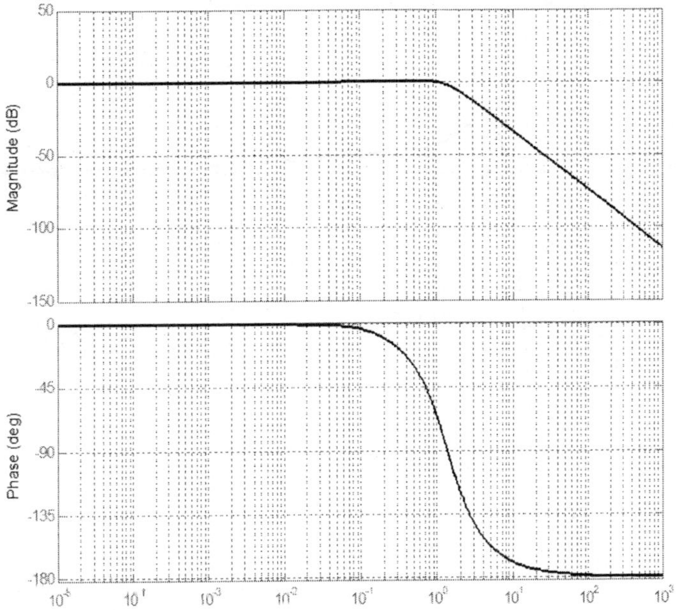

그림 10.8 Lag 제어기가 포함된 전체 시스템의 Bode 선도

그림 10.9는 설계된 시스템의 단위 응답 특성을 나타낸다. 그림 9.6과 비교했을 때 과도 응답 특성이 많이 개선되었음을 알 수 있다. 그림 9.11과 비교하면 과도 응답 특성이 매우 큰 차이를 나타낸다. 예상한 것처럼 대역폭이 감소하여 응답 시간이 매우 느림을 알 수 있다. Lead 제어기의 결과는 약 0.1초에 제어 목표에 도달하였으나, Lag 제어기의 결과에서는 약 2초가 걸렸다. Lag 제어기는 제어기 설계 방법의 특성으로 위상 여유를 확보하는 대신 대역폭을 잃는다. 따라서 빠른 응답을 유지해야 하는 시스템에 적용하기는 어렵다.

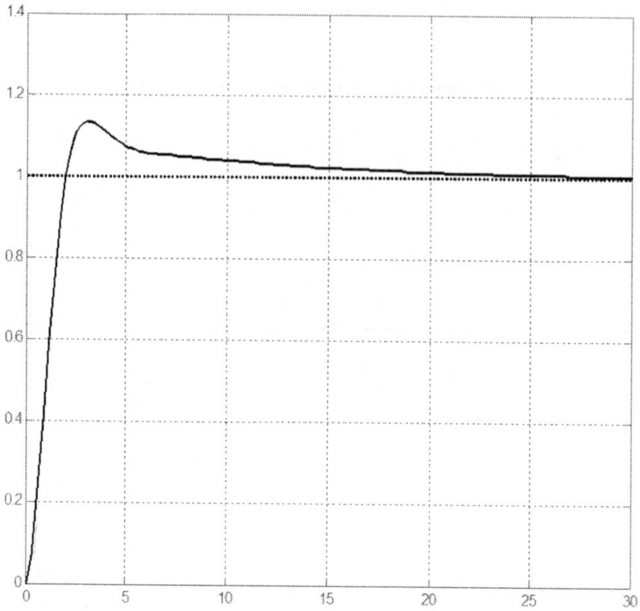

그림 10.9 Lag 제어기가 포함된 전체 시스템의 단위 응답

잠깐만... Lag 제어기를 사용하였을 때 전체 시스템의 대역폭이 Lead 제어기를 사용하였을 때보다 작다고 하여 Lag 제어기를 성능이 뒤떨어지는 제어기로 단정할 수는 없다. 단지, Lag 제어기를 사용하여 좋은 결과를 얻을 수 있는 상황이 적을 수 있다.

그럼 여기서 Lag 제어기를 적용하는 이유로 다시 그림 9.6을 보자. $K=0.1$로 한 경우에 크기 그래프의 이득이 줄어 자연스럽게 위상 여유는 확보되고, 이것으로 인하여 대역폭을 줄어들었다. Lag 제어기의 경우도 비슷한 결과를 얻었지만 분명한 차이점이 있다. $K=0.1$로 하는 것과 같이 비례 이득을 조정하는 경우에는 모든 주파수 대역에 영향을 준다. 하지만 Lag 제어기의 경우 Lag 제어기의 극점이 놓이는 주파수보다 높은 주파수에 대해서 크기 그래프를 줄인다. 결국 Lag 제어기를 사용하면 낮은 주파수 영역에서 높은 이득을 유지할 수 있는 것이다.

Matlab LagDesign을 실행하면 그림 10.4 - 그림 10.9를 얻을 수 있다. 이 때 목표 위상 여유는 65도로 하였다.

10.4 Lag 제어기의 효과

적절하게 설계된 Lag 제어기는 다음과 같은 특성을 나타낸다.

- 위상 여유가 증가하여 시스템 안정성이 증가한다.
- 대역폭이 줄어든다.
- 상승 시간과 안정 시간이 길어진다.

생각해봅시다. >>>

① Lag 제어기를 공식에 의하지 않고 직접 설계해보자.

② Lag 제어기 설계를 위한 Matlab 코드를 분석해보자.

③ 9장에서는 가상의 Bode 선도를 가지고 전달 함수를 구하였다. 그림 10.10은 실제 실험에 의하여 얻은 Bode 선도이다. 다음의 Bode 선도를 관찰하여 전달 함수를 추측해보자.

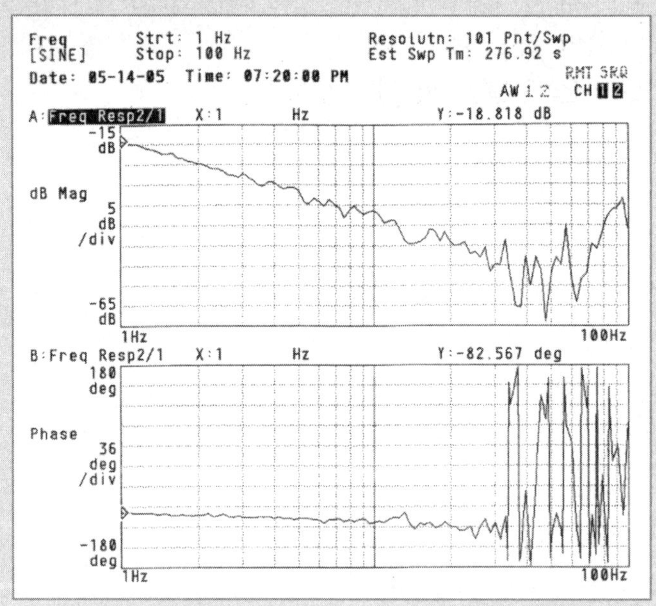

그림 10.10 실험에 의하여 얻어진 소형 모터의 Bode 선도

Chapter 11 …

주파수 영역에서 Lead-Lag 제어기 설계와 Simulink

| 학습 목표 |

- Lead-Lag 제어기의 특징을 이해한다.
- Lead-Lag 제어기의 설계 원리를 이해한다.
- Lead-Lead 제어기를 설계한다.
- Lead-Lag 제어기를 설계한다.
- 보다 실제적인 Simulink 모의 실험기를 구성한다.

11.1 Lead-Lag 제어기 분석

11.1.1 Lead-Lag 제어기의 특징

9장과 10장에서 Lead 제어기와 Lag 제어기의 특징을 알아보았다. Lead-Lag 제어기는 Lead 제어기와 Lag 제어기가 연속으로 연결된 형태를 가지므로 그림 11.1과 같은 모양을 나타낸다. 그리고 Lead 제어기, Lag 제어기와 마찬가지로 ①~④의 영점과 극점을 어떻게 배치하는가에 따라 형태가 달라진다.

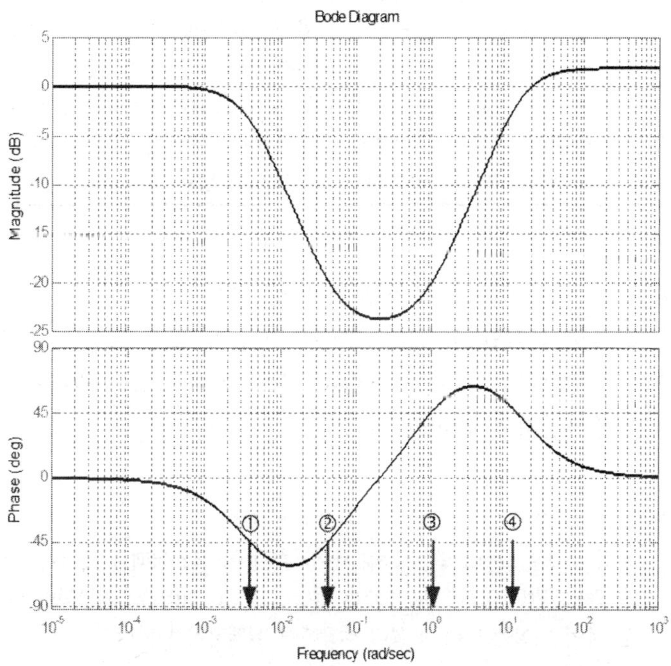

그림 11.1 Lead-Lag 제어기의 형태

Lead 제어기와 Lag 제어기의 특징을 정리하면 표 11.1과 같다. 공통점은 위상 여유를 크게 한다는 점이고 다른 점이 위상 여유를 확보하는 방법이 서로 다르다는 점이다. 이것이 각 제어기의 일반적인 장점과 단점을 만들고 있으나, 모든 경우에 장점과 단점이 되지 않는다는 것을 기억해야 한다.

Point **한 가지 제어기로 모든 문제를 해결할 수는 없다. 다양한 제어기 설계 기법을 익히고, 적절하게 사용해야 하는 것이다.**

표 11.1 Lead 제어기와 Lag 제어기의 특징과 장단점

제어기의 종류	위상 여유 확보 방법	장점	단점
Lead 제어기	양의 위상을 갖는 제어기를 추가하여 위상 여유를 얻는다.	충분한 위상 여유를 얻을 수 있으며, 대역폭을 크게 한다.	고주파수 영역의 크기 그래프를 크게 한다.
Lag 제어기	크기 그래프를 낮추어 위상 통과 주파수를 낮추므로 위상 여유를 얻는다.	위상 여유를 얻으면서 고주파수 영역의 크기 그래프를 낮춘다.	충분한 위상 여유를 얻으면 대역폭이 많이 줄어든다.

9장에서 다루어진 문제를 보면 Lead 제어기만으로도 충분한 결과를 얻을 수 있을 것으로 생각할 수 있다. 그러나 이것이 모든 제어 시스템에서 Lead 제어기만으로 충분하다는 의미는 아니다. 또한 여기서 Lag 제어기를 추가하면 반드시 성능이 좋아진다는 의미도 아니다.

잠깐만...

분명한 것은 Lead 또는 Lag 제어기뿐만 아니라 어떠한 제어기도 모든 시스템에 대하여 만족할만한 결과를 보일 수는 없다는 것이다. 따라서 기본적인 제어기의 형태와 특징을 제어 대상에 따라 적절히 적용하여 설계하여야 한다.

Lag 제어기를 사용하면 일반적으로 대역폭이 줄어들기 때문에 상승 시간이 길어지는 단점이 있으나 어떤 경우에는 이러한 부분이 긍정적인 면으로 작용할 수도 있다. 또한 주파수 영역의 크기 그래프에서 수 dB에 밖에 차이가 없어도 시간 영역에서 크게 다른 응답을 보일 수도 있음을 생각하자. 특히 공진 주파수나 고

주파수 영역의 드러나지 않은 시스템 특성과 관계가 있는 주파수에서는 더욱 그러하다.

또한 Lead-Lag 제어기가 Lead 제어기와 Lag 제어기가 함께 있기 때문에 모든 제어 시스템에 대하여 각각의 제어기 단독으로 쓰이는 경우보다 좋은 결과를 얻을 수 있는 것은 아니며 Lead-Lag 제어기의 특징이 필요한 경우에 사용되어야 한다.

주파수 영역에서 루프 형상 방법으로 본다면 주파수 대역별로 기준을 만족하기 위해서는 Lead 제어기, Lag 제어기, Lead-Lag 제어기를 선택하여 사용할 수 있으며, 이들의 조합으로 제어기 구성을 생각할 수 있다.

11.1.2 Lead-Lag 제어기의 표현

Lead-Lag 제어기는 앞에서 학습한 Lead 제어기와 Lag 제어기를 그대로 연결하여 구성한다. 따라서 Lead 제어기의 극점과 영점, Lag 제어기의 극점과 영점이 존재하게 된다. 이를 Lead 제어기와 Lag 제어기의 일반적인 표현식으로 나타내면 다음과 같다.

$$C_{Lead-Lag} = K\frac{(1+a_1T_1s)}{(1+T_1s)} \cdot \frac{(1+a_2T_2s)}{(1+T_2s)},\ a_1 > 1,\ a_2 < 1 \tag{11.1}$$

따라서 Lead-Lag 제어기의 설계에서는 5개의 설계 변수를 결정하게 된다.

11.1.3 Lead-Lag 제어기의 효과

적절하게 설계된 Lead-Lag 제어기는 3단계의 설계 과정을 거쳐 대역폭, 상승시간과 안정 시간, 이득 여유와 위상 여유 등의 주요 안정성 및 성능 지수를 적절하게 만족시킬 수 있다. 이 의미는 모든 지수를 동시에 만족시킬 수 있다는 의미가 아니며, 한 가지의 제어기만을 설계하였을 때 부족한 부분을 보완할 수 있다는 의미이다. 따라서 한 가지 제어기만을 사용하였을 때 주어진 설계 요구 사항을 충분히 만족하였다면 두 개의 제어기를 사용할 필요는 없다.

11.2 Lead-Lag 제어기 설계

11.2.1 Lead-Lag 제어기 설계 순서

Lead-Lag 제어기는 별도의 설계 방법을 사용하여 Lead 제어기와 Lag 제어기를 동시에 설계를 하는 것은 아니다. 이미 설명한 Lead 제어기와 Lag 제어기의 설계 방법을 그대로 이용한다. 단지 그림 11.2에 나타난 것과 같이 단계적으로 설계를 한다. 이 때 Lead 제어기와 Lag 제어기의 설계 및 적용 순서는 바뀔 수 있다.

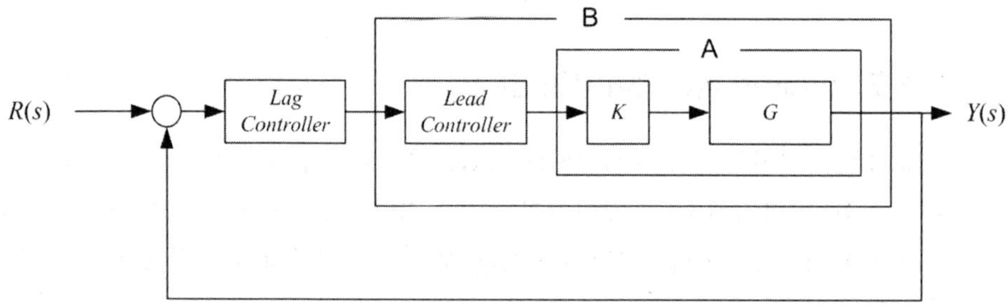

그림 11.2 Lead-Lag 제어기의 설계 순서

즉, 비례 이득 K는 제어 대상 시스템 G에 대하여 대역폭을 확보하기 위해 설정하고, KG를 새로운 제어 대상 A로 생각하고, Lead 제어기를 설계한다. 이 전체를 다시 새로운 제어 대상 B로 생각하고 Lag 제어기를 설계하는 것이다. 물론 Lead 제어기와 Lag 제어기는 필요에 따라 설계 및 적용 순서를 정하게 된다.

Point ‖ **Lead-Lag 제어기는 새로운 설계 방법이 있는 것이 아니고, Lead 제어기와 Lag 제어기 설계 방법을 연속해서 사용하는 것이다.** ‖

11.2.2 Lead 제어기와 Lag 제어기의 한계

다음 두 개의 예는 Lead 제어기와 Lag 제어기만으로 적절한 성능을 만족시킬 수 없는 예이다. 제어 대상 시스템의 전달 함수는 식 11.2와 같다.

$$G(s) = \frac{10}{s^3 + 2s^2 + s} \tag{11.2}$$

이 제어 대상 시스템은 3차 시스템으로 위상 여유가 음수인 시스템이다. 이 시스템에 대하여 Lead 제어기와 Lag 제어기를 설계하였다.

Point **그림 11.3의 Bode 선도를 보고 식 11.1의 전달 함수를 구해보자.**

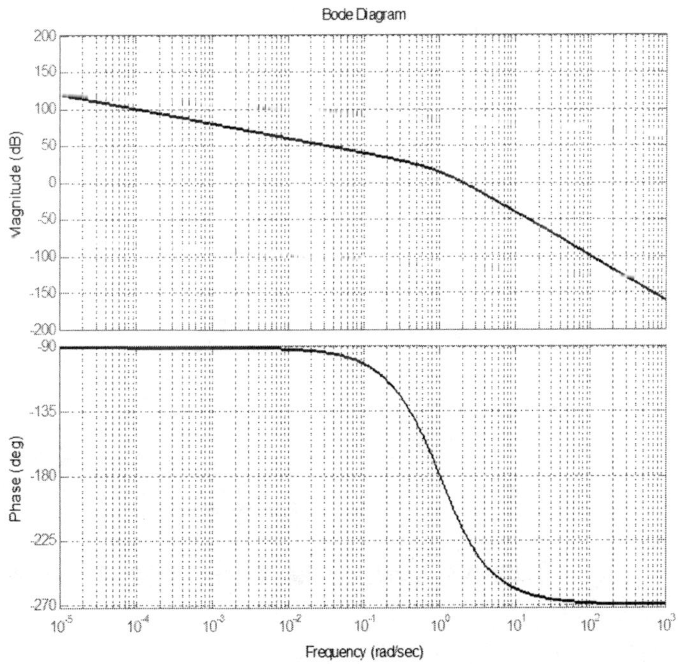

그림 11.3 제어 대상 시스템의 Bode 선도

Lead 제어기 설계 결과?

그림 11.4는 Lead 제어기를 설계하여 적용한 후의 Bode 선도이다. 그림 11.3에 비하여 위상 여유가 개선되었지만, 안정한 응답을 얻기에는 아직도 부족하다. 3.47 rad/sec에서 위상 여유는 7.18도에 불과하다. 예상한 것과 같은 시간 영역의 단위 응답 특성을 그림 11.5에서 볼 수 있다. 상승 시간은 빠르지만 안정 시간이 매우 길게 걸리는 것을 알 수 있다.

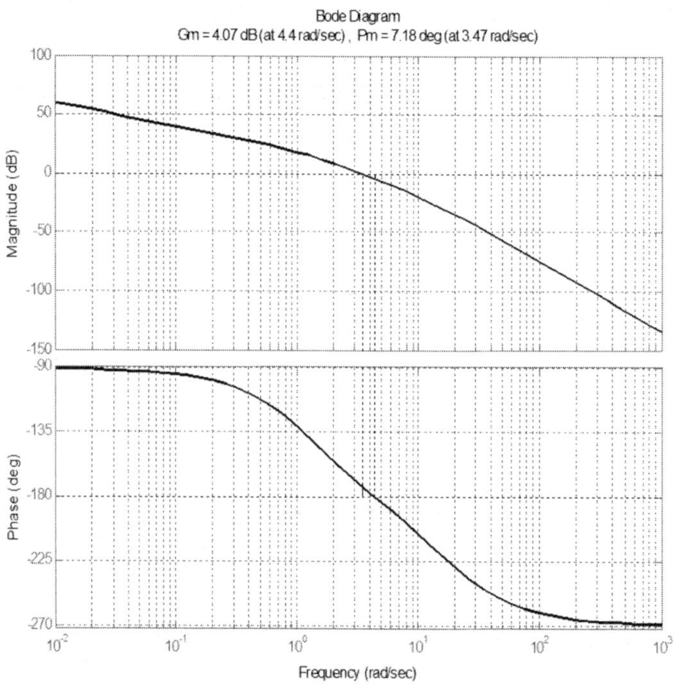

그림 11.4 Lead 제어기를 설계하여 적용한 후 Bode 선도

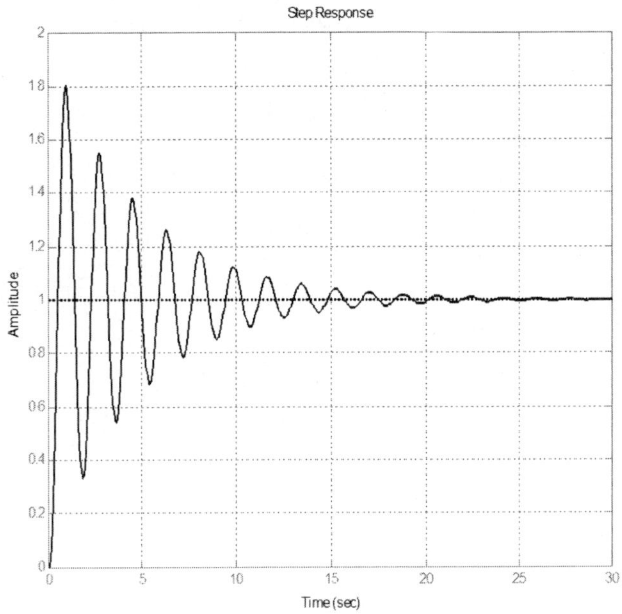

그림 11.5 Lead 제어기를 적용한 경우의 단위 응답 특성

Matlab LeadNotGood을 실행하면 그림 11.3 - 그림 11.5를 얻을 수 있다. 이 때 목표 위상 여유는 65도로 하였다.

Lag 제어기 설계 결과?

그림 11.6은 Lag 제어기를 설계하여 적용한 후의 Bode 선도이다. 그림 11.3에 비하여 위상 여유는 크게 개선이 되었다. 위상 여유는 59.3도이다. 그러나, 위상 통과 주파수는 0.223 rad/sec로 대역폭이 매우 낮아졌음을 예상할 수 있다. 시간 영역에서의 응답은 비교적 안정한 응답이 예상되나 매우 긴 상승 시간을 예측할 수 있다. 그림 11.7은 단위 입력에 다다르는데 약 10초가 소요된 응답 특성을 보여주고 있다.

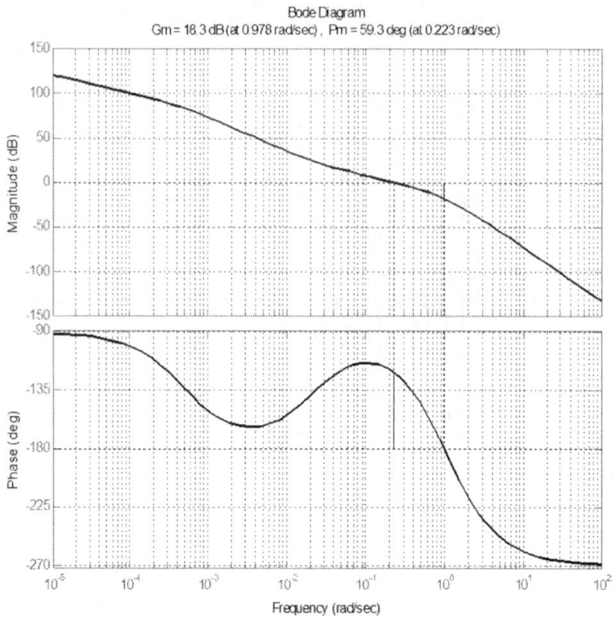

그림 11.6 Lag 제어기를 설계하여 적용한 후 Bode 선도

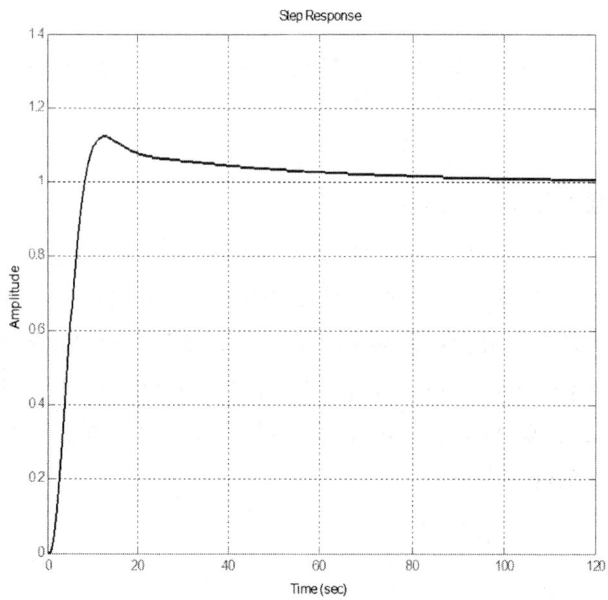

그림 11.7 Lag 제어기를 적용한 경우의 단위 응답 특성

앞의 예에서 본 것과 같이 그림 11.3의 제어 대상 시스템은 Lead 제어기와 Lag 제어기만으로 만족할 만한 성능을 얻을 수 없다는 것을 알 수 있다.

이 때 만족할 만한 성능 또는 주어진 제어 목표를 만족하는 제어기는 꼭 Lead-Lag 제어기가 아닐 수도 있다. 그러나 Lead-Lag 제어기도 충분한 가능성이 있으며, 이미 알고 있는 Lead 제어기와 Lag 제어기의 설계 방법을 그대로 이용할 수 있다는 측면에서 장점이 있다.

Matlab LagNotGood을 실행하면 그림 11.6 - 그림 11.7을 얻을 수 있다. 이 때 목표 위상 여유는 65도로 하였다.

11.2.3 Lead-Lag 설계 예

다음에서 추가 제어기를 설계하여 성능을 개선한 예를 보이고자 한다. 그림 11.2에서 설명한 것과 같이 Lead 제어기를 먼저 설계할 수 있고, Lag 제어기를 먼저 설계할 수도 있다. 이 예에서는 앞의 예에서 설계한 Lead 제어기를 먼저 적용하고, 다시 추가 제어기를 설계한다.

먼저 Lead 제어기를 65도의 위상 여유를 목표로 하여 그림 11.8과 같이 설계하였다. 약 65도의 위상 앞섬 효과가 있음을 확인할 수 있다.

그러나 그림 11.9에 나타난 것처럼 제어 대상 시스템의 위상 여유 확보는 미미한 수준이다. 이와 같은 이유는 제어 대상 시스템이 3차 시스템이기 때문이다. 원점에 극점이 있기 때문에 −90도에서 시작을 하고 −270도까지 위상이 변한다. 더구나 위상 통과 주파수 근처의 위상 변화가 크기 때문에 Lead 제어기가 확보한 약 65도 정도의 위상 보상은 위상 여유 확보에 크게 도움을 주지 못한 것이다.

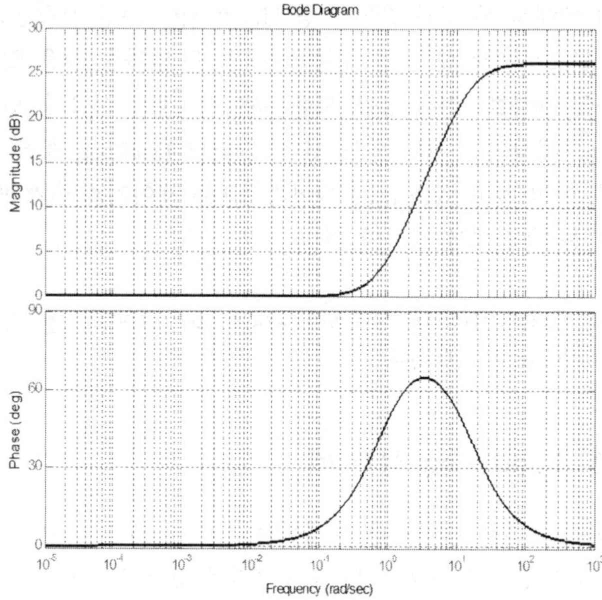

그림 11.8 설계한 Lead 제어기의 Bode 선도

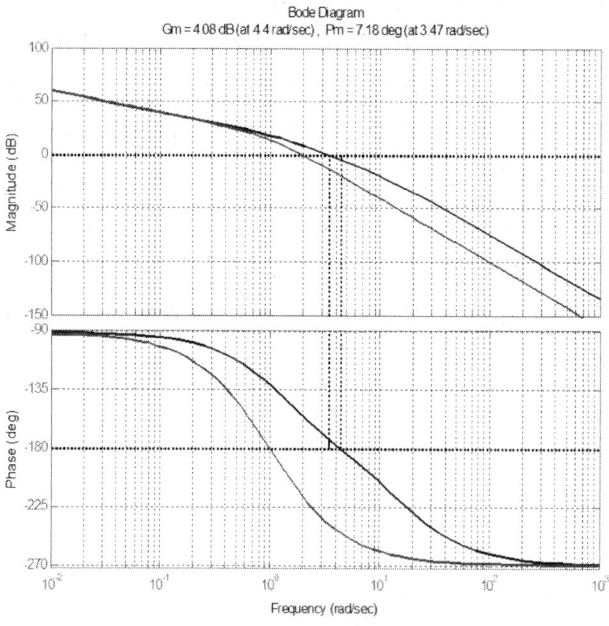

그림 11.9 설계한 Lead 제어기를 적용한 전후의 Bode 선도

이러한 이유로 이미 그림 11.5에서 보인 것과 같은 그림 11.10의 결과를 얻게 된 것이다. 여기서 제어 명령이 1에 다다르는 시간은 약 0.5초이다.

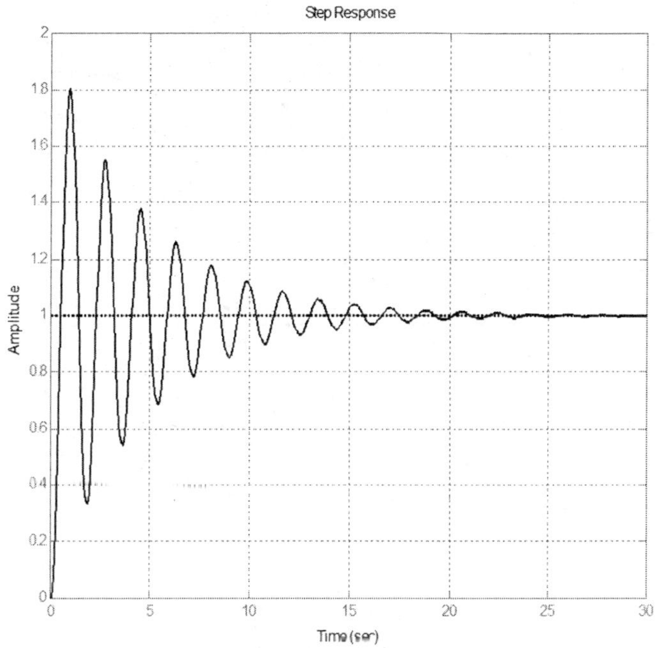

그림 11.10 Lead 제어기를 적용한 경우의 단위 응답 특성

따라서 추가 제어기 설계가 요구된다. 이 때 설계할 제어기의 형태를 결정하여야 한다. 제어기를 (1) 2단계 Lead 제어기 설계 (2) Lag 제어기로 한정하고 설계를 진행해보자.

2단계 Lead 제어기 설계

2단계 Lead 제어기는 보다 큰 위상 여유를 확보하기 위해 설계가 가능하다. 그림 11.8의 Lead 제어기가 포함된 제어 대상 시스템을 새로운 제어 대상 시스템으로 하여 두번째 Lead 제어기를 설계하는 것이다. 그림 11.9에 나타난 것과 같이 현재 보상된 위상 여유가 7.18도인 상태에서 위상 여유의 목표를 65도로 하여 그림 11.11과 같은 두번째 Lead 제어기를 설계하였다.

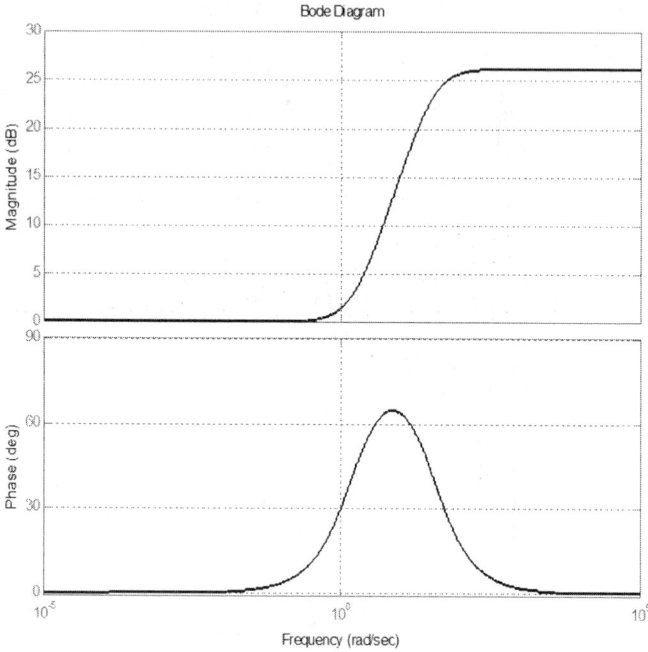

그림 11.11 설계한 두번째 Lead 제어기의 Bode 선도

그림 11.12는 설계한 두번째 Lead 제어기를 적용한 전후의 Bode 선도로 위상 여유는 7.18도에서 49.8도로 증가되었으며, 위상 통과 주파수 역시 3.47 rad/sec에서 7.25 rad/sec로 증가하였다. 따라서 응답이 비교적 안정하면서 빨리질 것을 예상할 수 있다.

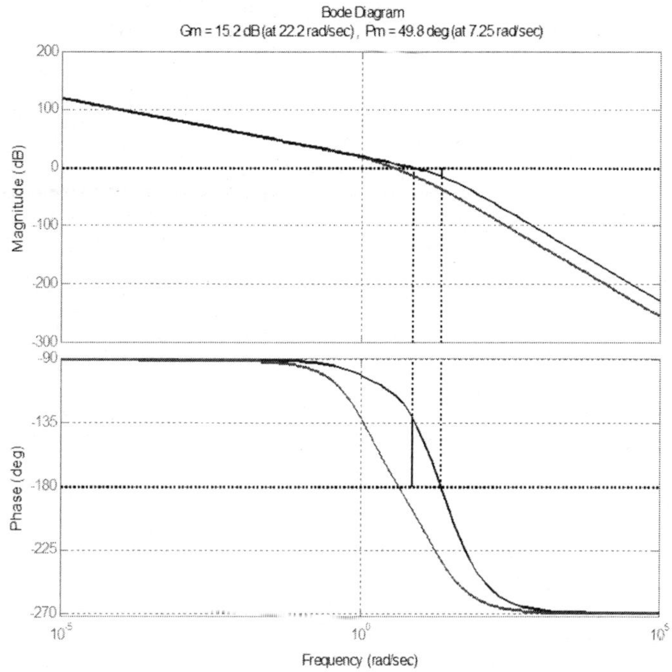

그림 11.12 설계한 두번째 Lead 제어기를 적용한 전후의 Bode 선도

그림 11.13은 2단계 Lead 제어기가 적용된 전체 시스템의 단위 응답 특성을 나타낸다. 예상과 같이 그림 11.10에 비하여 상당히 개선된 결과를 나타낸다. 제어 명령 1에 다다른 시간은 0.25초이고, 최대 오버슈트는 1.2이다.

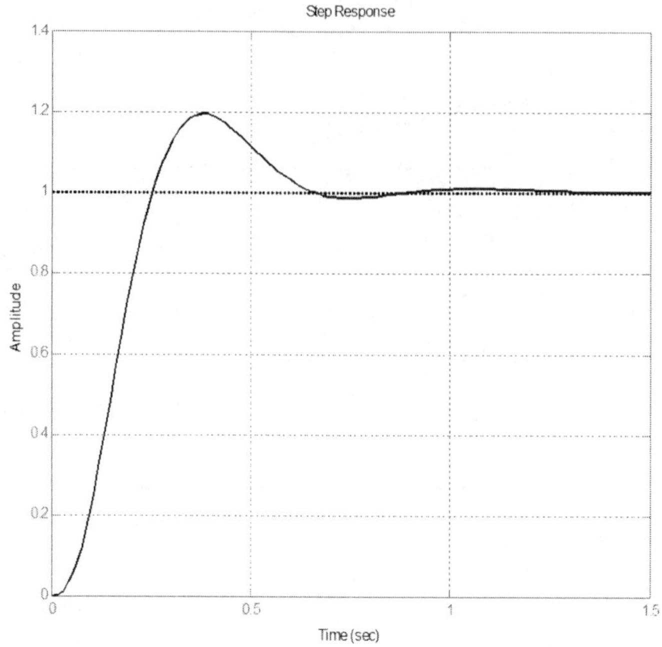

그림 11.13 Lead-Lead 제어기를 적용한 후의 단위 응답 특성

Matlab LeadLead를 실행하면 그림 11.11 - 그림 11.13을 얻을 수 있다. 이 때 목표 위상 여유는 각각 65도로 하였다.

Lead-Lag 제어기 설계

위상 여유를 확보하기 위한 방법으로 Lag 제어기를 추가로 설계할 수 있다. 2단계 Lead 제어기 설계와 마찬가지로 그림 11.8의 Lead 제어기가 포함된 제어 대상 시스템을 새로운 제어 대상 시스템으로 하여 Lag 제어기를 설계한다. 위상 목표는 65도로 하여 설계를 수행하여 그림 11.14의 결과를 얻었다.

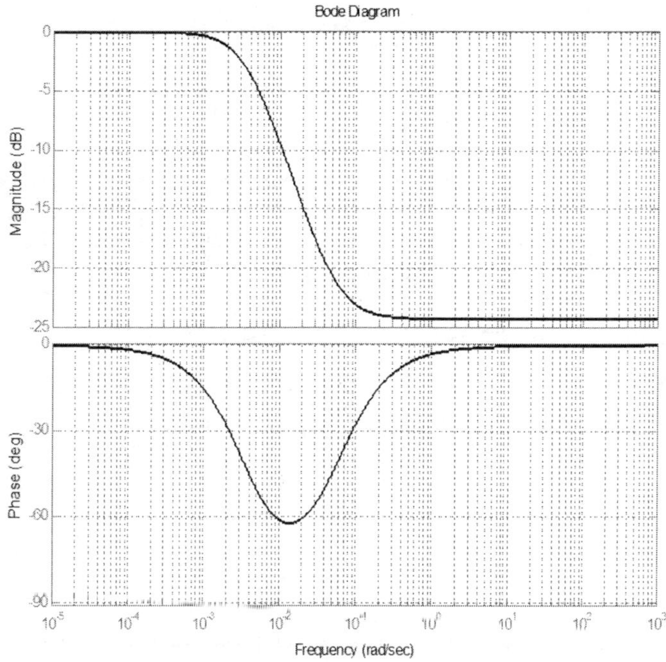

그림 11.14 설계한 Lag 제어기의 Bode 선도

추가 Lag 제어기가 반영된 결과는 그림 11.15에서 보는 것과 같이 위상 여유는 59.6도이며, 위상 통과 주파수는 0.575 rad/sec이다. Lead 제어기를 추가로 설계했을 때의 7.25 rad/sec 보다 매우 낮고 따라서 대역폭이 낮아 질것으로 예측된다. 그러나 위상 여유는 Lead 제어기의 추가 설계 때 보다 약 10도 정도 좋음을 알 수 있다.

예상한 것과 같이 응답은 Lead 제어기 2단계 설계 때의 결과에 비해 최대 오버슈트는 작고 상승 시간은 긴 것을 알 수 있다.

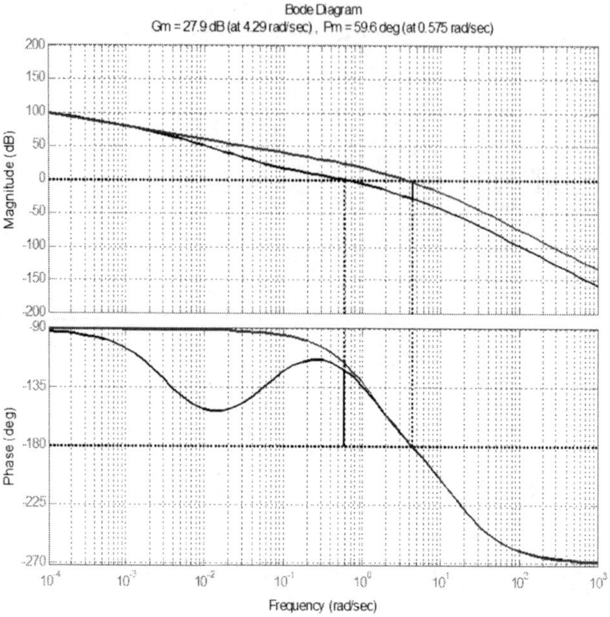

그림 11.15 설계한 Lag 제어기를 적용한 전후의 Bode 선도

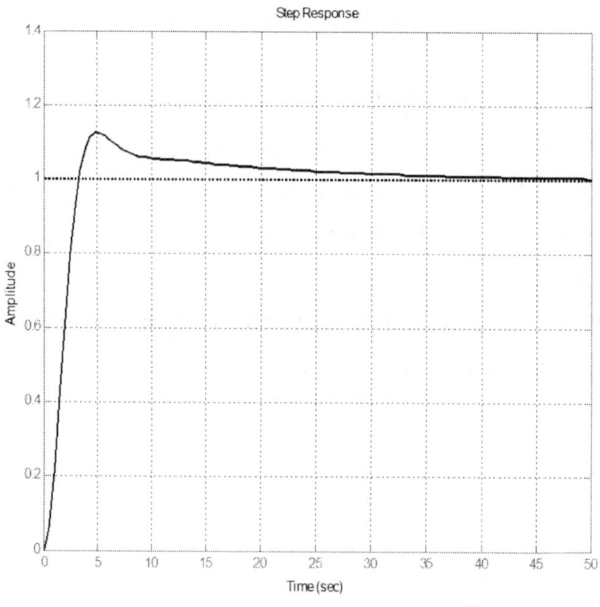

그림 11.16 Lead-Lag 제어기를 적용한 후의 단위 응답 특성

두 개의 설계 예에서 단순한 성능 비교는 큰 의미가 없다. 제어 대상 시스템의 특성에 대한 구체적인 정보가 없고, 필요한 설계 목표가 제시되지 않았다. 또한 제어 입력의 특성 확인 등 제어기가 구현 가능한지를 확인하는 과정을 거치지 않았으며 제어기 구현에 대한 제약 조건 등도 검토하지 않았다. 따라서 특정 결과에 가중치를 둘 수 없고, 보다 섬세한 제어기 설계가 이루어 질 수 없다. 여기서는 단지 두 가지의 설계 방법을 제시한 것이고 필요에 따라, 대상 시스템에 따라 제어기 설계자가 제어기의 형태를 결정하는 것이다.

Point **모의실험 결과만으로 제어기의 설계를 완료할 수 없다. 쉽게 판단할 문제가 아니다.**

Matlab LeadLag를 실행하면 그림 11.14 - 그림 11.16을 얻을 수 있다. 이 때 목표 위상 여유는 각각 65도로 하였다.

11.3 Simulink에시 모의실험

설계된 제어기의 성능을 검증하기 위해 좀 더 세밀한 모의실험이 필요하다. Simulink 환경에서 좀 더 현실적인 모의실험 환경을 구현하려 한다.

먼저 9장에서 설계한 Lead 제어기의 결과를 이용한다.

잠깐만...

Simulink를 이용하는 방법으로 그림 11.17의 각 블록에 제어기의 식과 제어 변수 값을 직접 입력할 수 있다. 그러나 여기서는 제어기 식을 변수로서 입력을 하고, 실제 값은 Workspace에서 받아 사용하도록 하였다. 값을 받아 사용하는 방법은 간단하다. Simulink를 실행하였을 때 Workspace에 값이 있으면 이것을 사용할 것이고 없다면 오류를 발생하게 된다. 주의할 것은 잘못된 값도 그대로 사용할 수 있다는 것이다. 여기서 9장에서 사용한 LeadDesign을 실행하여 제어기를 설계하고 이 값을 그대로 받아 사용하도록 되어있다.

Matlab lead_s_nosat를 입력하면 그림 11.17이 나타난다. 제어기 설계를 위해 LeadDesign을 실행하고 목표 위상 여유를 65도 입력한다. 제어기의 설계가 완료된 후에 다시 lead_s_nosat를 실행하면 그림 11.18과 그림 11.19를 얻을 수 있다.

s 영역에서 Lead 제어기

LeadDesign에서 설계한 제어기를 s 영역에서 그대로 모의실험하는 환경을 구성하였다. 그림 11.17에서 제어 명령은 1이며, 응답과 제어 입력 특성을 관찰하였다. 따라서 응답 특성 결과는 9장의 그림 9.11과 같은 결과를 얻어야 하는 것이다. 추가로 제어 입력이 어떤 모양으로 생성되는지를 관찰할 수 있다.

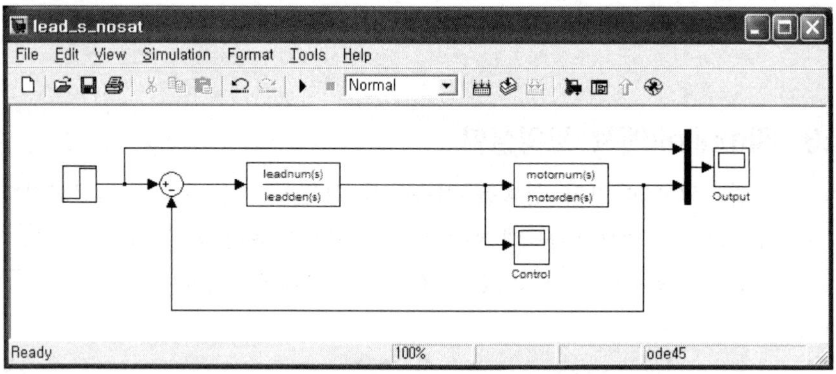

그림 11.17 s 영역에서 구현한 Lead 제어기 모의실험을 위한 Simulink 예제

예상한 것과 같이 그림 11.18은 그림 9.11과 동일한 결과를 얻었다.

잠깐만... 결과 그래프에서 단축 메뉴의 쌍안경 단추(Autoscale)를 선택하면, 자동으로 적절한 범위를 나타내어준다.

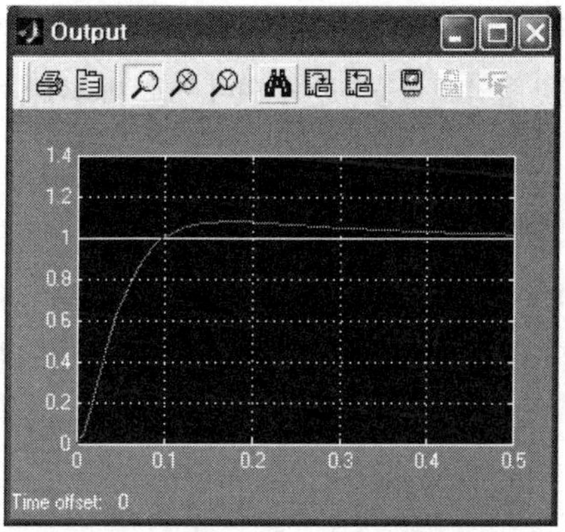

그림 11.18 그림 11.17의 단위 응답 특성

이 때 제어 입력 특성은 그림 11.19와 같이 나타난다. 처음에 오차가 클 때 큰 제어 입력이 발생하고 점차 줄어들다가 음의 제어 입력으로 바뀌었다. 이 순간 그림 11.18을 보면 응답은 계속 증가하여 제어 명령을 넘어서고 그 후에 제어 명령으로 돌아오게 된다.

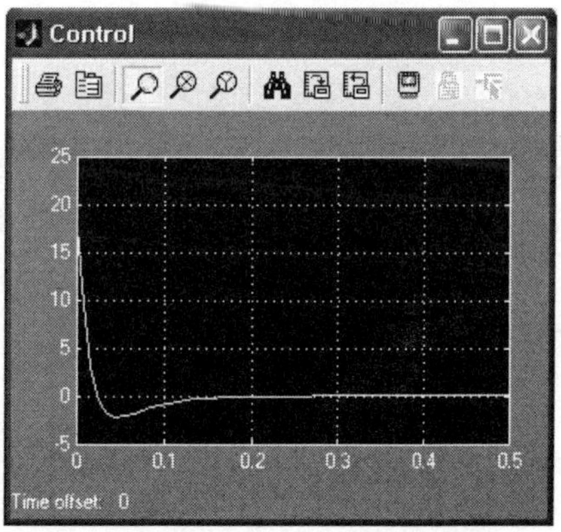

그림 11.19 그림 11.17의 제어 입력 특성

Point ❙ **제어기의 설계에서 제어 응답 특성을 자세히 관찰해야 하는 중요성을 강조하였다. 특히 제어 입력과 응답 특성을 시간에 따라 서로 비교하면서 관찰하는 것이 중요하다.** ❙

s 영역에서 Lead 제어기와 제어 입력 포화

제어기 설계에서 현실적인 제어기를 구성하는 데에 가장 쉬우면서 중요한 것이 제어 입력의 포화를 고려하는 것이다. 이를 위해 그림 11.20과 같이 제어 입력 포화 요소를 삽입하였다. 여기서 제어 입력은 최대 ±10 V로 하였다.

Matlab lead__s__sat를 입력하면 그림 11.20이 나타난다. 이미 LeadDesign을 실행하여 제어기를 설계하였다면 그대로 실행할 수 있다. 그렇지 않다면 그림 11.17에서처럼 LeadDesign을 이용하여 제어기를 설계하고 실행한다. 이로부터 그림 11.21과 그림 11.22를 얻을 수 있다.

잠깐만... Workspace에 저장된 변수 값은 Matlab을 종료하거나, clear 명령을 이용하여 지우지 않으면 그대로 유지된다.

그림 11.20에서 제어 입력을 제어 입력 포화 요소 다음에서 측정함을 기억한다.

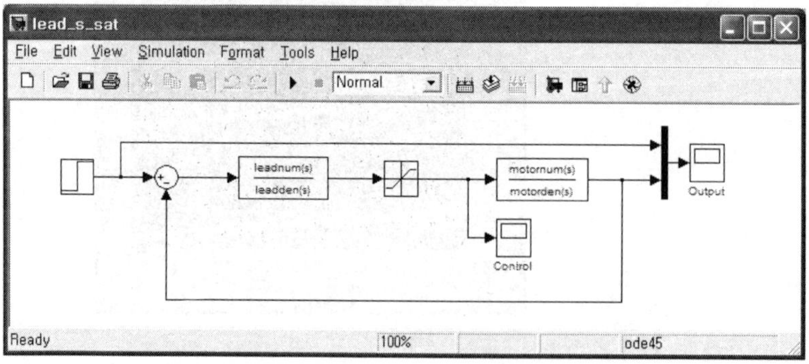

그림 11.20 제어 입력 포화 요소가 포함된 Lead 제어기 모의실험을 위한 Simulink 예제

그림 11.19로부터 제어 입력의 포화에 의해 초기에 제어 입력이 제한될 것으로 예상되며 단위 응답 특성이 달라질 것이다. 그림 11.21은 제어 명령에 다다르는 지점에 응답 특성이 달라짐을 보여준다.

Point **제어 명령에 다다를 때에는 제어 입력의 포화에 해당하지 않는데 왜 이 지점의 응답 특성이 바뀌는 걸까? 생각해보자.**

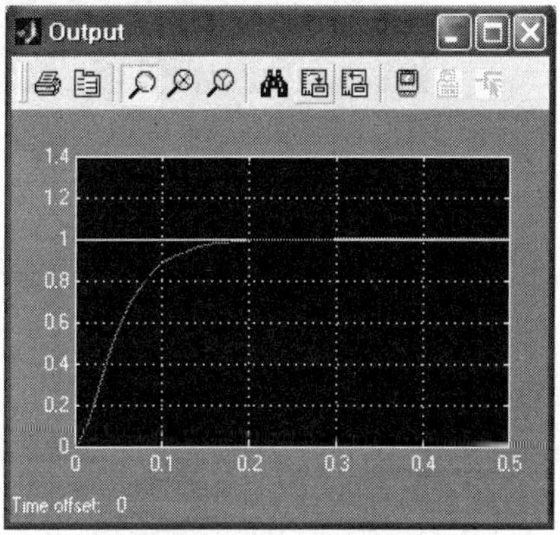

그림 11.21 그림 11.20의 응답 특성

Lead 제어기는 제어 입력의 포화에 대한 고려 없이 설계된다. 따라서 초기에 제한된 제어 입력을 사용할 수밖에 없기 때문에 제어 명령 근처에서 보다 쉽게 오버슈트가 발생하지 않도록 할 수 있는 것이다. 제어 명령은 예상과 같이 최대 10 V로 제한됨을 그림 11.22에서 확인할 수 있다.

따라서 제어 입력 포화 요소가 있는 경우 제어 명령의 크기에 따라 응답 특성이 다르게 나타날 수 있으며, 이는 제어 입력의 포화가 발생할 수 있기 때문이다.

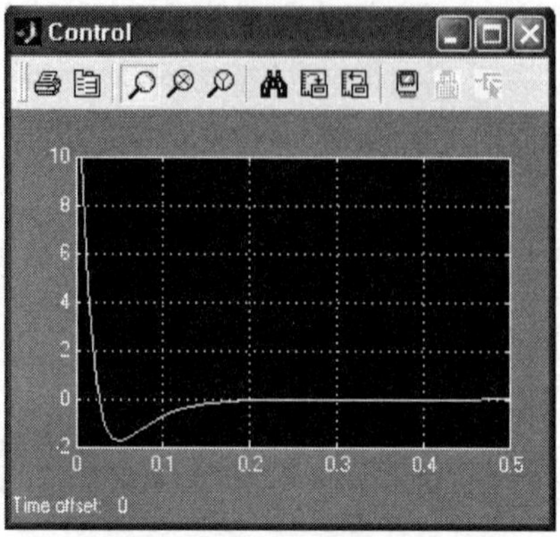

그림 11.22 그림 11.20의 제어 입력 특성

Point **제어 입력의 포화는 구동기에 최대 출력의 한계가 있다는 의미로도 해석이 가능하다.**

z 영역에서 Lead 제어기와 샘플링 시간

현실적인 제어기로 한 발자국 더 나아가려면, 제어기를 이산 시간 영역 즉, z 영역에서 구현하여야 한다. 이 때 샘플링 시간의 영향이 나타나기 시작한다. 이산 시간 영역에서 구현하기 위해서 설계한 제어기의 표현을 바꿔야 한다. 계산에 의하여 z 함수로 표현할 수 있으며, 이 계산을 Matlab 함수에 의해서도 할 수 있다. 그림 11.23은 Matlab 함수에 의하여 자동으로 계산되어 입력되도록 구성한 예이다. 즉 제어기의 식이 s의 함수로 주어지면 자동으로 z 함수로 변환하여 입력하게 된다.

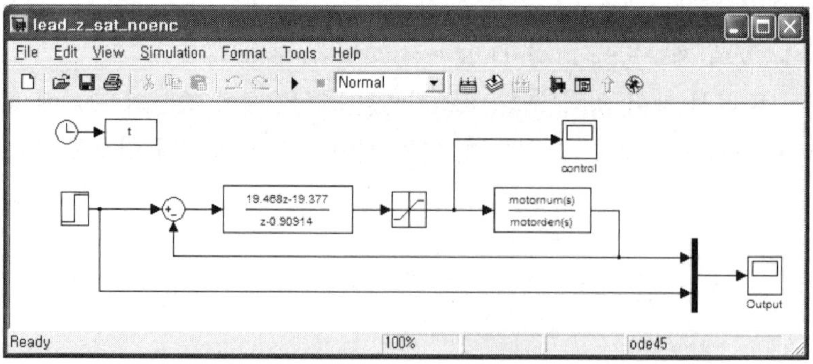

그림 11.23 z 영역에서 구현한 Lead 제어기 모의실험을 위한 Simulink 예제

Matlab lead_z_sat_noenc를 입력하면 그림 11.23이 나타난다. 이미 LeadDesign을 실행하여 제어기를 설계하였다면 그대로 실행할 수 있다. 그렇지 않다면 그림 11.17에서처럼 LeadDesign을 이용하여 제어기를 설계하고 실행한다. 이 때 제어기를 더블 클릭하여 샘플링 시간을 입력할 수 있다. 여기서는 0.01을 입력하고 실행하면 그림 11.24와 그림 11.25를 얻을 수 있다.

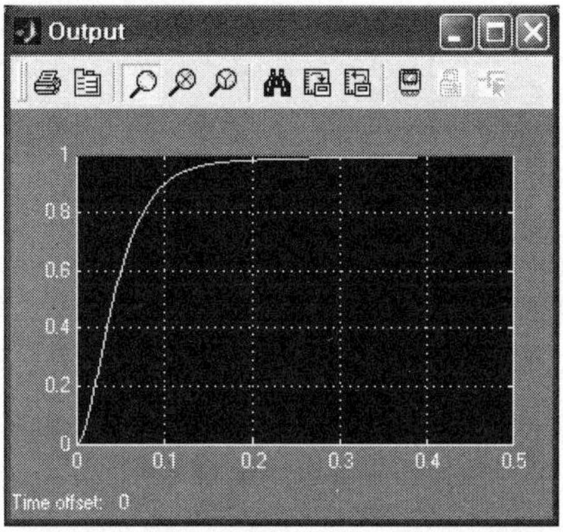

그림 11.24 그림 11.23의 응답 특성

그림 11.24의 응답 특성은 샘플링 시간을 0.01초(10 msec)로 하였을 경우의 결과이다. 단위 응답 특성은 그림 11.21에 비하여 약간 느려졌음을 알 수 있다. 그림 11.25에서 샘플링 시간의 특성을 분명히 관찰할 수 있다. 10 msec 마다 제어 입력이 발생하고 그 사이는 같은 값이 유지됨을 볼 수 있다.

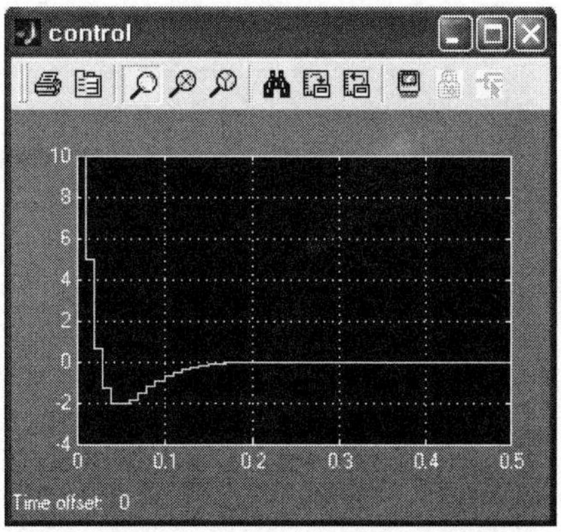

그림 11.25 그림 11.23의 제어 입력 특성

잠깐만... 만약 샘플링 시간을 0.001초로 한다면 그림 11.21과 그림 11.22와 거의 동일한 결과를 얻을 것이다. 즉 충분히 빠른 샘플링 시간이 되는 경우이다. 이보다 더 빠른 샘플링 시간을 적용하여도 응답은 거의 달라지지 않는다.

Point **샘플링 시간이 길어지면 주파수 영역에서는 위상 값이 떨어지게 되고 따라서 위상 여유를 잃는다.**

z 영역에서 Lead 제어기와 엔코더 모델

현실적인 모의실험을 위한 방법으로 센서의 특성을 반영하는 것이다. 그림 11.26은 모터 제어에서 주로 사용하는 엔코더의 특성을 반영하였다. 여기서는 360도 회전에 4000펄스가 출력되는 엔코더라고 가정하였다. 따라서 1 펄스당 0.09도를 나타낸다. 따라서 0.09도의 배수나 주어지지 않는 제어 명령은 정확하게 추종할 수 없다.

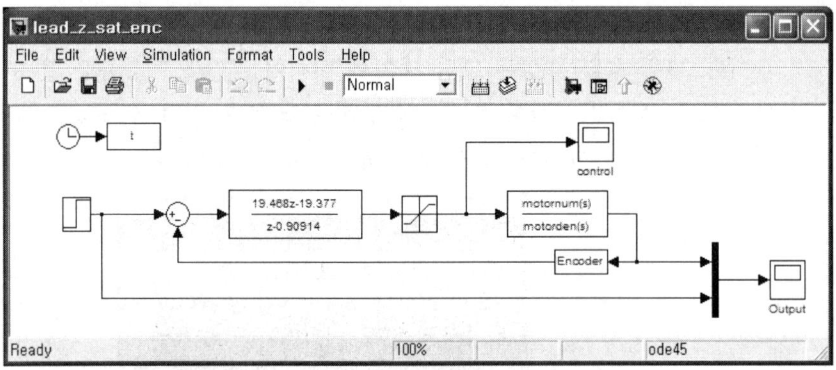

그림 11.26 엔코더 모델을 포함한 Lead 제어기 모의실험을 위한 Simulink 예제

그림 11.27은 그림 11.24에 비해 조금 빠른 응답 특성을 보인다. 여기서 중요한 것은 응답이 조금 빨라졌다는 사실이 아니고, 제어 명령이 1도가 0.09도의 배수가 아니라는 것이다. 따라서 0.99도와 1.08도의 두 값 중에 하나 또는 이 두 값에서

계속 변동할 것이다.

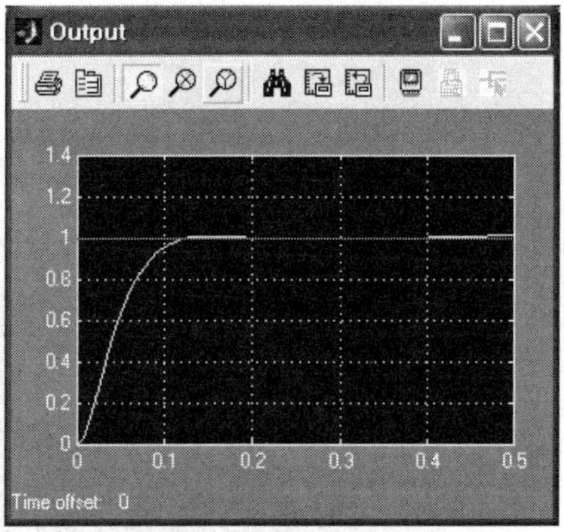

그림 11.27 그림 11.26의 응답 특성

단위 응답 특성에는 약간의 변화가 생긴 반면 그림 11.28의 제어 입력 특성에는 많은 변화가 생겼다.

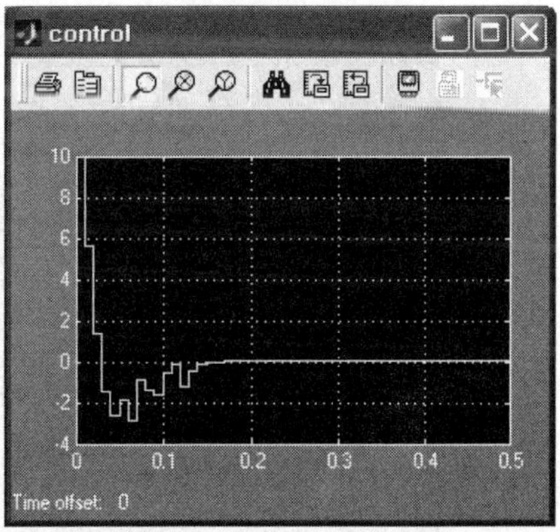

그림 11.28 그림 11.26의 제어 입력 특성

여기서 샘플링 시간을 0.1초로 변경해보자. 그림 11.29와 그림 11.30에서처럼 시스템이 불안정해짐을 알 수 있다. 즉 Lead 제어기 설계 결과가 유효하지 않다

는 것을 의미한다. 따라서 앞에서 설계한 제어기는 대략 0.01초 정도의 샘플링 시간으로 구현하여야 s 영역에서의 설계가 유효함을 알 수 있다. 물론 샘플링 시간이 0.01초인 경우 s 영역의 결과와 z 영역의 결과가 거의 같음을 알 수 있다.

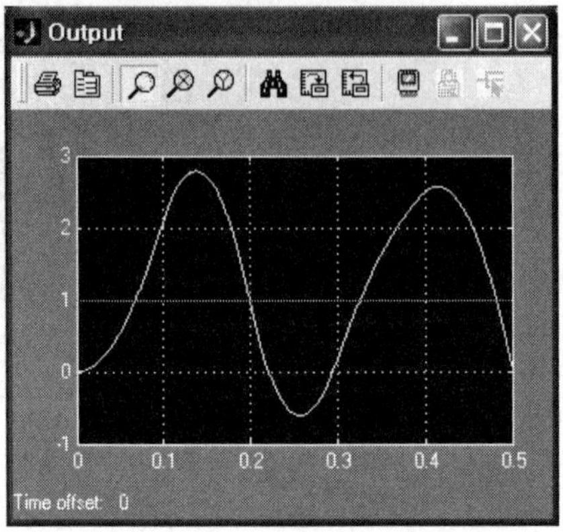

그림 11.29 0.1초 샘플링 시간의 응답 특성

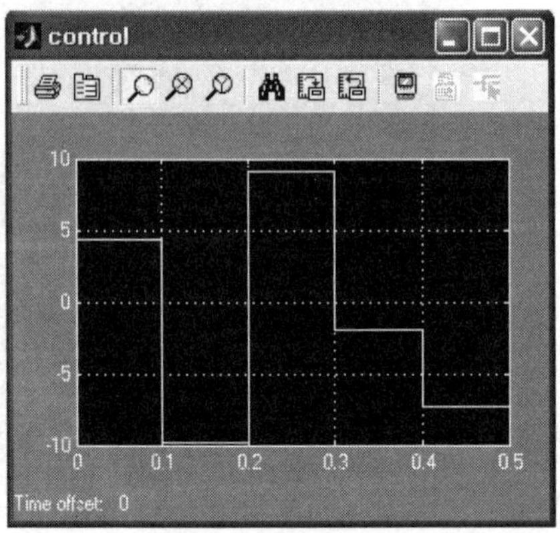

그림 11.30 0.1초 샘플링 시간의 제어 입력 특성

Matlab lead_z_sat_enc를 입력하면 그림 11.26이 나타난다. 이미 LeadDesign을 실행하여 제어기를 설계하였다면 그대로 실행할 수 있다. 그렇지 않다면 그림 11.17에서

처럼 LeadDesign을 이용하여 제어기를 설계하고 실행한다. 이 때 제어기를 더블 클릭하여 샘플링 시간을 입력할 수 있다. 여기서는 0.01을 입력하고 실행할 경우 그림 11.27과 그림 11.28을, 0.1을 입력한 경우에는 그림 11.29와 그림 11.30을 얻을 수 있다.

생각해봅시다. >>>

① Lead-Lag 제어기가 2단 제어기라면 3단 또는 4단 제어기도 생각해보자.
② 다단 제어기와 루프 형상의 관계에 대하여 생각해보자.
③ 2단 Lead 제어기와 Lead-Lag 제어기의 차이점이 무엇인지 생각해보자.
④ 현실적인 모의실험을 위해 반영해야 할 것이 무엇인지 생각해보자.

Chapter 12 ... 주파수 영역에서 PD 제어기 설계

| 학습 목표 |

- PD 제어기의 특징을 이해한다.
- PD 제어기의 설계 원리를 이해한다.
- PD 제어기를 설계한다.
- 근사 미분기를 이해한다.
- Lead 제어기와 차이점을 이해한다.

12.1 PD 제어기 분석

시간 영역에서 PD 제어기를 설계하였고, 9장에서 PD 제어기와 유사한 Lead 제어기를 설계하였다. 주파수 영역에서 PD 제어기 설계는 Lead 제어기와는 달리 설계자가 2(또는 3)개의 제어 변수를 직접 설계하여 제어 목표를 만족시켜야 한다. 설계자가 보다 정밀한 설계를 할 수 있지만 그만큼 많은 노력이 필요하다.

12.1.1 PD 제어기의 특징

시간 영역에서 PD 제어기 설계는 상승 시간, 최대 오버슈트, 안정 시간을 만족시키기 위한 k_p와 k_d를 결정하는 문제였다. 주파수 영역에서 PD 제어기 설계는 영점의 배치에 관한 문제라고 생각할 수 있다. 물론 이 영점의 값은 k_p와 k_d에 의하여 결정이 된다. 그리고 영점을 어디에 배치하는 가에 대한 것은 이미 Lead 제어기 설계에서 다루었다. 즉, 이득 여유와 위상 여유를 확보하기 위해 제어 대상의 Bode 선도를 바꾸는데 적절한 위치를 선정하는 것이다.

그림 12.1은 일반적인 PD 제어기 형태를 나타낸다. 크기 그래프의 경우 낮은 주파수 대역에서는 0 dB 이득을 갖고 10 rad/sec 이후부터 1 decade마다 20 dB씩 증가한다. 10 rad/sec에서 위상은 45도 앞섬을 갖는다. 이 주파수를 중심으로 0도부터 90도까지 변하게 된다. 전형적인 영점이 추가된 그래프의 특징이라고 할 수 있다. 설계 문제는 영점을 배치하는 주파수와 영점이 배치되는 주파수보다 낮은 영역에서 크기 그래프 이득을 결정하는 것이다.

Point ‖ **PD 제어기 설계는 어디에 영점을 놓을 것인가 하는 것이다.** ‖

Point ‖ **영점을 추가한 후 Bode 선도가 바뀌는 형태가 설계 결과이다.** ‖

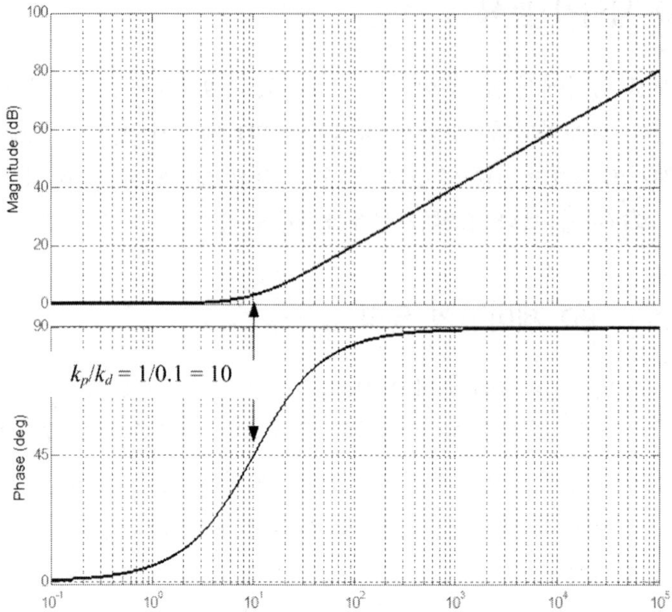

그림 12.1 PD 제어기의 형태

12.1.2 PD 제어기의 표현

순수미분기를 사용한 PD 제어기 형태

PD 제어기의 형태는

$$C_{PD}(s) = k_p + k_d s \tag{12.1}$$

이다. 이를 다시 쓰면 $C_{PD}(s) = k_p((k_d/k_p)s+1)$이며, 이것은 두 개의 항, 즉 $C_{PD}^1(s) = k_p$항과 $C_{PD}^2(s) = ((k_d/k_p)s+1)$의 연결로 생각할 수 있다. 여기서, $C_{PD}^1(s)$는 비례 제어기이고, $C_{PD}^2(s)$는 영점을 삽입한 것으로 볼 수 있다.

근사 미분기를 사용한 PD 제어기 형태

식 12.1에 표현된 PD 제어기는 이론적으로만 존재하는 제어기이다. 실제 이 식을 정확하게 구현할 수 없다. 미분기를 구현할 수 없기 때문이다. 시간 영역에서 미분기를 구현할 때 흔히 오차를 샘플링 시간으로 나누어 구하는 것은 엄밀한 의미의 미분 값이 아니다.

잠깐만...

미분은 양과 음의 극한 값이 존재하는 곳에서만 가능하지만 시간을 기준으로 할 때 미래의 값에서 극한 값을 구할 수 없기 때문에 미분 불가능하다.

잠깐만...

일반적으로 전달 함수에서 분자의 최고차 항이 분모의 최고차 항보다 크면 구현이 불가능하다. 분자와 분모 최고차 항의 차를 상태 차수라고 하며, 분모의 최고차 항이 큰 경우 이 전달 함수(시스템)가 strictly proper하다고 하며 같은 경우 proper라고 하고 작은 경우에는 proper하지 않다고 한다.

따라서 근사 미분기를 사용하여야 한다. 일반적으로 사용하는 방법은 다음과 같이 저주파수 통과 필터를 함께 사용하는 것이다.

$$C_{PD}(s) = k_p + k_d\, s \cdot \frac{N}{s+N} \tag{12.2}$$

저주파수 통과 필터라고 하여 실제로 낮은 주파수만을 통과하는 필터를 추가하는 의미는 아니다. 충분히 높은 주파수의 절점 주파수를 갖는 저주파수 통과 필터를 추가하면 시스템에 주로 영향을 주는 낮은 주파수에서는 순수한 미분기의 역할을 하고 높은 주파수에서 미분기의 성질을 잃어버리게 된다. 이 필터의 절점 주파수를 결정하는 것은 N이다.

이와 같은 필터의 추가는 실제 높은 주파수 대역의 잡음을 줄이는 데에도 도움을 준다.

Point ▌ **일반적인 PD 제어기에는 근사 미분기를 사용한다.** ▌

12.2 PD 제어기 설계 방법

12.2.1 순수 미분기 적용

먼저 비례 제어 이득을 결정한다. 따라서 영점의 위치 $-(k_p/k_d)$에서 k_p는 결정이 된다. 이 때 원하는 위치에 극점을 배치하기 위한 k_d를 선정한다. 영점은 k_p와 k_d의 비율로 결정되기 때문에 같은 k_d 값도 k_p에 따라 다른 영점이 될 수도 있다. 영점을 배치하는 곳은 위상 여유를 확보할 수 있도록 선정하며, 이 때 크기 그래프가 증가하게 되므로 확보한 위상 여유는 다시 조금 감소하게 된다. 그림 12.2는 영점에 따른 PD 제어기의 예를 보여준다.

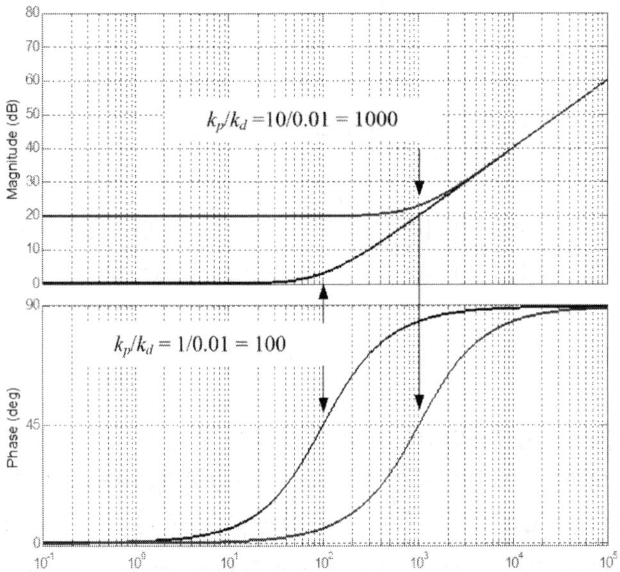

그림 12.2 순수 미분기를 쓴 PD 제어기 예

12.2.2 근사 미분기 적용

그림 12.3은 근사 미분기를 사용한 경우 PD 제어기 예를 나타낸 것이다. 이 때

N은 1000을 사용하였다. 따라서 1000 rad/sec에 극점이 삽입된 것을 알 수 있다. N은 제어 대상 시스템이나 제어기 설계 목표에 따라 사용하는 값이 다르기 때문에 충분히 큰 값이란 표현으로 사용된다. 보통 1000 이상을 사용한다.

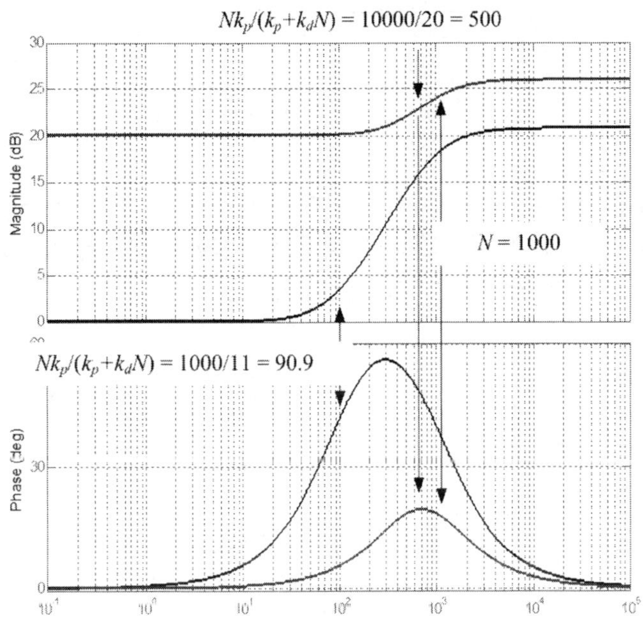

그림 12.3 근사 미분기를 쓴 PD 제어기 예

Matlab pd0을 실행하면 그림 12.1-그림 12.3을 얻을 수 있다.

12.3 PD 제어기 설계

12.3.1 PD 제어기 설계 예(순수 미분기 적용)

그림 12.4에서 주어진 시스템에 대하여 PD 제어기를 설계해보자. 먼저 주어진 시스템을 관찰하면 낮은 주파수 영역에서 크기 그래프가 1 decade마다 10 dB씩

떨어지고 위상이 –90도에 있는 것으로 보아 원점에 한 개의 극점이 있는 것으로 추측할 수 있고, 약 2 rad/sec에서 위상이 –135도(45도의 변화)이고 전체 위상이 –180도까지 변화는 것으로 보아 또 하나의 극점이 추가된 것으로 생각할 수 있다. 분자 값은 그래프에 특정 값을 삽입하여 계산으로 구할 수 있다. 따라서 다음의 전달 함수를 얻을 수 있다.

$$G(s) = \frac{100}{s^2 + 2s} \tag{12.3}$$

이 시스템의 이득 여유는 무한대이지만, 위상 여유는 약 9.9 rad/sec에서 11.4도임을 알 수 있다. 이 시스템에 대하여 적절한 대역폭을 확보하고 위상 여유를 확보할 수 있는 PD 제어기를 설계하자.

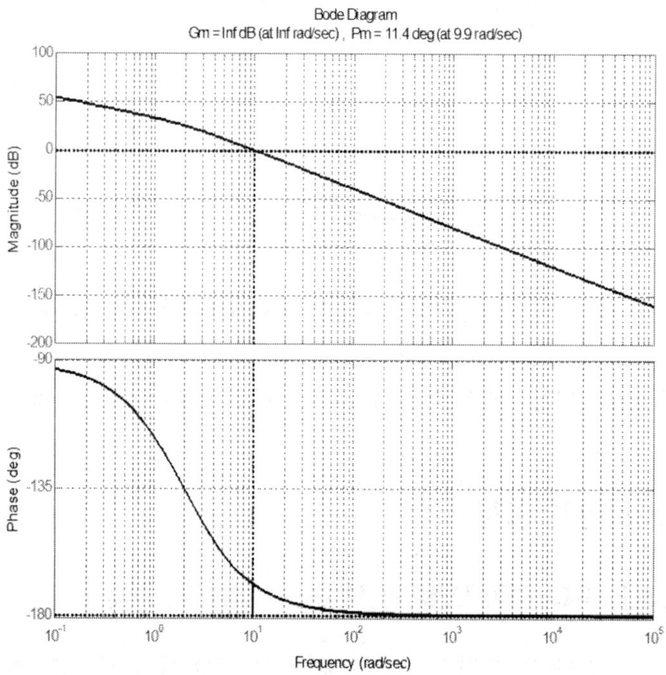

그림 12.4 제어 대상 시스템의 Bode 선도

이 시스템에 목표 위상 여유를 70도로 하여 PD 제어기를 설계하였다. 이 때 k_p는 1이고, k_d는 0.15로 선택하였다. 설계한 PD 제어기는 그림 12.5와 같다.

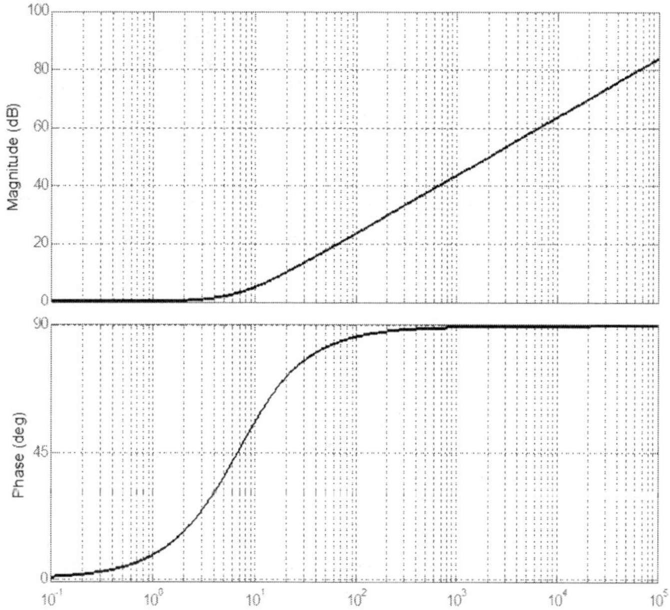

그림 12.5 설계한 PD 제어기의 Bode 선도

그림 12.6에서 설계한 PD 제어기의 Bode 선도를 제어 대상 시스템의 Bode 선도와 함께 그려 비교하였다. 여기서 ①은 제어 대상 시스템의 그래프이며, ②는 설계한 PD 제어기의 그래프이다. 설계한 PD 제어기가 순수 미분기를 사용한다는 가정아래 설계되었기 때문에 높은 주파수 영역까지 계속 이득이 증가하고 위상도 90도를 계속 유지함을 알 수 있다.

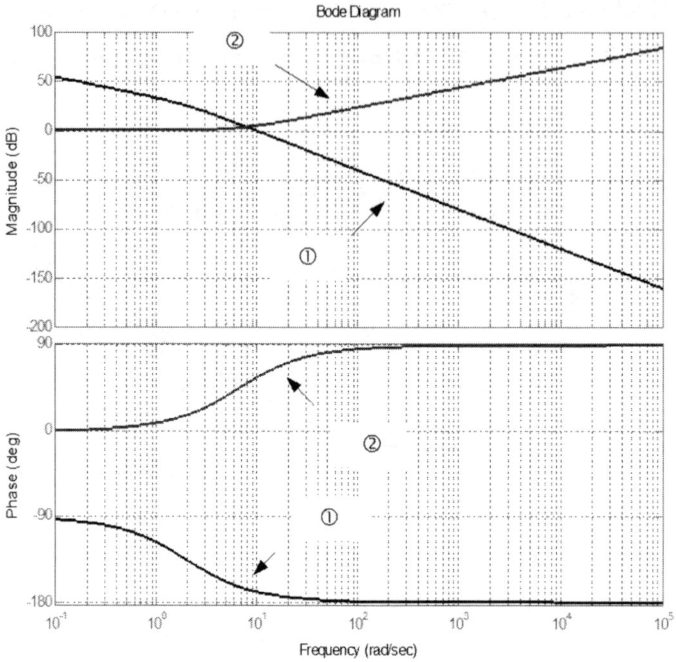

그림 12.6 PD 제어기와 설계 대상 시스템의 Bode 선도 비교

PD 제어기를 적용한 전후의 Bode 선도를 그림 12.7을 통하여 확인할 수 있다. 영점이 배치된 주파수 보다 낮은 주파수 대역에서 크기 그래프는 변하지 않고 높은 주파수 대역에서 크기 그래프가 증가하여 위상 통과 주파수가 약간 이동하는 것을 볼 수 있다. 또한 위상 여유는 16.1 rad/sec에서 74.6도로 개선되었음을 확인할 수 있다.

PD 제어기가 추가된 후의 크기 그래프에서 높은 주파수 영역의 그래프는 0 dB 아래에 있기 때문에 전혀 문제될 것이 없을 것으로 생각할 수 있다. 그러나 궁극적인 문제는 실제 제어 대상 시스템의 Bode 선도에서 높은 주파수 영역이 그림 12.4와 같이 깨끗하지 않다는 데에 있다. 만약 공진 등을 포함하고 있다면 PD 제어기가 주는 크기 그래프의 증가에 따라 0 dB 이상으로 커질 수 있고 결국 큰 문제를 발생할 수도 있다.

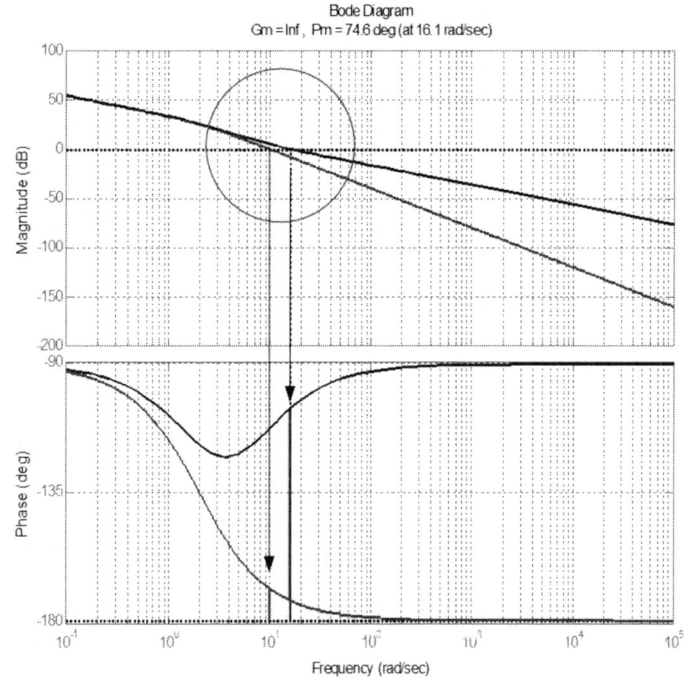

그림 12.7 PD 제어기의 보상된 위상 여유

PD 제어기가 포함된 시스템을 피드백하여 폐루프의 시스템을 구현하고 Bode 선도를 그리면 그림 12.8을 얻을 수 있다. 이 때의 대역폭은 약 19.89 rad/sec임을 알 수 있다.

Point ‖ **PD 제어기 설계도 결국은 이득 여유와 위상 여유를 확보하는 것이다.** ‖

그림 12.9는 설계된 시스템의 단위 응답 특성을 나타낸다. 매우 빠르고 안정된 응답을 얻을 수 있음을 알 수 있다.

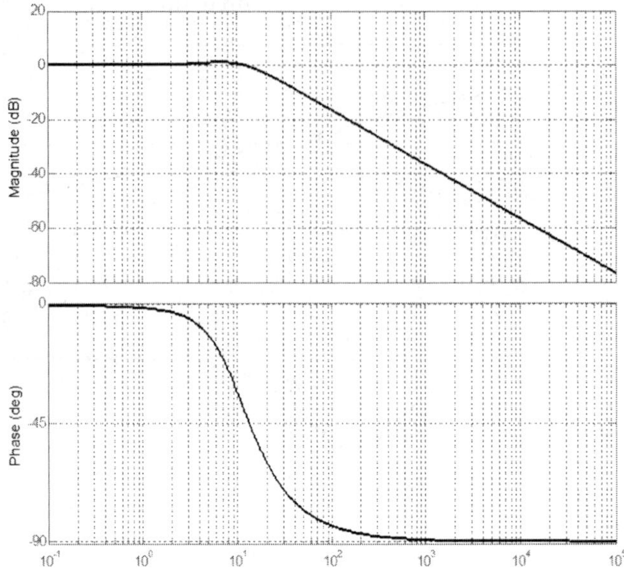

그림 12.8 PD 제어기가 포함된 전체 시스템의 Bode 선도

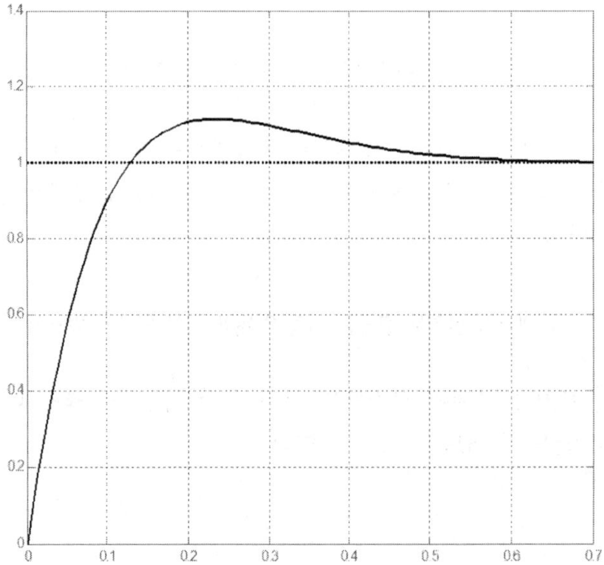

그림 12.9 PD 제어기가 포함된 전체 시스템의 단위 응답 특성

잠깐만... 이 설계 결과는 하나의 예로서 특별한 설계 조건이 주어지지 않았기 때문에 엄밀한 의미에서 설계가 잘 되었는지 판단하기가 어렵다. 일반적인 관점에서 과도 응답 특성과 정상 상태 특성으로 보아 적절하다고 판단한 것이다.

Matlab pd1을 실행하면 그림 12.4 - 그림 12.9를 얻을 수 있다.

12.3.2 PD 제어기 설계 예(근사 미분기 적용)

이미 언급한 바와 같이 12.3.1절의 결과는 구현이 불가능하다. 따라서 근사 미분기를 사용하여 다시 설계를 하고자 한다.

앞의 설계 예에서와 같이 목표 위상 여유를 70도로 하여 PD 제어기를 설계하였고, 각 이득도 같은 값 k_p는 1이고, k_d는 0.15를 사용하였다. 근사 미분기의 N은 2000으로 선택하였다. 그림 12.10은 약 6.6 rad/sec에 영점과 2000 rad/sec에 극점이 배치된 PD 제어기의 Bode 선도이다.

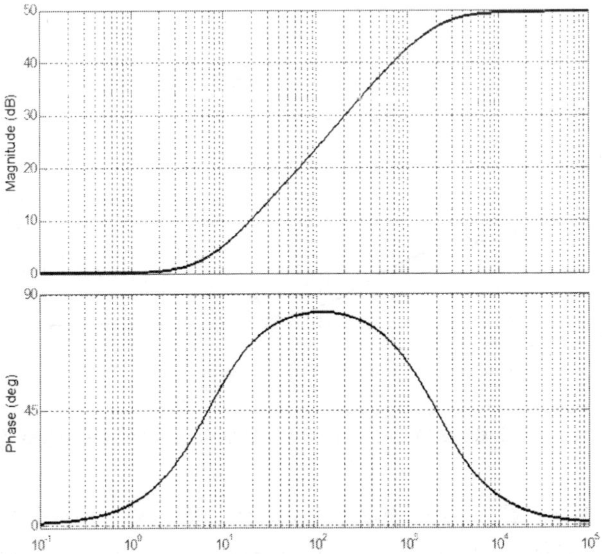

그림 12.10 설계한 PD 제어기의 Bode 선도

그림 12.10에서 설계한 PD 제어기의 Bode 선도를 제어 대상 시스템의 Bode 선도와 함께 그려 비교하였다. 설계한 PD 제어기가 근사 미분기를 사용하였기 때문에 높은 주파수 영역까지 계속 이득이 증가하지 않고 위상도 다시 0도로 돌아옴을 알 수 있다. 높은 주파수 영역에서 이득이 약 50 dB 정도 증가하지만 순수 미분기를 사용하여 이득이 계속 증가하는 것보다 바람직하다.

그림 12.11은 설계한 PD 제어기가 어떻게 작용하는지 보여주고 있다. 여기서 ①은 제어 대상 시스템의 그래프를, ②는 근사 미분기를 사용한 PD 제어기의 그래프를 나타낸다.

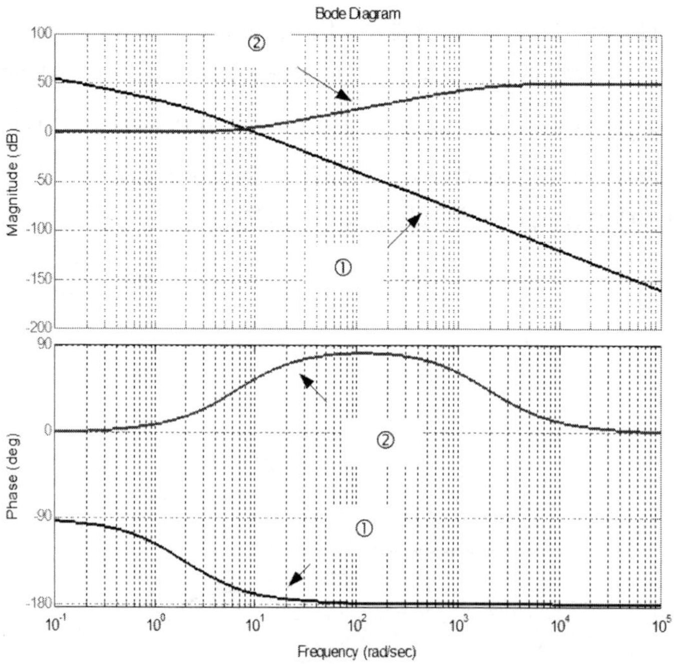

그림 12.11 PD 제어기와 설계 대상 시스템의 Bode 선도 비교

PD 제어기를 적용한 전후의 Bode 선도를 그림 12.12를 통하여 확인할 수 있다. 예상한 것과 같이 크기 그래프는 일정한 크기만큼만 증가되고 위상 여유도 순수

미분기를 사용할 때와 거의 같은 16.2 rad/sec에서 약 74.2도를 가짐을 알 수 있다. 따라서 근사 미분기에서 절점 주파수가 2000 rad/sec로 충분히 크게 설정되었기 때문에 그 이하의 주파수 영역에서 큰 변화가 일어나지 않음을 확인하였다.

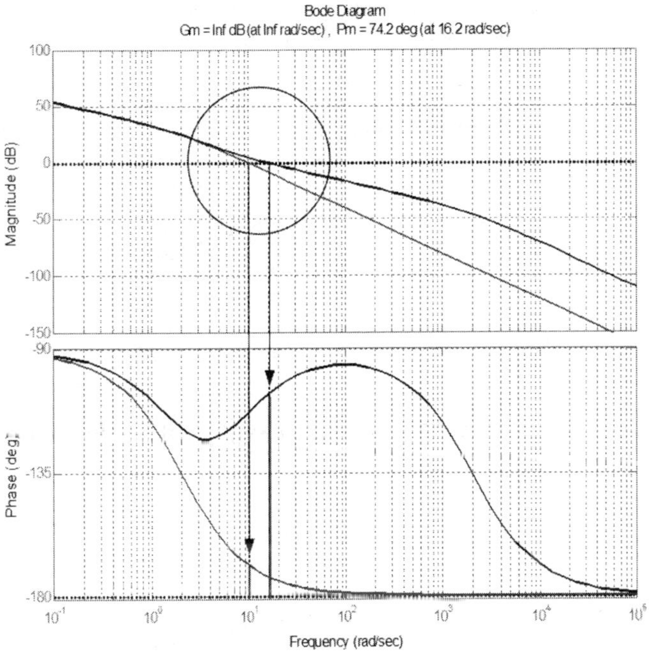

그림 12.12 PD 제어기의 보상된 위상 여유

PD 제어기가 포함된 시스템을 피드백하여 페루프 시스템을 구현하고 Bode 선도를 그리면 그림 12.13을 얻을 수 있다. 이 때 대역폭은 약 20.09 rad/sec이므로 그림 12.8의 결과와 거의 같음을 알 수 있다.

그림 12.14는 설계된 시스템의 단위 응답 특성을 나타낸다. 역시 그림 12.9와 거의 같은 결과를 보이고 있다.

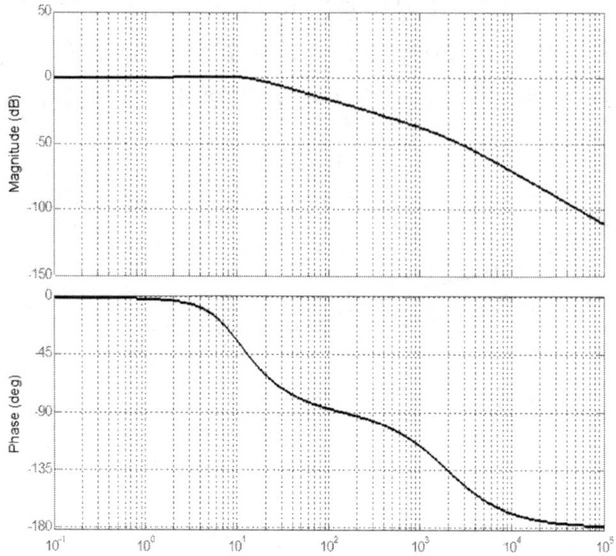

그림 12.13 PD 제어기가 포함된 전체 시스템의 Bode 선도

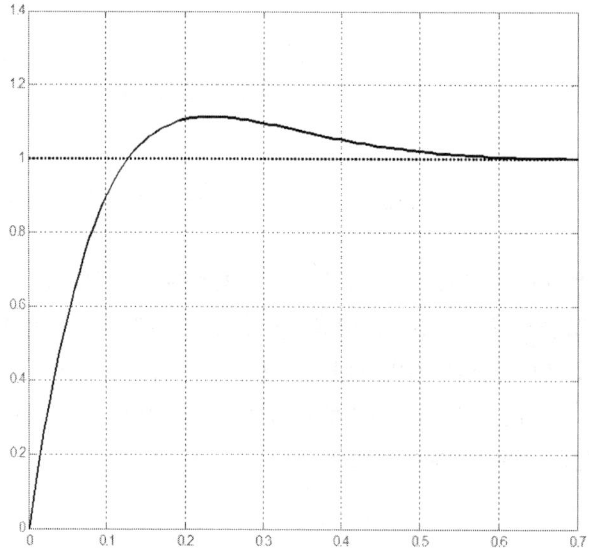

그림 12.14 PD 제어기가 포함된 전체 시스템의 단위 응답 특성

Point **근사 미분기를 사용한 PD 제어기가 훨씬 현실적이다. 구현이 가능할 뿐 아니라, 고주파수 영역의 잡음 영향도 줄여준다.**

Matlab pd2를 실행하면 그림 12.10 – 그림 12.14를 얻을 수 있다.

12.3.3 PD 제어기의 효과

적절하게 설계된 PD 제어기는 다음과 같은 응답을 나타낸다.

- 대역폭을 증가시킨다.
- 이득 여유와 위상 여유를 개선한다.
- 상승 시간, 안정 시간, 그리고 최대 오버슈트를 줄인다.

12.4 Lead 제어기와 PD 제어기의 차이점

Lead 제어기는 $C_{Lead}(s) = K(s+z)/(s+p)$이며, PD 제어기는 $C_{PD}(s) = k_p + k_d s$이다. 여기서 보면 두 제어기는 다른 형태의 제어기로 생각할 수 있다. 그러나 실제 PD 제어기가 $C_{PD}(s) = k_p + k_d s(N/(s+N))$ 형태로 구현되는 것을 고려하면 두 제어기는 같은 형태임을 알 수 있다. 단지, PD 제어기의 경우 영점과 극점을 제어 설계 변수 k_p, k_d, N을 설계에 의하여 결정하지만 Lead 제어기는 목표로 한 위상 여유를 얻을 수 있는 a와 T가 계산에 의하여 구해진다. 따라서 PD 제어기는 k_p와 k_d에 의하여 영점의 위치를 주파수 영역에서 정밀하게 선택할 수 있고, 이것이 어떻게 반영되는지를 직관적으로 이해할 수 있는 것이 수월하다. 반면에 Lead 제어기는 모델과 목표 위상 여유만 결정되면 계산에 의하여 쉽게 제어기를 설계할 수 있는 장점이 있다.

생각해봅시다. >>>

① PD 제어기의 설계에서 루프 형상을 생각해보자.
② 영점의 위치, 바뀐 Bode 선도, 폐루프 Bode 선도, 시간 응답 특성의 연결고리를 생각해보자.
③ 영점 추가 후 Bode 선도와 응답 특성의 관계를 생각해보자.
④ 추가할 영점의 위치와 응답 특성의 관계를 생각해보자.

Chapter 13 ... 주파수 영역에서 PI 제어기 설계

| 학습 목표 |

- PI 제어기의 특징을 이해한다.
- PI 제어기의 설계 원리를 이해한다.
- PI 제어기를 설계한다.
- Lag 제어기와 차이점을 이해한다.

13.1 PI 제어기 분석

시간 영역에서 PI 제어기를 설계하였고, 10장에서 PI 제어기와 유사한 Lag 제어기를 설계하였다. 그러나 Lead 제어기와 PD 제어기의 유사함과는 달리 PI 제어기는 Lag 제어기와 다른 특징을 가지고 있다. PI 제어기는 설계자가 2개의 제어 변수를 직접 설계하여 제어 목표를 만족시켜야 하며, 설계자가 보다 정밀한 설계를 할 수 있지만 그만큼 많은 노력이 필요하다.

13.1.1 PI 제어기의 특징

시간 영역에서 PI 제어기 설계는 상승 시간, 최대 오버슈트, 안정 시간을 만족시키기면서 정상 상태의 오차를 줄여나가기 위한 k_p와 k_i를 결정하는 문제였다. 주파수 영역에서 PI 제어기 설계는 영점 배치에 관한 문제라고 생각할 수 있다. 물론 이 영점 값은 k_p와 k_i에 의하여 결정이 된다. 그리고 영점을 어디에 배치하는 가에 대한 것은 이미 다룬 다른 제어기와 마찬가지이다. 이득 여유와 위상 여유를 확보하기 위해 제어 대상의 Bode 선도를 바꾸는 데 적절한 위치를 선정하는 것이다.

잠깐만...

PI 제어기의 설계는 극점 배치 문제가 아닌 영점 배치 문제이다. PI 제어기의 사용을 결정했다면 극점은 원점에 있기 때문에 설계에 큰 고려 대상이 아니다.

그림 13.1은 일반적인 PI 제어기 형태를 나타낸다. 크기 그래프의 경우 낮은 주파수 대역에서 1 decade마다 20 dB씩 감소한다. 원점에 극점이 있기 때문이다. 영점의 위치 0.1 rad/sec에서부터 감소를 멈춘다. 위상은 −90도에서 0도까지 변하며 0.1 rad/sec에서 위상은 −45도를 나타낸다. 결국 설계 문제는 영점을 배치하는 주파수와 영점이 배치되는 주파수보다 높은 영역에서 크기 그래프 이득을 결정하는 것이다.

Point ‖ **PI 제어기 설계는 어디에 영점을 놓을 것인가 하는 것이다.** ‖

Point ‖ **영점을 추가한 후 원점의 극점과 함께 제어 대상 시스템의 Bode 선도를 바꾸는 것이 설계 결과이다.** ‖

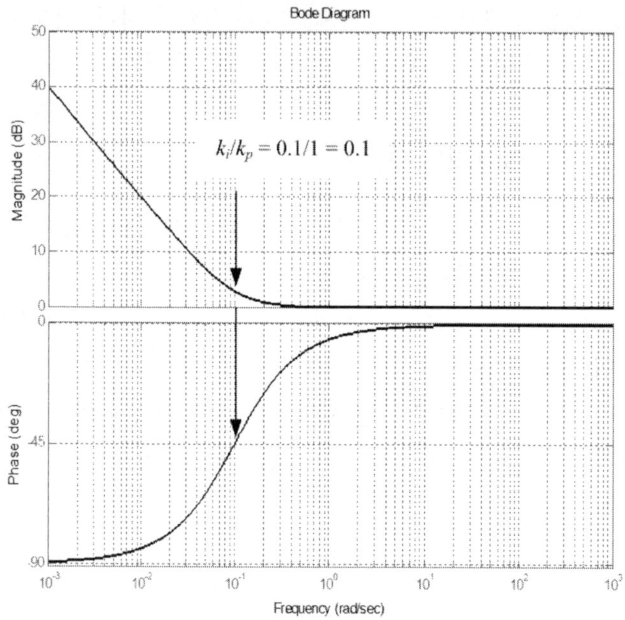

그림 13.1 PI 제어기의 형태

13.1.2 PI 제어기의 표현

PI 제어기를 수학적으로 표현하면

$$C_{PI}(s) = k_p + k_i/s \tag{13.1}$$

이다. 이를 다시 쓰면 $C_{PI}(s) = k_p(s + (k_i/k_p))/s$이며, 이것은 세 개의 항, 즉 $C^1_{PI}(s) = 1/s$, $C^2_{PI}(s) = k_p$, 그리고 $C^3_{PI}(s) = (s + (k_i/k_p))$항의 연결로 생각할

수 있다. 여기서, $C_{PI}^{1}(s)$는 원점에 극점을 넣은 것이고, $C_{PI}^{2}(s)$는 P 제어기이고, $C_{PI}^{3}(s)$는 영점을 삽입한 것으로 볼 수 있다. 즉, PI 제어기 설계는 k_p를 이용하여 개루프 이득을 높이고, 원점에 극점이 있다는 전제 아래 적절한 위치에 영점을 삽입하는 것이다. 얼마만큼의 이득을 높일 것인가, 어디에 영점을 삽입할 것인가 하는 것은 설계 결과로 나타나게 된다.

잠깐만... 영점의 설계 문제라고 하여 영점만을 추가하는 것이 아니므로 12장에서 다루었던 순수 미분기를 구현하지 못하는 것에 관련된 문제는 발생하지 않는다.

13.1.3 시스템 타입

6장에서 PI 제어기를 설계할 때 보았던 정상 상태 오차는 시스템의 타입과 관련이 있다. 시스템 타입은 제어기와 제어 대상 시스템에 있는 원점의 극점 수와 같다. 시스템의 타입은 단위 피드백 시스템에서만 정의된다. 그림 13.2와 같이 제어 명령을 $R(s)$, 제어기를 $C(s)$, 제어 대상 시스템을 $G(s)$라고 하고 단위 피드백을 하였다고 할 때 정상 상태 오차는 다음과 같이 정의된다.

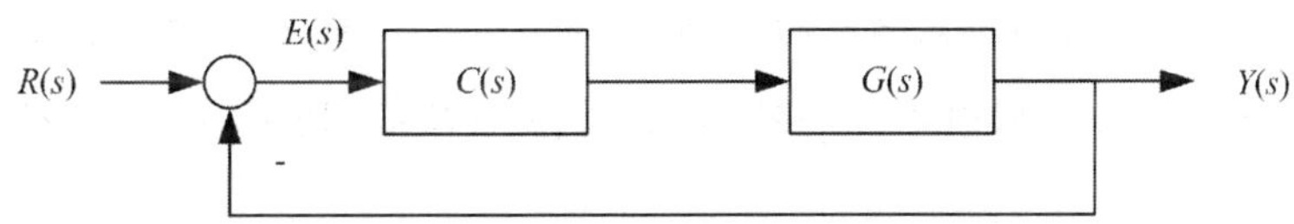

그림 13.2 간단한 제어 시스템의 블록 다이어그램

$$e_{ss} = \lim_{t\to\infty} e(t) = \lim_{s\to 0} sE(s) = \lim_{s\to 0} \frac{sR(s)}{1+C(s)G(s)} \tag{13.2}$$

여기서 시스템 타입은 $C(s)G(s)$에 있는 원점의 극점 수이다. 각 입력의 형태에 대하여 시스템 타입은 정상 상태 오차의 형태를 결정한다. 단위 입력과 램프

입력에 대하여 시스템 타입에 따른 정상 상태 오차를 보자. 먼저 단위 입력은 $R_1(s)=R/s$이고 램프 입력은 $R_2(s)= R/s^2$이다. 여기서 R은 상수이다.

시스템 타입 0

시스템 타입이 0인 경우는 $C(s)G(s)$에 원점에 있는 극점이 없는 경우이다. 단위 입력의 경우에 결과는 다음과 같다.

$$e_{ss}=\lim_{s\to 0}\frac{R}{1+C(s)G(s)}=\frac{R}{1+\lim_{s\to 0}C(s)G(s)} \tag{13.3}$$

여기서 $\lim_{s\to 0}C(s)G(s)= C_{const}$는 0이 아닌 상수가 되고 결국 e_{ss}는 상수가 된다. 따라서 정상 상태 오차를 갖는다. 제어기 이득을 키우면 C_{const}가 커져서 e_{ss}가 작아지지만 0이 되지는 않는다. 즉 단위 입력을 추종할 때 정확히 명령을 추종하지 못하고 언제나 일정한 정상 상태 오차를 갖고 있음을 알 수 있다.

램프 입력의 경우는 다음과 같다.

$$e_{ss}=\lim_{s\to 0}\frac{R}{s+sC(s)G(s)}=\frac{R}{\lim_{s\to 0}sC(s)G(s)} \tag{13.4}$$

여기서 $\lim_{s\to 0}sC(s)G(s)=0$이 되고 $e_{ss}=\infty$이 된다. 결국 시스템 타입이 0인 시스템은 램프 입력을 추종할 때, 오차는 시간이 지날수록 커질 것으로 예상할 수 있다.

시스템 타입 1

시스템 타입이 1인 경우는 $C(s)G(s)$에 원점에 있는 극점이 하나있는 경우이다. 이 극점이 $C(s)$ 또는 $G(s)$에 있어도 관계없다. 단위 입력의 경우 식 13.3에서 $\lim_{s\to 0}C(s)G(s)=\infty$이기 때문에 결국 e_{ss}는 0이 된다. 따라서 정상 상태 오차를 갖지 않는다.

램프 입력의 경우는 $\lim_{s \to 0} sC(s)G(s) = C_{const}$가 되고 e_{ss}는 상수가 된다. 결국 시스템 타입이 1인 시스템은 램프 입력을 추종할 때 일정한 오차를 발생한다는 것을 알 수 있다. 시스템 타입이 0인 경우의 단위 입력에서처럼 C_{const}가 커지면 e_{ss}가 작아지지만 0으로 수렴하지 않는다.

시스템 타입 2 또는 이상

시스템 타입이 2 또는 그 이상일 경우는 $C(s)G(s)$에 원점에 있는 극점이 두 개 이상 있는 경우이다. 물론 이 극점이 $C(s)$ 또는 $G(s)$에 있어도 관계없다. 단위 입력의 경우 결과는 시스템 타입이 1인 경우와 같다. e_{ss}는 0이 된다.

램프 입력의 경우는 $\lim_{s \to 0} sC(s)G(s) = \infty$가 되고 e_{ss}는 0이 된다. 시스템 타입이 2 또는 이상의 경우는 단위 입력과 램프 입력 모두 정상 상태 오차가 0이 된다. 이를 요약하면 다음과 같다.

표 13.1 시스템 타입에 따른 성상 싱태 오치

	단위 입력	램프 입력
시스템 타입 0	상수인 정상 상태 오차	정상 상태 오차가 증가
시스템 타입 1	정상 상태 오차 없음	상수인 정상 상태 오차
시스템 타입 2 또는 이상	정상 상태 오차 없음	정상 상태 오차 없음

여기서 얻을 수 있는 사실이 I 제어기가 필요한 이유이다. 제어 대상 시스템 $G(s)$가 원점에 있는 극점을 포함하지 않거나 부족하여 정상 상태 오차를 발생할 경우 제어기 $C(s)$에 원점에 있는 극점을 포함시켜 시스템 타입을 증가시켜야 한다. 이러한 목적으로 원점에 있는 극점을 포함한 I 제어기를 사용하는 것이다.

Point ‖ **PI 제어기의 핵심은 시스템의 타입을 증가하는 것에 있다.** ‖

13.2 PI 제어기 설계 방법

먼저 비례 제어 이득을 결정한다. 따라서 영점의 위치 $-(k_i/k_p)$에서 k_p는 결정이 된다. 이 때 원하는 위치에 영점을 배치하기 위한 k_i를 선정한다. 영점은 k_p와 k_i의 비율로 결정되기 때문에 같은 k_i 값도 k_p에 따라 다른 영점이 될 수 있다. 영점을 배치하는 곳이 위상 그래프의 영향으로 위상 여유를 잃지 않도록 선정한다. 그림 13.3은 영점에 따른 PI 제어기의 예를 보여준다.

기본적으로 원점에 삽입되는 극점의 영향으로 인하여 대역폭이 줄어들게 된다. 대역폭의 감소는 시스템의 응답 특성을 느리게 하지만, PI 제어기는 시스템의 타입을 증가시키는 중요한 역할을 한다.

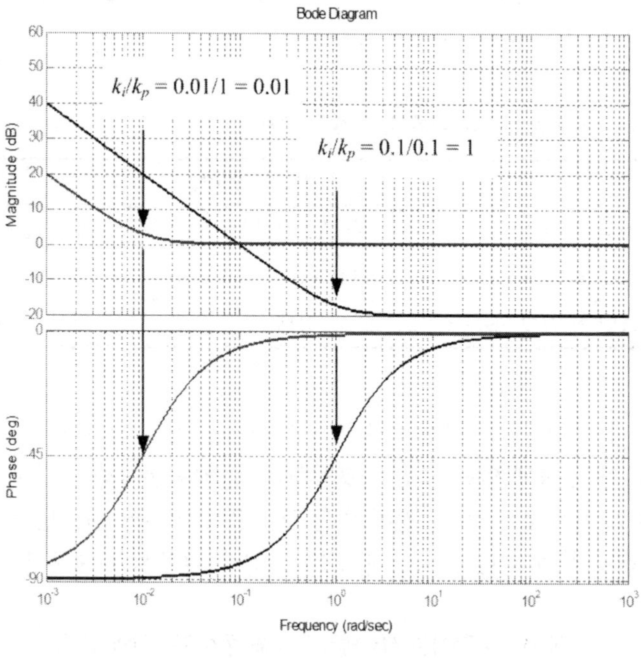

그림 13.3 PI 제어기의 예

Matlab pi을 실행하면 그림 13.1과 그림 13.3을 얻을 수 있다.

13.3 PI 제어기 설계

13.3.1 P 또는 PD 제어기의 한계

이미 시간 영역에서 확인하였지만, P 제어기에서 이득을 낮추어 위상 여유를 확보하거나 PD 제어기를 사용하여 위상 여유를 확보한 경우에도 극복할 수 없는 경우를 다시 보이고자 한다. 그림 13.4는 12장에서 식 12.3의 Bode 선도이다.

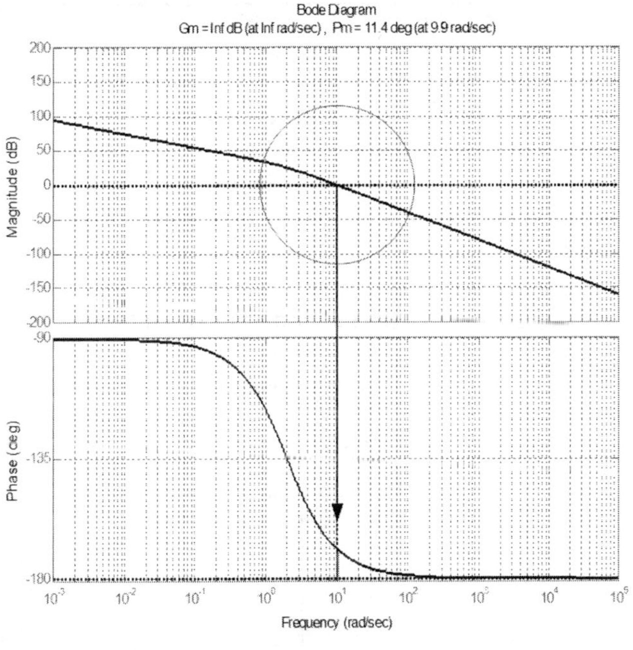

그림 13.4 제어 대상 시스템의 Bode 선도

그림 13.5를 보면 비례 이득 0.01을 사용함으로써 크기 그래프를 −40 dB 낮추는 효과를 얻었고 이로 인하여 그림 13.4의 9.9 rad/sec에서 11.4도에 불과한 위상 여유를 개선할 수 있다. ①은 제어 대상 시스템의 그래프이며, ②는 비례 이득의 그래프이다.

그림 13.6은 크기 그래프가 낮아짐으로써 확보된 위상 여유를 나타낸다. 0.707 rad/sec에서 70.5도의 위상 여유를 확보하였다.

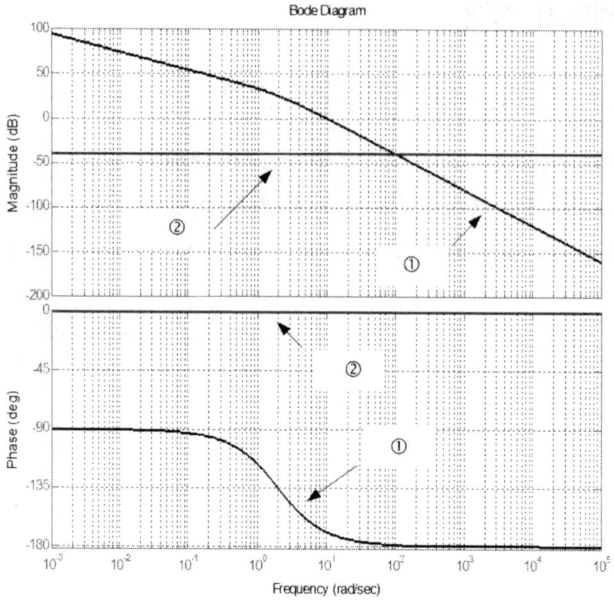

그림 13.5 비례 이득(0.01)의 Bode 선도

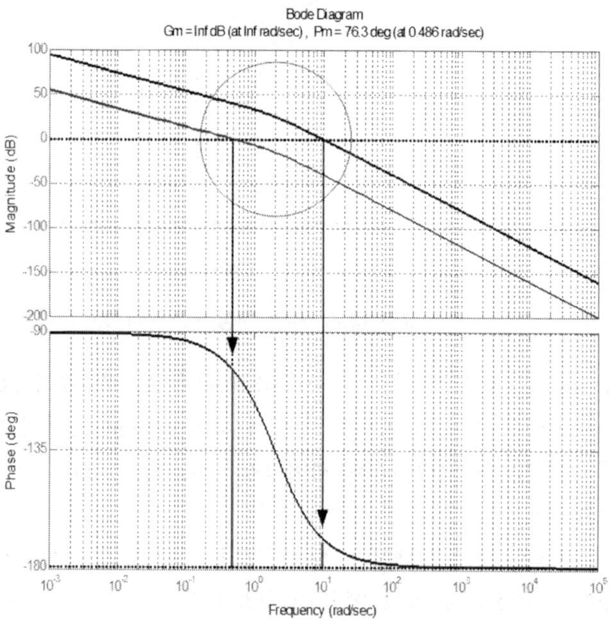

그림 13.6 P 제어기를 사용하여 보상한 위상 여유

그러나 단순히 비례 이득을 작게 조정하였기 때문에 대역폭은 크게 감소하였다.

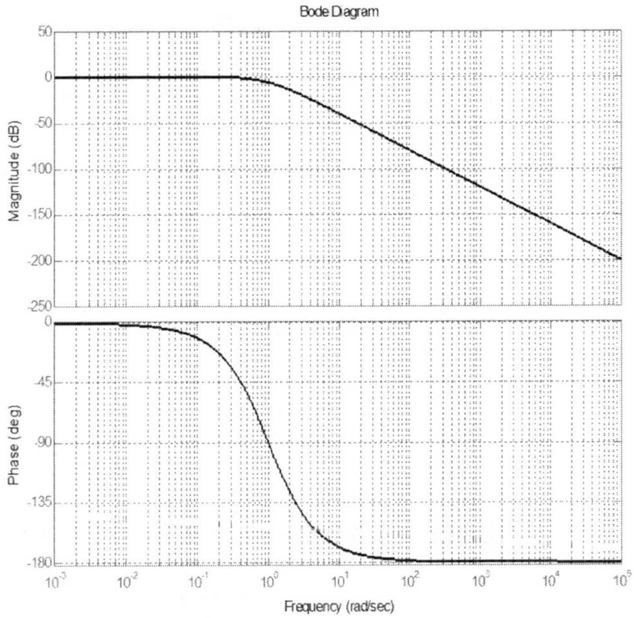

그림 13.7 P 제어기가 포함된 전체 시스템의 Bode 선도

그림 13.8을 보면 예상한 것과 같이 안정한 단위 응답 특성을 보이지만 12장의 그림 12.9와 비교해 볼 때 응답 시간이 매우 늦음을 알 수 있다.

Point ‖ **Bode 선도에서 아주 작은 차이도 시간 영역에서는 큰 차이를 만들 수 있다.** ‖

그림 13.8에서 비록 응답 시간이 늦지만 단위 응답에 대하여 정상 상태 오차가 없을 알 수 있다. 시스템이 타입이 1이기 때문이다. 제어 대상 시스템이 원점에 있는 극점을 포함하고 있기 때문에 시스템 타입은 1이 된다. 그러나 램프 입력의 경우 시스템 타입이 1인 이 시스템은 그림 13.9와 같이 일정한 크기의 오차를 나타낸다. 이러한 오차는 P 제어기, PD 제어기, Lead 제어기, Lag 제어기로 해결할 수 없다.

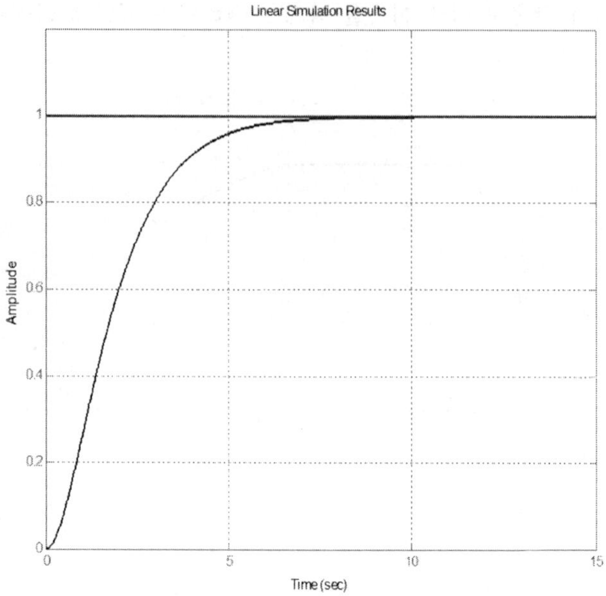

그림 13.8 P 제어기가 포함된 전체 시스템의 단위 응답 특성

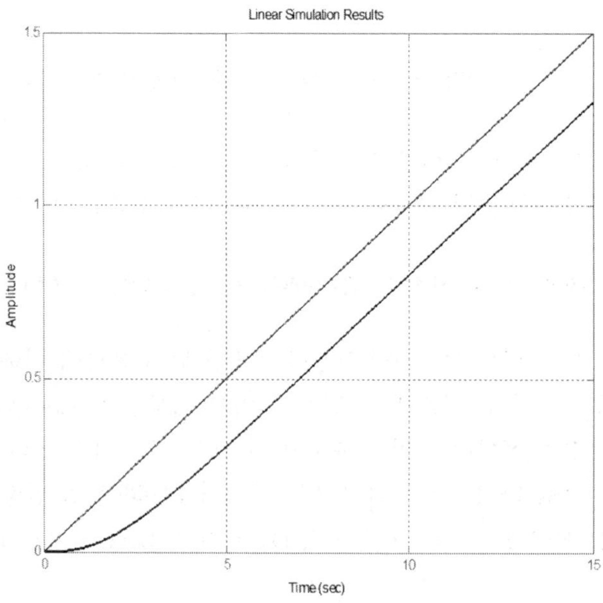

그림 13.9 P 제어기가 포함된 전체 시스템의 램프 응답 특성

따라서 램프 응답의 정상 상태 오차를 0으로 만들기 위해서는 시스템의 타입을 2로 만들어야 하고, 제어기에 원점에 있는 극점을 포함시켜야 한다. 따라서 PI 제어기가 필수적이다.

Point ‖ **정상 상태 오차 문제는 시스템 타입을 증가시켜야만 궁극적으로 해결할 수 있다.** ‖

Matlab pi1을 실행하면 그림 13.4 - 그림 13.9를 얻을 수 있다.

13.3.2 PI 제어기 설계 예

그림 13.4의 시스템에 대하여 그림 13.10과 같은 PI 제어기를 설계하였다.

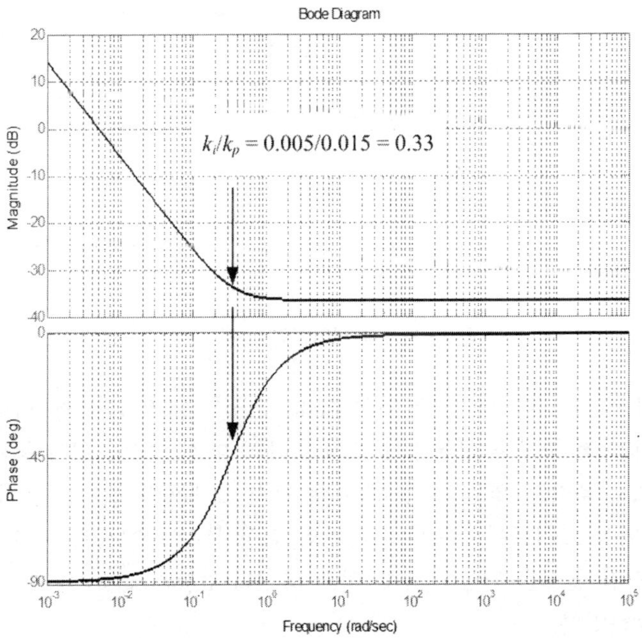

그림 13.10 설계한 PI 제어기의 Bode 선도

그림 13.11에서 설계한 PI 제어기의 Bode 선도를 제어 대상 시스템의 Bode 선도와 함께 그려 비교하였다. 0.004 rad/sec 아래 주파수에서 이득은 증가하였고 이보다 높은 주파수에서 이득은 낮아질 것으로 예측할 수 있다. ①은 제어 대상 시스템의 그래프이며, ②는 설계한 PI 제어기의 그래프이다.

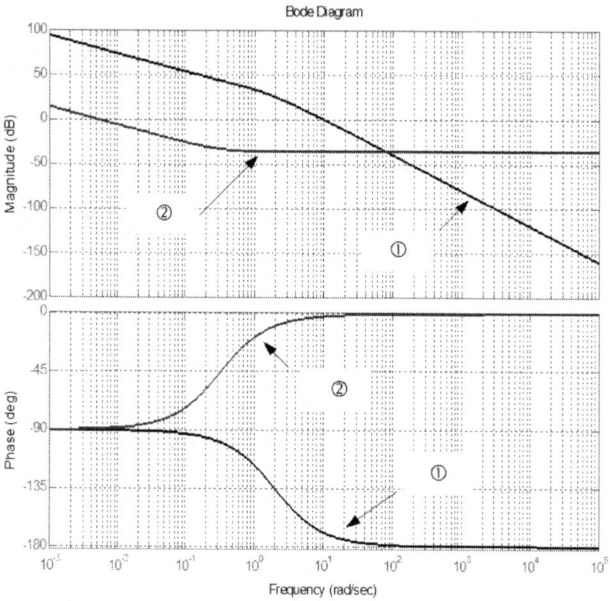

그림 13.11 PI 제어기와 설계 대상 시스템의 Bode 선도

PI 제어기를 적용한 전후의 Bode 선도를 그림 13.12에 나타내었다. 영점이 추가되기 전 주파수 영역에서 크기 그래프가 감소하여 위상 통과 주파수를 낮은 영역으로 옮겼고, 영점 추가 후 원래 크기 그래프와 같은 기울기를 가짐을 알 수 있다. 위상 그래프에서는 PI 제어기의 위상 특성 영향으로 확보 가능한 위상 여유보다 약간 줄어든 위상 여유를 얻게 되었다. 0.768 rad/sec에서 45.5도의 위상 여유를 확보하였다.

PI 제어기가 포함된 시스템을 피드백하여 폐루프 시스템을 구현하고 Bode 선도를 그리면 그림 13.13을 얻을 수 있다. 이 때의 대역폭은 약 1 rad/sec임을 알 수 있다.

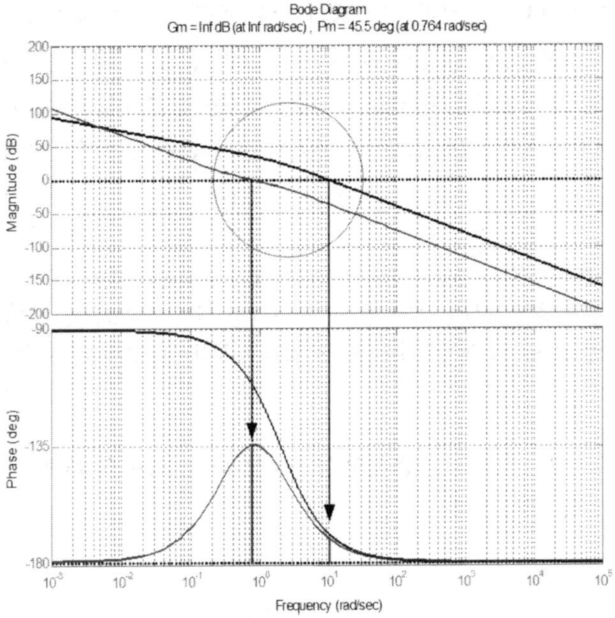

그림 13.12 PI 제어기에 의해 보상된 위상 여유

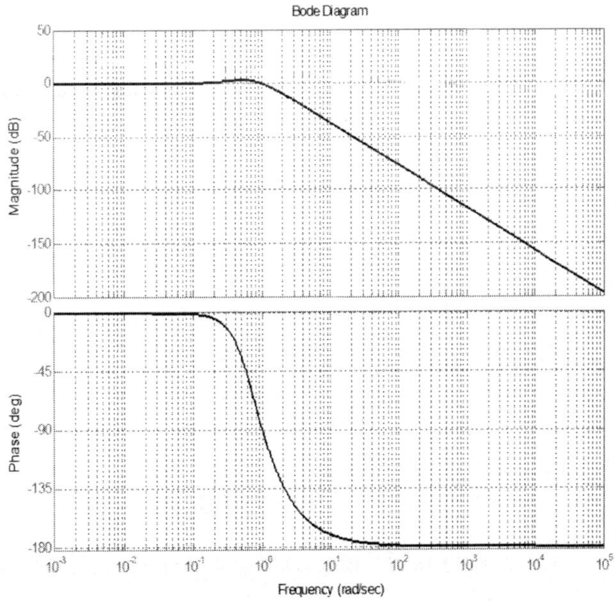

그림 13.13 PI 제어기가 포함된 전체 시스템의 Bode 선도

그림 13.14는 설계된 시스템의 단위 응답 특성을 나타낸다. 오버슈트가 존재하지만 안정한 응답 특성을 나타낸다. 그러나 응답 속도는 줄어든 대역폭으로 인하여 매우 느림을 알 수 있다. 그림 13.15는 같은 시스템의 램프 응답 특성을 나타낸다. PI 제어기 영향으로 시스템 타입이 증가하여 오차가 0으로 수렴함을 알 수 있다.

잠깐만... 램프 응답 특성은 쉽게 개선이 되었지만, 단위 응답 특성은 오버슈트가 발생하였다. 일반적으로 PI 제어기의 경우 대역폭을 유지하면서 오버슈트를 줄이는 설계가 쉽지 않다.

Point **I 제어기가 추가되면 정상 상태 오차 문제는 쉽게 해결되지만 제어기를 설계하는 문제가 더 어려워진다.**

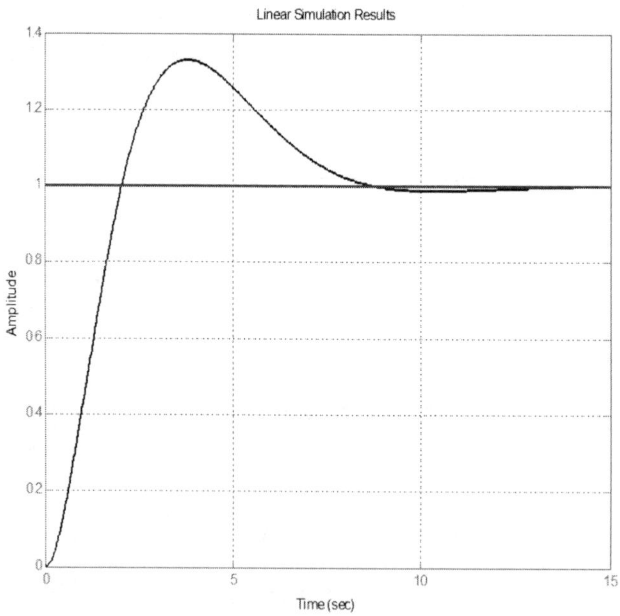

그림 13.14 PI 제어기가 포함된 전체 시스템의 단위 응답 특성

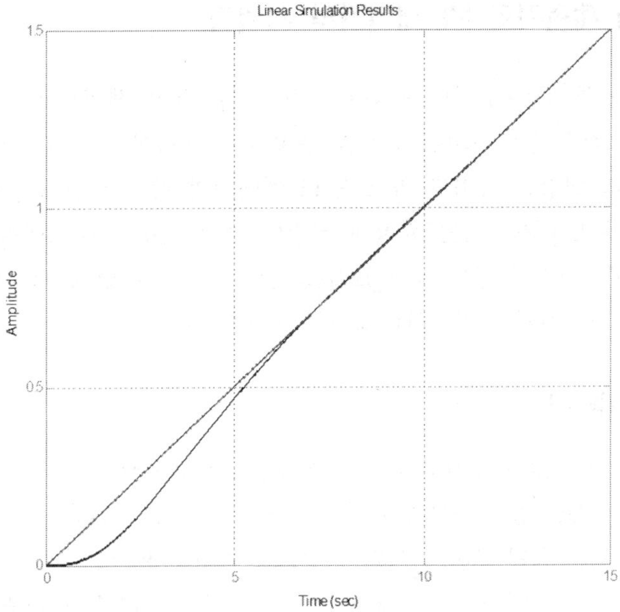

그림 13.15 PI 제어기가 포함된 전체 시스템의 램프 응답 특성

Matlab pi2를 실행하며 그림 13.10 – 그림 13.15를 얻을 수 있다.

13.3.3 PI 제어기 효과

적절하게 설계된 PI 제어기는 다음과 같은 응답을 나타낸다.

- 과도 응답과 정상 상태 응답 특성을 개선한다.
- 이득 여유와 위상 여유를 개선한다.
- 대역폭을 감소시킨다.
- 상승 시간이 길어진다.

13.4 Lag 제어기와 PI 제어기의 차이점

Lag 제어기 $C_{Lag}(s) = K(s+z)/(s+p)$와 PI 제어기 $C_{PI}(s) = k_p + k_i/s$는 유사한 점이 있는 것처럼 생각할 수 있으나 분명한 차이점이 있다. 두 제어기 모두 극점과 영점을 가지고 있으나, PI 제어기의 경우 원점에서 극점을 가지고 있다. 반면에 Lag 제어기는 원점에 극점이 없기 때문에 시스템의 타입을 증가시키지 못한다. 따라서 정상 상태 오차를 줄이는 특징은 없고, PI 제어기만이 시스템 타입을 증가시켜 정상 상태 오차를 제거할 수 있다.

생각해봅시다. >>>

① PI 제어기 설계에서 루프 형상을 생각해보자.
② 원점에 있는 극점을 고려한 영점 위치, 바뀐 Bode 선도, 폐루프 Bode 선도, 시간 응답 특성의 연결 고리를 생각해보자.
③ 영점 추가 후 Bode 선도와 응답 특성의 관계를 생각해보자.
④ 시스템 타입과 정상 상태 오차의 관계를 고려할 때 시스템의 입출력 전달 함수와 입력 형태를 고려하였다. 이를 외란 형태에 따른 오차 특성으로 바꾸어 생각할 수 있다.

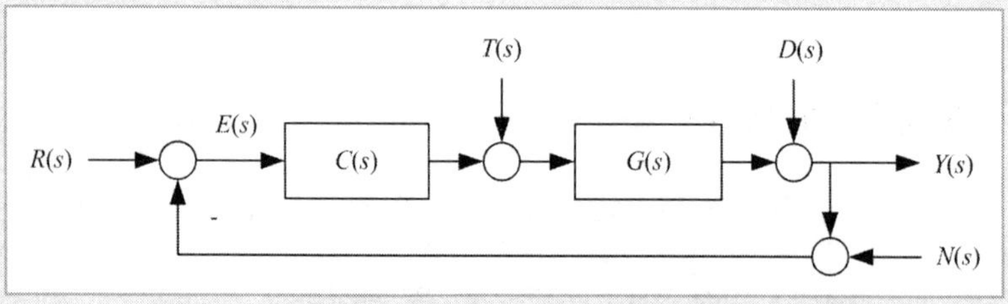

그림 13.16 외란이 표현된 제어 시스템의 블록 다이어그램

각 외란 형태에 따른 정상 상태 오차를 파악하기 위해서는 외란($T(s)$ 또는 $D(s)$)을 입력으로 하고 오차 $E(s)$를 출력으로 하는 전달 함수를 구한다. 물론 외란의 특성은 단위 입력이나 램프 입력으로 가정한다.
외란 $T(s)$와 $D(s)$의 경우에 대하여 외란에 대한 오차의 전달 함수를 구하고 단위 입력 형태의 외란과 램프 입력 형태의 외란에 대한 정상 상태 오차를 구하여 보자.

잠깐만...

오차 특성을 단위 입력 형태와 램프 입력 형태로 가정하는 것은 문제를 단순하게 만드는 의도이다. 그러나 단위 입력 형태의 외란은 실제 존재한다. 물체를 절삭하는 기구에 물체가 닿는 순간 단위 입력 형태의 외란이 인가된다고 생각할 수 있다.

Chapter 14 ... 주파수 영역에서 PID 제어기 설계와 Simulink

| 학습 목표 |

- PID 제어기의 특징을 이해한다.
- PID 제어기의 설계 원리를 이해한다.
- PID 제어기를 설계한다.

14.1 PID 제어기 분석

Lead-Lag 제어기가 Lead 제어기와 Lag 제어기가 더해진 구조인 것처럼 PID 제어기는 PI 제어기와 PD 제어기가 더해진 구조이다. 즉, PD 제어기의 영점 위치를 결정하고, PI 제어기의 영점 위치를 결정하는 것이다. PID 제어기는 두 영점의 위치와 원점에 있는 극점 그리고 유사 미분기를 사용할 경우 절점 주파수가 전체 형태를 결정한다.

14.1.1 PID 제어기의 특징

그림 14.1은 PID 제어기의 Bode 선도 예로서 두 개의 영점, 한 개의 극점, 그리고 원점에 있는 극점을 포함하고 있다. ①의 왼쪽은 원점에 극점이 있는 특성을 나타낸다. 1 decade 마다 20 dB가 줄어드는 기울기를 보이며, 위상은 −90도를 나타내고 있다. ①은 I 제어기의 해당하는 영점으로 약 0.01 rad/sec에 있다. 이로 인하여 크기 그래프는 0 dB를 그대로 유지한다. ②에 다시 D 제어기로 인한 영점이 추가되었다. 위치는 약 1 rad/sec이다. 이로 인하여 위상이 앞서게 되고 크기도 증가하게 된다. 영점이 하나가 추가되었으므로 3 decade 동안 60 dB가 증가하였다. ③에서 1000 rad/sec의 극점이 추가되어 크기 그래프는 60 dB를, 위상은 0도를 유지하게 된다.

제어 대상 시스템의 Bode 선도를 원하는 모양으로 바꾸기 위해, 즉 루프 형상을 위해 그림 14.1의 PID 제어기를 설계한 것이다.

Matlab pidController를 실행하면 그림 14.1을 얻을 수 있다.

14.1.2 PID 제어기의 표현

PID 제어기를 수학적으로 표현하면

$$C_{PID}(s) = k_p + k_i/s + k_d s \qquad (14.1)$$
$$= \frac{k_d s^2 + k_p s + k_i}{s}$$

으로 P 제어기, I 제어기, D 제어기의 제어 입력을 더하여 PID 제어 출력을 만

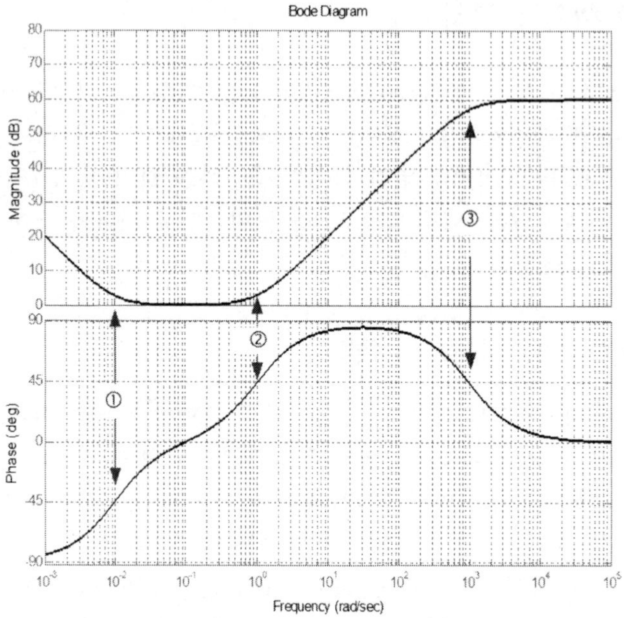

그림 14.1 PID 제어기의 형태

든다. 이를 순수한 전달 함수의 관점에서 보면 원점에 있는 극점과 두 개의 영점이 있다. 물론 두 영점의 위치는 PID 제어기의 이득, k_p, k_i, k_d에 의해 결정된다.

이미 PD 제어기 설계에서 설명한 바와 같이 순수 미분기가 구현이 불가능하기 때문에 근사 미분기를 사용한 것처럼 PID 제어기에서도 근사 미분기를 사용한다. 따라서 식 14.1은 다음과 같이 바뀐다.

$$\begin{aligned} C_{PID}(s) &= k_p + k_i/s + k_d s \cdot \frac{N}{s+N} \\ &= \frac{(k_p + k_d N)s^2 + (k_p N + k_i)s + k_i N}{s(s+N)} \end{aligned} \tag{14.2}$$

따라서 원점에 있는 극점과 $-N$의 극점, 두 개의 영점을 갖게 된다. 그림 14.1은 식 14.2에 의하여 그려진 PID 제어기의 예이다.

14.1.3 PID 제어기의 효과

PID 제어기를 설계하기 전 시스템의 이득 여유와 위상 여유가 그림 14.2에 나타나 있다. 이 시스템의 전달 함수는

$$G(s) = \frac{10}{s^3 + 20s^2 + 10s} \tag{14.3}$$

로 안정한 시스템이다. 이득 여유는 26 dB이며 위상 여유는 0.631 rad/sec에서 37.3도이다. 이 시스템은 3차 시스템이기 때문에 위상은 −270도까지 떨어진다. 시스템의 대역폭을 높이기 위해 비례 이득을 올리게 되면 위상 통과 주파수가 증가하게 되고 이로 인하여 위상 여유가 급격히 감소하는 특징을 그림 14.2에서 관찰할 수 있다.

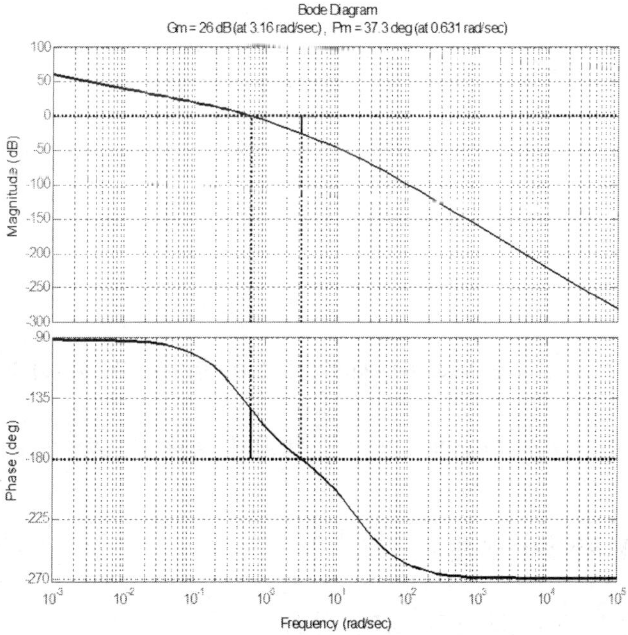

그림 14.2 제어 대상 시스템의 이득 여유와 위상 여유

PID 제어기를 설계하여 추가한 후에 Bode 선도를 보면 그림 14.3과 같이 이득 여유는 56.2 dB로 증가하였고, 위상 여유는 71.2도로 증가하였다. 이 때 위상 통과 주파수는 1.7 rad/sec로 높아졌다. 이로서 이 시스템은 제어 대상 시스템의 원점에 있는 극점과 PID 제어기의 원점에 있는 극점으로 시스템 타입은 2가 되었다. 따라서 램프 제어 명령도 정상 상태 오차 없이 추종할 수 있다.

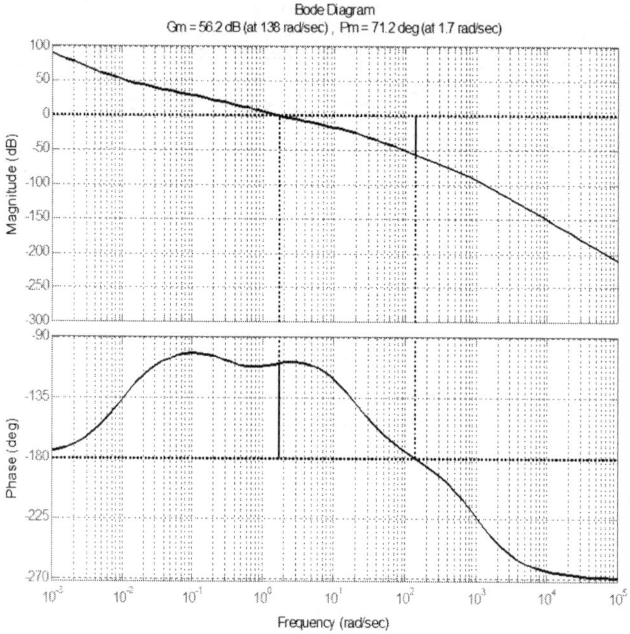

그림 14.3 PID 제어기 추가 후, 증가된 이득 여유와 위상 여유

다음 절에서 PID 제어기 설계 방법과 예를 보도록 하자.

14.2 PID 제어기 설계

14.2.1 PID 제어기 설계 방법

이미 언급한 바와 같이 주파수 영역에서 PID 제어기 설계는 식 14.2의 분자 다항 식의 해로 영점의 위치를 결정하는 것이다. 따라서 아래 식 14.4의 해를 결정하는 k_p, k_i, k_d를 구하는 것으로 생각할 수 있다.

$$T(s) = (k_p + k_d N)s^2 + (k_p N + k_i)s + k_i N \tag{14.4}$$

그러나 이러한 방법은 현실적으로 매우 어렵다. 이러한 경우 Bode 선도의 도움을 받아 k_p를 대략 결정하고, 적절한 영점 위치를 선정한 다음 k_i, k_d를 결정하는 방법이 보다 유용하다. 또한 원하는 위상 여유를 얻기 위한 영점 위치와 이를 결정하는 각각의 이득을 반복하여 맞추어야 한다.

잠깐만...

PID 제어기의 설계 결과는 하나의 표현으로 나타나고 각각의 이득이 서로 연관되어 있지만 개념적으로는 PD 제어기와 I 제어기의 합으로 생각하여야 보다 설계가 수월하다.

14.2.2 PID 설계 예

그림 14.2에서 주어진 시스템에 대하여 PID 제어기를 설계해 보자. 0.01 rad/sec와 1 rad/sec 사이의 크기 그래프 값이 10 dB이기 때문에 위상 통과 주파수를 약간 높이는 효과가 있고, 위상 여유를 확보하기 위해 1 rad/sec에 영점이 삽입되었다. 설계된 PID 제어기의 Bode 선도를 그림 14.4에 나타내었다.

PID 제어기 설계 결과와 특징은 제어기 자체 Bode 선도에서 보다 제어 대상 시스템과 함께 나타낸 그림 14.5와 PID 제어기가 추가된 후의 시스템 Bode 선도인 그림 14.6에서 보다 분명히 나타난다. 여기서 ①은 제어 대상 시스템의 그래프이고, ②는 설계한 PID 제어기의 그래프이다. PID 제어기 설계로 인하여 이득 여유는 56.2 dB로 증가하였고, 위상 여유는 1.7 rad/sec에서 71.2도로 증가하였다.

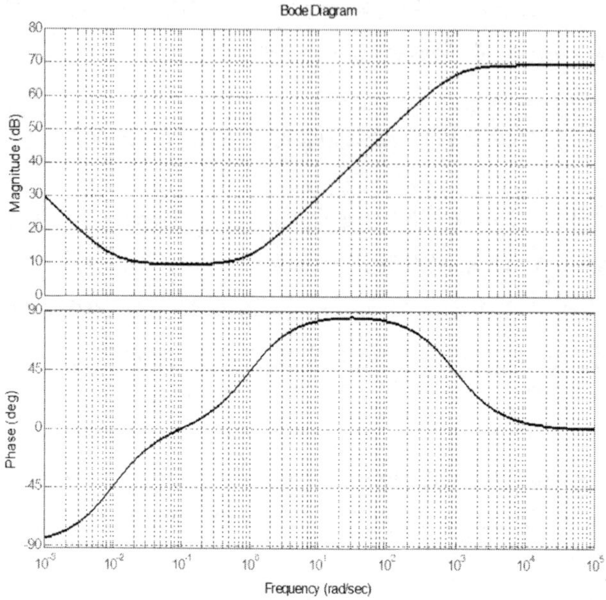

그림 14.4 설계한 PID 제어기의 Bode 선도

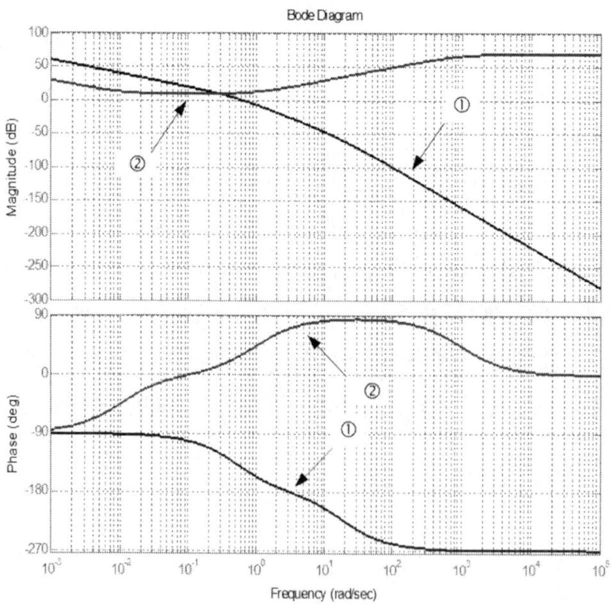

그림 14.5 제어 대상 시스템과 설계한 PID 제어기의 Bode 선도 비교

아울러 그림 14.6을 자세히 관찰하면, 위상 통과 주파수가 조금 더 증가하여도 현재 확보한 약 70도의 위상 여유를 그대로 유지할 수 있음을 알 수 있다. 만약 좀 더 빠른 응답을 원한다면 위상 여유의 손해 없이 비례 이득을 증가시켜 대역폭을 증가시킬 수가 있다. 이러한 과정에서 PID 제어기의 이득을 조정하여 가장 적절한 PID 제어기 이득을 선정하게 된다.

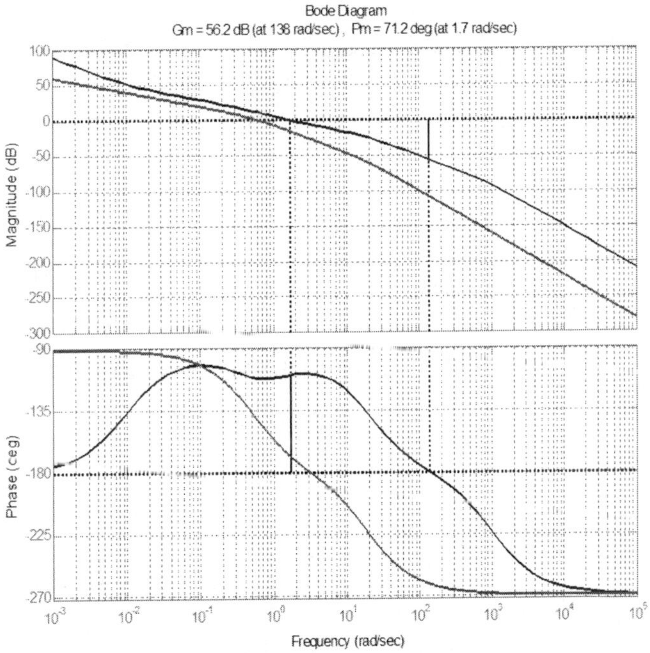

그림 14.6 PID 제어기 추가 후, 증가된 이득 여유와 위상 여유

그림 14.7은 설계한 PID 제어기를 포함한 폐루프 시스템의 Bode 선도를 나타낸다. 이 때 대역폭은 약 1 rad/sec로 그리 충분한 대역폭이라고 생각할 수는 없다. 따라서 비교적 느린 시간 영역의 응답이 예상된다.

예상한 것과 같이 충분한 위상 여유로 인하여 최대 오버슈트는 작지만, 충분하지 못한 대역폭으로 상승 시간은 빠르지 않음을 그림 14.8에서 확인할 수 있다.

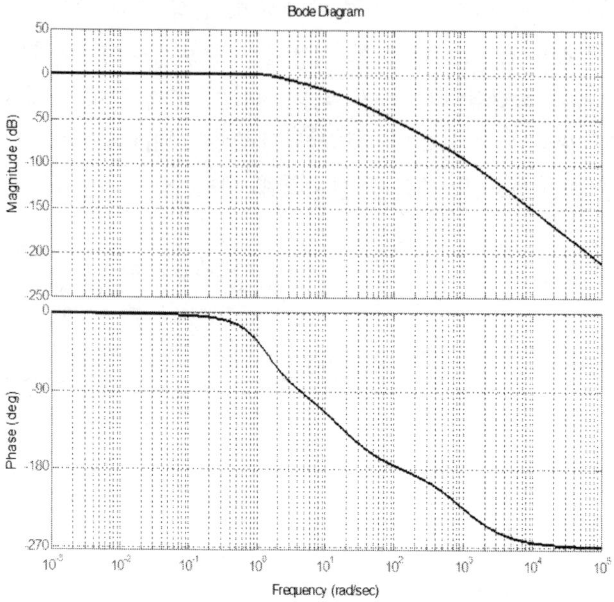

그림 14.7 PID 제어기가 포함된 전체 시스템의 Bode 선도

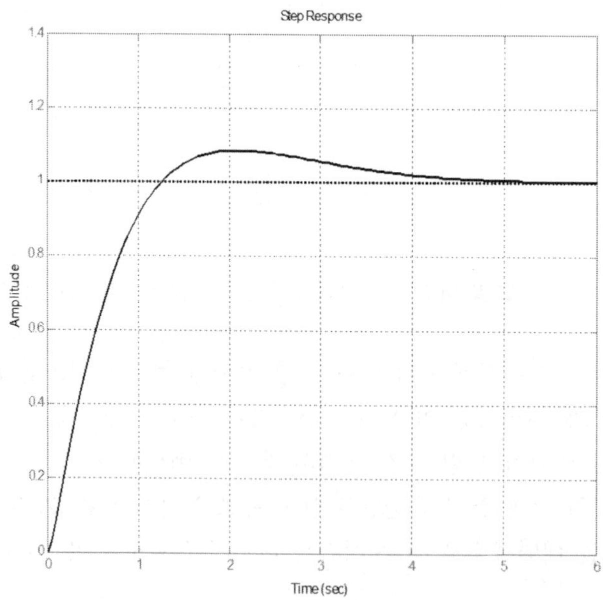

그림 14.8 PID 제어기가 포함된 전체 시스템의 단위 응답

잠깐만...

이 PID 제어기 설계 예에서도 특정한 설계 목표가 주어지지 않았기 때문에 설계 결과가 적절한지 판단할 수 없다. 설계 목표가 주어진 경우 설계 과정을 반복하여 설계 목표를 만족시키는 제어기를 설계하여야 한다.

잠깐만...

제어기 설계의 최종 결과는 시간 영역 응답으로 판단되기 때문에 주파수 영역의 설계만으로 이를 정확하게 만족시키는 제어기를 설계하기는 어렵다. 그러나 주파수 영역의 제어기 설계 방법은 처음부터 시간 영역에서 설계를 시작하는 것 보다 많은 시간을 단축시킬 수 있고, 이론적인 근거를 제시하여 응답 특성을 보다 정확하게 이해할 수 있다. 주파수 영역의 설계 결과는 최종단에서 시간 영역의 응답 특성을 관찰하면서 정밀하게 조율되는 것이 보통이다.

Matlab pidDesign을 실행하면 그림 14.4 - 그림 14.8을 얻을 수 있다.

14.3 실제적인 모의실험

14.3.1 PID 제어기의 이산 시간으로 변환

식 14.2와 같이 표현된 PID 제어기는 이산 시간 영역의 표현으로 바뀌어 코드로 구현된다. 식 14.5는 터스틴 방법으로 변환한 결과이다. 자세한 방법은 3.3.2절을 참고한다.

$$PID(z) = \frac{\gamma z + \omega z^{-1} + \zeta z^{-2}}{z + \alpha z^{-1} + \beta z^{-2}} \tag{14.5}$$

여기서 α, β, γ, ω, ζ는 아래와 같이 k_p, k_i, k_d, N, T_s의 함수이다.

$$\alpha = -8/\delta \tag{14.6}$$

$$\beta = (4 - 2NT_s)/\delta \tag{14.7}$$

$$\gamma = (4(k_p + k_d N) + 2T_s(Nk_p + k_i) + k_i N T_s^2)/\delta \tag{14.8}$$

$$\omega = (-8(k_p + k_d N) + 2Nk_i T_s^2)/\delta \tag{14.9}$$

$$\zeta = (4(k_p + k_d N) - 2(Nk_p + k_i)T_s + Nk_i T_s^2)/\delta \tag{14.10}$$

$$\delta = (4 + 2NT_s) \tag{14.11}$$

잠깐만...

일반적으로 PID 제어기에서 이득을 수정할 때 α, β, γ, ω, ζ를 직접 수정하는 것보다 k_p, k_i, k_d를 수정하는 것이 수월하다. 그러나 k_p, k_i, k_d를 수정할 때 마다 α, β, γ, ω, ζ를 다시 계산하여야 하는 불편함이 있다. 이를 위해 보통 식 14.6부터 14.11을 코드로 구현하여 k_p, k_i, k_d를 수정할 경우 즉시 α, β, γ, ω, ζ이 재계산 되도록 한다.

14.3.2 Simulink에서 이산 시간 변환

PID 제어기를 코드로 구현할 때는 계산에 의하여 이산 시간 식으로 바꿔야 한다. 그러나 Matlab에서 보다 편리하게 이를 구현할 수 있다. 물론 계산에 의하여 구현할 수도 있다.

먼저 연속 시간 영역에서 Subsystem을 이용하여 PID 제어기를 구성하는 방법을 보이고, 이를 확장하여 이산 시간 영역의 PID 제어기를 구성하는 방법을 설명한다.

Subsystem

그림 14.9는 연속 시간 영역의 PID 제어 시스템을 Simulink에 구현한 것이다. 그림의 PID 제어기 블록은 subsystem으로 구성된 것이다. subsystem은 그 자체에 한 개 이상의 블록을 가지고 구성된 것을 하나의 블록으로 표현한 것이다. 그림 14.9에서 PID 제어기 블록을 선택하고, Edit 메뉴의 Look under mask 하위 메뉴를 선택하면 그림 14.10이 나타난다. 즉 PID 제어기 블록은 그림 14.10의 하위 블록으로 구성되어 있는 것이다. 이것은 처음 Simulink를 구성할 때 그림 14.10의 블

록을 그림 14.9에 그리고, Edit 메뉴의 Create subsystem 하위 메뉴를 선택하여 이들을 PID 제어기라는 하나의 블록으로 만든 것이다. subsystem을 만들 때에는 함께 묶을 블록을 모두 선택하고 Create subsystem 메뉴를 선택하면 된다. 이 subsystem 기능을 잘 활용하면 상당히 복잡한 구조도 간단하게 보이도록 만들 수 있고 체계적으로 관리할 수 있으며 다른 곳으로 복사하기도 편리하다.

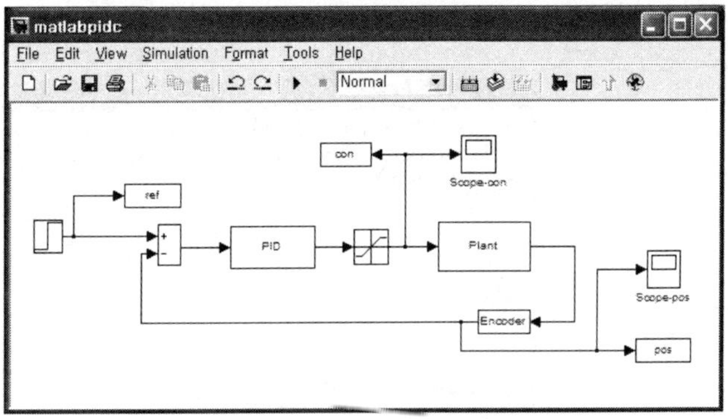

그림 14.9 연속 시간 영역에서 구현된 PID 제어 시스템

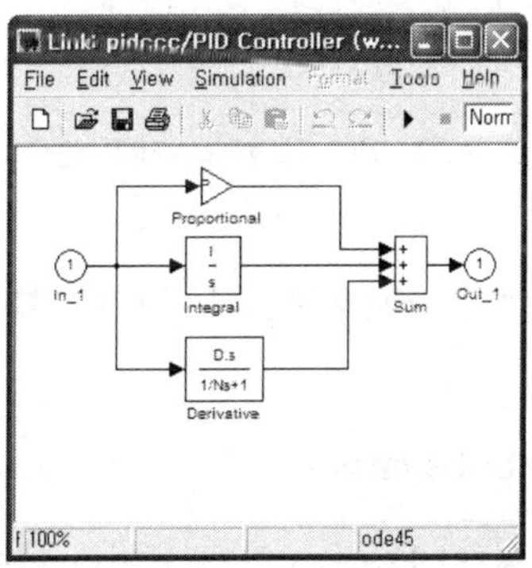

그림 14.10 PID 제어기의 내부 구조

그림 14.9에서 PID 제어기 블록을 더블 클릭하면 그림 14.11이 나타난다. 이는 PID 제어기의 각 제어 이득과 근사 미분기에 사용될 N값을 입력하는 창이다. 이

창을 통해 PID 제어기 내에 설정되어야 하는 모든 변수를 지정할 수 있다.

잠깐만... 그림 14.9에 나타난 PID 제어기 블록은 사용자가 만든것이 아니라 Matlab에서 기본적으로 제공하는 것이다. 물론 이와 똑같은 기능을 하는 PID 제어기 블록을 만드는 것은 어렵지 않다.

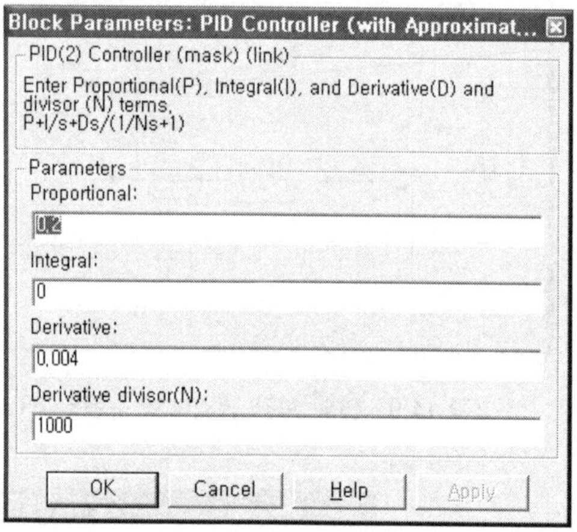

그림 14.11 PID 제어기의 제어 변수 설정을 위한 대화상자

Matlab matlabpidc를 실행하면 그림 14.9를 확인할 수 있다.

Subsystem 속의 Subsystem

그림 14.12는 그림 14.9와 유사하게 보이나 매우 큰 차이점이 있다. PID controller 제어기 블록은 이산 시간 영역에서 구현된 PID 제어기 subsystem 블록이다. 먼저 이 블록을 선택한 후에 Ctrl-U(Edit 메뉴의 Look under mask의 단축키)를 누르면 그림 14.13의 블록이 나타난다. 이 블록에 나타난 이산 시간 영역의 함수를 통해 이산 시간 영역의 PID 제어기임을 확인할 수 있다.

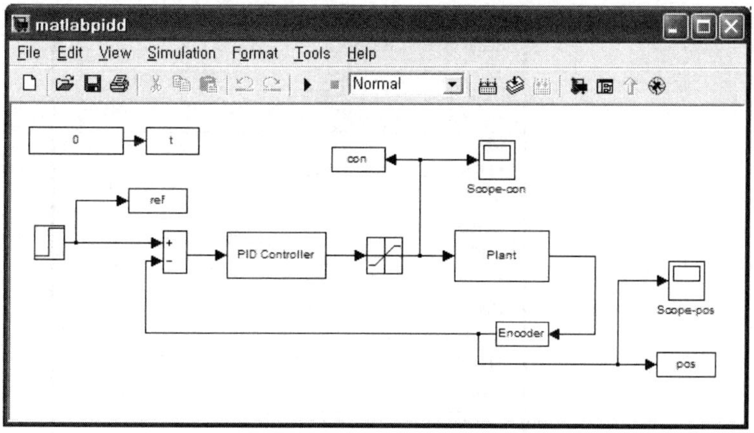

그림 14.12 이산 시간 영역에서 구현된 PID 제어 시스템

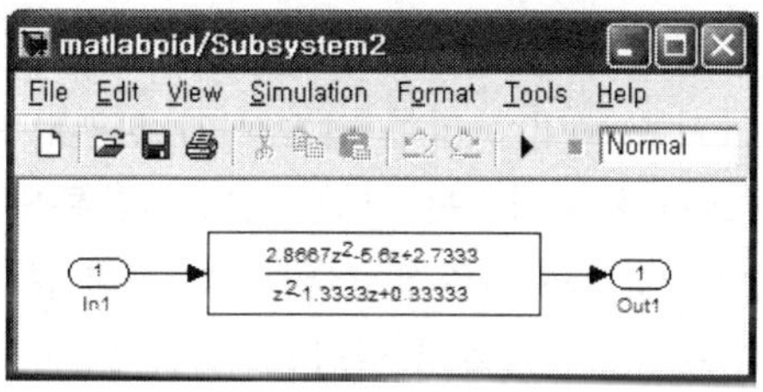

그림 14.13 이산 시간 영역에서 PID 제어기

그림 14.12의 PID Controller 블록을 더블 클릭하면 그림 14.14와 같이 PID 제어기에 필요한 제어 이득과 이산 시간 영역의 변환에 필요한 값을 입력할 수 있는 창이 나타난다. 그림 14.13의 블록에 나타난 식은 직접 계산한 후 입력한 것이 아니라 그림 14.14에 입력한 값을 이용하여 Matlab에서 계산된 후 나타낸 결과이다.

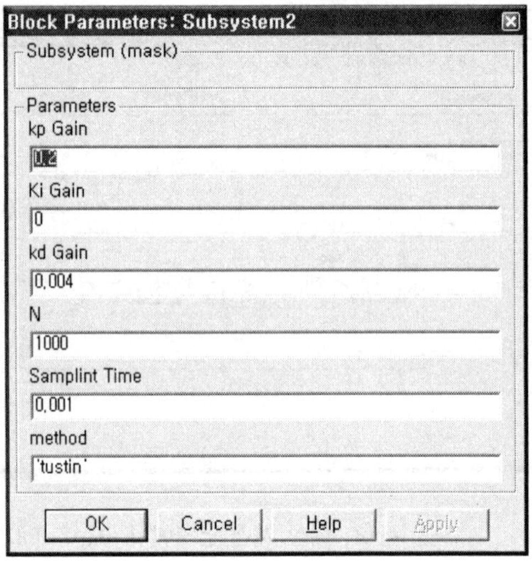

그림 14.14 이산 시간 영역에서 PID 제어기 설정 창

그림 14.14까지는 이미 설명한 연속 시간 영역의 PID 제어기 subsystem의 구성과 유사하다. 그러나 여기서는 그림 14.13의 블록에 또 하나의 subsystem이 구성되어 있다. 그림 14.13의 블록을 선택하고 Ctrl-U를 누르면 그림 14.15의 z 영역 함수를 입력할 수 있는 블록이 나타난다. 이 블록이 이산 시간 영역의 PID 제어기 식을 담고 있는 것이다.

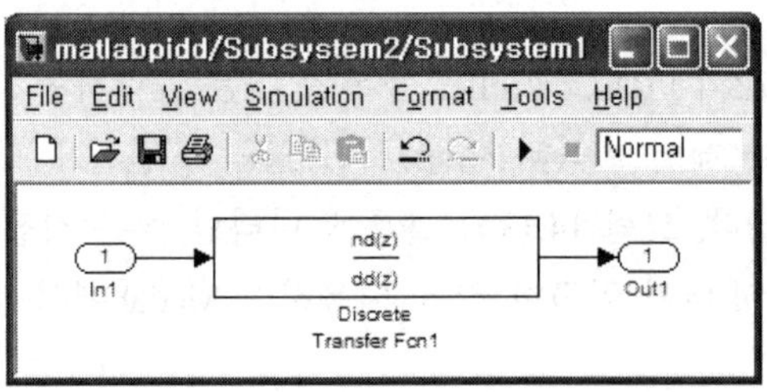

그림 14.15 PID 제어기의 이산 시간 영역 블록

Matlab matlabpidd를 실행하면 그림 14.12를 확인할 수 있다.

Subsystem에 함수 입력과 마스크

이 블록에 입력된 식을 확인하기 위해서 그림 14.15의 블록을 더블 클릭하면 그림 14.16의 대화상자가 나타난다. 각각의 항에는 식이 입력되어 있지 않고 변수가 입력되어 있음을 확인하였다. 즉, 분자식은 nd, 분모식은 dd, 샘플링 시간은 Ts이다.

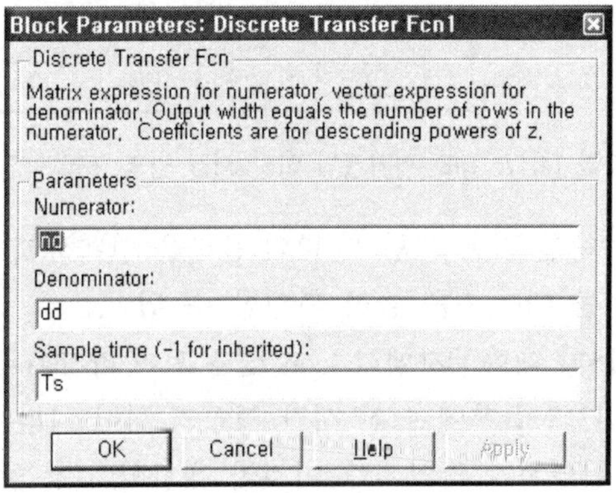

그림 14.16 PID 제어기의 이산 시간 영역 블록에 입력된 파라미터

식 nd, dd와 Ts 값이 어디에 입력되어 있는지 찾아보자. 그림 14.13의 블록을 더블 클릭하면 그림 14.17의 대화상자가 나타난다. 여기에 식 14.2의 PID 제어기의 연속 시간 영역 식이 입력되어 있음을 알 수 있다. 여기에 입력된 식이 변환되어 분자 식 nd, 분모 식 dd가 되었고, 샘플링 시간 S가 Ts임을 추측할 수 있다. 그리고 이 연속 시간 영역의 식이 이산 시간 영역의 식으로 바뀔 때 사용한 방법이 method일 것도 아울러 추측할 수 있다.

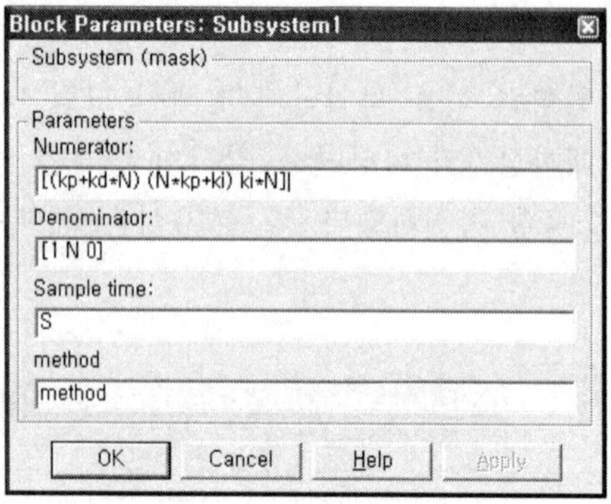

그림 14.17 PID 제어기의 이산 시간 영역 블록에 입력된 PID 제어기 식

앞에서 추측한 것은 그림 14.13의 블록을 선택하고 Edit 메뉴의 Edit mask 하위 메뉴(단축키는 Ctrl-M)를 눌러 확인할 수 있다.

그림 14.18의 대화상자에서 Icon 탭을 보면 dpoly(nd,dd,'z')가 입력되어 있다. 이는 그림 14.13의 블록에 이산 시간 영역의 식이 나타나도록 하는 명령이다. nd와 dd를 직접 입력하지 않았지만 이것이 계산되어 블록에 나타나는 것이다.

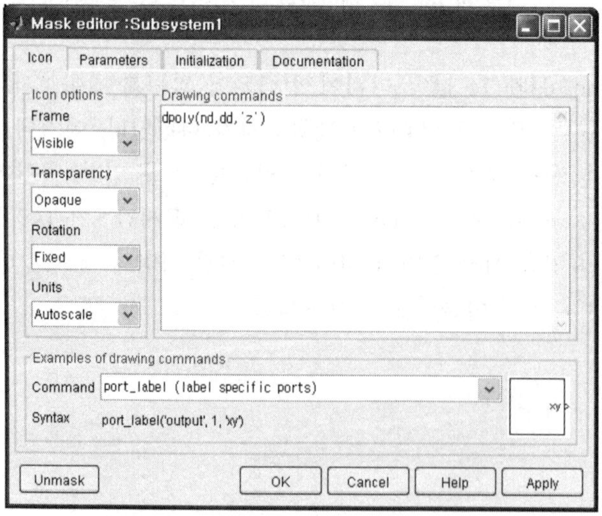

그림 14.18 마스크 편집 대화상자의 Icon 탭

이제 그림 14.19와 같이 이 대화상자의 Initialization 탭을 선택해보자. 여기에 나타난 [nd, dd] = c2dm(@1, @2, Ts(1), @4)가 입력되어 있고 이 식에서 nd와 dd가 계산된다. 입력은 @1, @2, @4, Ts(1)이며, 이는 곧 그림 14.17에 나타난 순서이다. 여기서 @3은 사용되지 않고 이를 변수로 입력 받아 처리했음을 알 수 있다. 중요한 것은 c2dm 함수이다. 이는 연속 시간 영역의 식을 이산 시간 영역의 식으로 바꾸어 주는 함수이다.

잠깐만... Matlab의 help 기능을 이용하여 c2dm의 사용법을 확인하자.

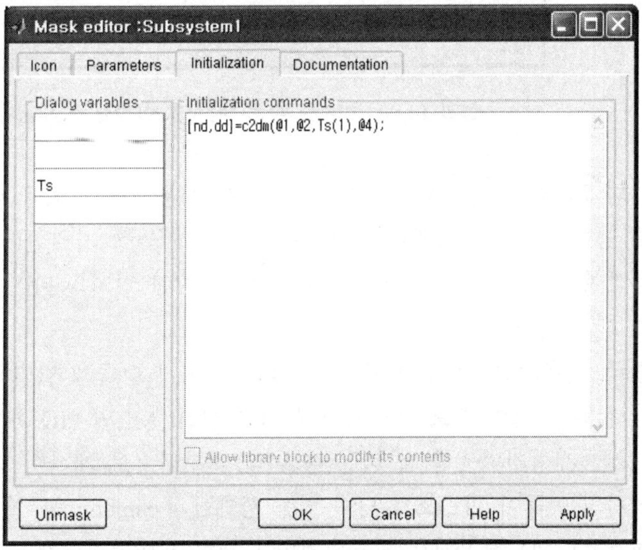

그림 14.19 마스크 편집 대화상자의 Initialization 탭

그림 14.20에 나타난 대화상자의 Parameters 탭을 보면 그림 14.17의 대화상자 형태가 어떻게 만들어 졌는지 추측할 수 있다. 3번째 샘플링 시간의 입력만 Ts라는 변수로 받았음을 확인할 수 있다.

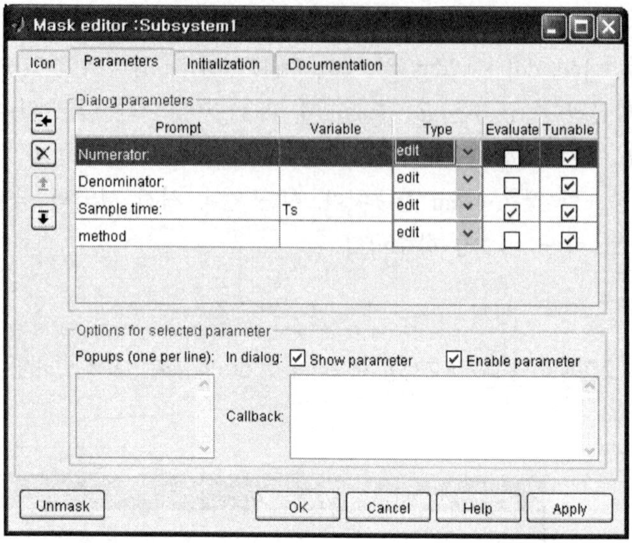

그림 14.20 마스크 편집 대화상자의 Parameters 탭

그림 14.18 ~ 그림 14.20까지는 마스크를 사용하는 방법을 나타내는 것으로 다양한 방법으로 블록의 입력을 받을 수 있는 기능을 지원한다. 이 마스크 방법을 이용하여 처음 그림 14.14에서 나타낸 연속 시간 영역의 PID 제어기 제어 이득을 입력 받도록 구성한 것이다.

결국, 사용자는 연속 시간 영역의 PID 제어기 이득을 입력하고, 내부에서 이를 이산 시간 영역의 식으로 변환하여 이산 시간 영역의 PID 제어기로 변환한 것이다. 물론 제어기의 이득을 바꿀 때 마다 내부적으로 계산이 다시 수행된다. 만약 제어기의 이득이 빈칸으로 남아 있는 상태에서 Simulink를 실행하면 오류를 발생하게 된다. PD 제어기로 사용하려면 I 제어기 이득을 0으로 입력하여야 한다.

14.3.3 Simulink에서 모의실험 환경 설정

모의실험에 대한 기본적인 설정은 Simulation 메뉴의 Simulation parameters 하위 메뉴에서 수정할 수 있다. 이중 가장 기본적인 것은 그림 14.21의 Solver 탭 항목이다. 전체 모의실험 시간을 입력할 수 있고 계산의 정밀도에 해당하는 tolerance

의 값을 결정할 수 있다. 보통 1e-3도 충분하지만 필요에 따라 1e-9까지 높이는 경우도 있다. 가장 중요한 것은 모의실험을 위해 미분 방정식을 푸는 Solver의 선택이다. 기본적인 모의실험의 경우 설정된 ode45 (Dormandp- Prince)로 충분하다. Max step-size는 미분 방정식을 푸는 최소 단위로 미분 방정식 해의 정밀도와 모의실험 시간에 영향을 미치지만, auto로 선택할 경우 Matlab은 이를 자동으로 가변하여 정밀도와 모의실험 시간 문제를 효율적으로 절충해준다.

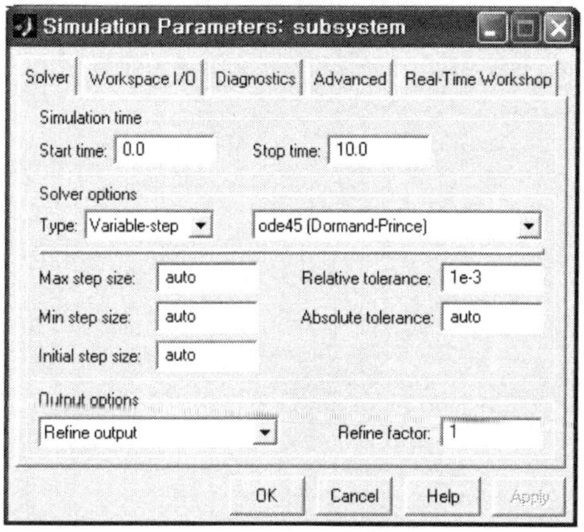

그림 14.21 모의실험 기본적인 환경 설정 대화상자

생각해봅시다. >>>

① PID 제어기 설계에서 루프 형상을 생각해보자.
② PID 제어기와 Lead-Lag 제어기의 유사한 부분과 상이한 부분을 생각해보자.
③ Lag 제어기 대신 PI 제어기를 설계한 후 Lead 제어기를 설계해보자. 즉 Lead-PI 제어기를 설계해보자. 어떤 장점이 있을까 생각해보자.
④ PID 제어기의 이산 시간 변환 식을 유도해보자.
⑤ Matlab의 Simulink의 Demo 파일을 실행시키고 각 블록의 subsystem이 어떻게 구성되어 있는지 구경하자.
⑥ Simulink 블록 안에 Matlab 함수를 사용하는 법을 공부하자.

Chapter 15 ... C 언어로 모의 실험기 구현

|학습 목표|

- C 언어로 모의 실험기를 만든다.
- C 언어로 PID 제어기를 구현한다.
- Matlab 모의실험 결과와 C 언어로 만든 모의실험 결과를 비교한다.

15.1 C 언어로 모의 실험기 만들기

모의 실험기를 혼자 힘으로 만들어 보자!

지금까지 모의실험을 Matlab에 의존하였으나 직접 만든 모의 실험기는 실험의 직전 단계에서 중요한 의미를 갖는다. Matlab에서 구성한 모의 실험기는 제어기 구성과 제어 변수를 쉽게 바꿀 수 있는 면에서 매우 효율적이라고 할 수 있다. 그러나 실제 제어기로 구현하기 위해 거쳐야 하는 과정까지 검증할 수 없다. 따라서 적절하게 제어기를 설계하였다면 제어 알고리즘의 구현 과정을 실험을 위해 검증하여야 한다.

이를 위한 방법으로 C 언어로 모의 실험기를 만들어 확인하는 것이 매우 유용하다고 할 수 있다. C 언어는 제어기를 구현하는 언어로 가장 널리 쓰이기 때문에 모의실험에서 C 언어로 작성된 제어 알고리즘 코드가 실험에 바로 사용될 수 있다. 달리 표현하면 제어 대상 시스템이 모델이고 이를 미분 방적식이 푼다는 것 이외 다른 부분의 코드는 실험과 동일하게 구현할 수 있고, 이 과정에서 구현상의 오류를 충분히 찾을 수 있다.

Matlab 모의실험과 C 언어로 만든 모의 실험기의 결과는 이론적으로 같아야 한다. 실제 두 모의실험 결과를 비교해보면 미분 방정식을 푸는 방법과 구현 방법에 차이가 있기 때문에 미세한 차이가 있을 수 있으나 큰 차이는 아니다.

잠깐만... Matlab의 결과와 실험 결과에 차이가 있듯이 C 언어로 만든 모의 실험기의 결과와 실험의 결과도 차이가 있다. 이는 모의실험의 한계로 다른 각도에서 다루어져야 한다.

Point ‖ **C 언어로 만든 모의 실험기를 통해 실험 전에 제어 알고리즘의 구현 오류를 확인할 수 있다.** ‖

15.1.1 C 언어로 구현된 PID 제어기

C 언어로 구현된 제어기는 크게 4 단계로 구성된다. 첫번째는 각 변수에 새로운 값을 받기 위해 과거의 값을 이동하는 것이다. 이는 제어기에서 과거의 값이 필요로 한 경우, 해당하는 변수의 값을 필요한 과거 정보만큼 저장하는 것이다. 두번째는 센서에서 값을 읽는 것처럼 제어 대상 상태의 현재 값을 읽는 것이다. 3단계는 제어 알고리즘의 계산에 의하여 제어 입력을 만드는 것이고, 마지막으로 제어 입력의 포화만큼 제어 입력을 제한하는 것이다.

Point **C 언어로 만든 모의 실험기에서 Matlab에서 느낄 수 없었던 실험과 유사한 느낌을 얻을 수 있다.**

PID 제어기의 예

① 먼저 변수의 과거 값을 저장한다.

```
conin[2] = conin[1] ;              // 제어 입력 변수
conin[1] = conin[0] ;              // [0]은 현재 값의 의미
pos[3] = pos[2] ;                  // 현재 위치 변수
pos[2] = pos[1] ;                  //
pos[1] = pos[0] ;                  //
error[2] = error[1] ;              //
error[1] = error[0] ;              //
```

② 위치 제어인 경우 위치 값을 읽는다.

```
pos[0] = position ;                // position 변수는 센서 값에 해당
```

③ PID 제어 알고리즘에 의해 제어 입력을 계산한다.

```
error[0] = ( ref - pos[0] ) ;      // 오차는 "제어 명령 – 현재 위치"로 정의됨
conin[0] = pid[3] * error[0] + pid[4] * error[1] + pid[5] * error[2]
                 - pid[1] * conin[1] - pid[2] * conin[2] ;
                                   // PID 제어 알고리즘
dac = conin[0]  ;                  // 제어 입력 출력에 해당
```

④ 제어 입력의 포화에 해당하는 값으로 제어 입력을 제한한다. dac 값은 다음 샘플링 시간에 출력된다.

```
if(conin[0] >  max) dac =  max ;    // 최대 값은 max
if(conin[0] <  min) dac =  min ;    // 최소 값은 min
```

> **잠깐만...**
> ③에서 사용되는 모든 변수 값은 ①에서 저장되어야 한다. 만약 ③에 PID 제어기가 아닌 다른 제어기를 구현하였다면 ①도 함께 수정되어야 한다.

PID 제어기의 이산 시간 제어 변수 값 계산

이미 14장에서 설명한 것과 같이 이산 시간 영역의 변수 값은 설계자가 계산하여 입력하는 것보다 연속 시간 영역의 값을 이용하여 바로 계산하는 것이 효과적이다. 따라서 이를 위한 계산식이 유도되어야 한다. 아래 결과는 14.3.1절의 결과를 코드로 구현한 것이다. 단지 이 코드는 제어 입력을 계산할 때 마다 수행되는 것이 아니고, 제어가 시작되기 직전에 한 번만 수행된다.

```
double kp = 0.2, ki = 0.0, kd = 0.004 ;

pid[0] = (4+2*M*Ts) ;
pid[1] = (-8) / pid[0] ;
pid[2] = (4-2*M*Ts) / pid[0] ;
pid[3] = (4*(kp+kd*M)+2*(M*kp+ki)*Ts+M*ki*Ts*Ts) / pid[0] ;
pid[4] = (-8*(kp+kd*M)+2*M*ki*Ts*Ts) / pid[0] ;
pid[5] = (4*(kp+kd*M)-2*(M*kp+ki)*Ts+M*ki*Ts*Ts) / pid[0] ;
```

제어 대상 시스템의 표현

제어 대상 시스템은 보통 별도의 함수로 작성되어 다루어진다. 만약 제어 대상 시스템이 바뀐다면 이 함수를 바꿈으로써 모의 실험기를 바꿀 수 있다.

코드로 구현되기 위해서는 전달 함수로 표현된 제어 대상 시스템을 상태 방정식으로 바꾸어 표현하여야 한다.

제어 대상 시스템이 식 15.1과 같다면 다음과 같은 과정을 거쳐 코드로 표현된다.

$$G(s) = \frac{68000}{s(s+0.4\pi)} \qquad (15.1)$$

식 15.1은 다음과 같이 상태 방정식으로 표현된다. 상태 방정식은 n차 미분 방정식을 n 개의 1차 미분 방정식으로 표현할 수 있고 이를 행렬의 형태로 표현할 수 있다.

$$\begin{bmatrix} \dot{x}_1 \\ \dot{x}_2 \end{bmatrix} = \begin{bmatrix} 0 & 1 \\ 0 & -0.4\pi \end{bmatrix} \begin{bmatrix} x_1 \\ x_2 \end{bmatrix} + \begin{bmatrix} 0 \\ 68000 \end{bmatrix} u \qquad (15.2)$$

식 15.2는 다음의 코드로 구현된다.

```
x_dot[0] = x[1] ;
x_dot[1] = -0.4*pi*x[1] + 68000 * dac ;
```

또한 제어 대상 시스템의 센서에 관한 특성을 반영하여야 한다. 센서의 동특성은 없다고 가정하기 때문에, 즉 전달 함수 형태로 표현되지 않기 때문에 여기서는 엔코더의 해상도만을 구현하였다. 엔코더는 360도 1 회전에 4000 펄스를 발생한다. 이는 다음의 코드로 구현된다.

```
encoder = (int) (x[0]* 4000 / 360) ;
position =  (double) encoder * 360 / 4000 ;
```

미분 방정식 풀기

Matlab에서는 고민할 필요가 없었으나 C 언어로 구현할 때 가장 고생하는 부분 중의 하나가 바로 미분 방정식을 풀기 위한 알고리즘의 구현이다. 다음은 가장 널리 사용되는 방법으로, 4차 런지-쿠다(Runge-Kutta) 방법이다.

잠깐만... 미분 방정식을 푸는 방법에 대한 더욱 자세한 내용은 수치 해석을 비롯한 관련 참고 문헌이나 인터넷의 자료를 참고한다.

```
tend = t ;
numh = h / ach ;

for(j=0j<achj++){
        plant(x,m1,tend) ;
        for(i=0i<Ni++) x1[i] = x[i] + numh * m1[i] / 2.0 ;
        t1 = tend + numh / 2.0 ;
        plant(x1,m2,t1) ;
        for(i=0i<Ni++) x2[i] = x[i] + numh * m2[i] / 2.0 ;
        t2 = tend + numh / 2.0 ;
        plant(x2,m3,t2) ;
        for(i=0i<Ni++) x3[i] = x[i]+ numh * m3[i] / 2.0 ;
        t3 = tend + numh ;
        plant(x3,m4,t3) ;
        for(i=0i<Ni++) x[i] += numh/6.0 * ( m2[i] + 2.0*(m2[i] + m3[i]) +
                                          m4[i]) ;
        tend += numh ;
}
```

15.1.2 C 언어로 구현된 PID 제어기 코드

앞에서 설명한 부분을 모두 합한 결과로 C 언어로 모의 실험기를 구현한 예제 코드이다. 이를 이용하여 보다 발전된 형태의 모의 실험기를 구현할 수 있다.

Point ▎ **C로 모의 실험기를 만들 때에는 실험이라고 생각하고 신중하게 작업을 하는 연습을 하자.** ▎

```
#include <stdio.h>
#include <math.h>
#include<stdlib.h>
#include <memory.h>
#define N 2
#define Ts 0.001
#define M 1000
```

```
FILE *file
double pi = 3.141592 ;
double pos[4], error[3], conin[3] ;
double dac, position ;
double pid[6] ;
double max = 10.0, min = -10.0 ;
int encoder ;

void sim(double t) ;
void control(double t, long i, double ref) ;
void rk4(double x[N], double h, double t, double ach) ;
void plant(double x[N], double x_dot[N],double t) ;

/*----------------------------- MAIN ------------------------*/
void main(void)
{
        double time ;
        long i, dis_dim ;
        double kp = 0.2, ki = 0.0, kd = 0.004 ;
        double ref = 5.0 ;
        double sim_end = 0.1 ;
        dis_dim = (long) (sim_end / Ts) ;
        //      Generating PID Parameters for Z-domain Controller
        pid[0] = (4+2*M*Ts) ;
        pid[1] = (-8) / pid[0] ;
        pid[2] = (4-2*M*Ts) / pid[0] ;
        pid[3] = (4*(kp+kd*M)+2*(M*kp+ki)*Ts+M*ki*Ts*Ts) / pid[0]  ;
        pid[4] = (-8*(kp+kd*M)+2*M*ki*Ts*Ts) / pid[0] ;
        pid[5] = (4*(kp+kd*M)-2*(M*kp+ki)*Ts+M*ki*Ts*Ts) / pid[0] ;
        printf("PID Controller Parameters Generating OK\n") ;

/*----------------------------------------------------------------*/
        file = fopen("expo.txt","w") ;
        for( time = 0.0, i = 0  time <= sim_end  time += Ts, i++ ){
                sim(time) ;
```

```
            control(time, i, ref) ;
            fprintf(file,"%lf %lf %lf %lf\n",time,ref,pos[0],dac) ;

        }
        fclose(file) ;
        printf("The end of Simulation !\n") ;
}

/*--------------------------- MAIN END --------------------------*/
/*--------------------------------------------------------------*/
void control(double t, long i, doubleref)
{
        // Control Data Shift

        conin[2] = conin[1] ;
        conin[1] = conin[0] ;
        pos[3] = pos[2] ;
        pos[2] = pos[1] ;
        pos[1] = pos[0] ;
        error[2] = error[1] ;
        error[1] = error[0] ;
        // Position Reading
        pos[0] = position ;
        error[0] = ( ref - pos[0] ) ;
        conin[0] = pid[3] * error[0] + pid[4] * error[1] + pid[5] * error[2]
                          - pid[1] * conin[1] - pid[2] * conin[2] ;

        dac = conin[0]  ;
        // Saturation
        if(conin[0] >  max) dac =  max ;
        if(conin[0] <  min) dac=  min ;

}

/*----------------------------------------------------------*/
```

```
void plant(double x[N], double x_dot[N], double t)
{
        // System Discription
        x_dot[0] = x[1] ;
        x_dot[1] = -0.4*pi*x[1] + 68000 * dac ;
        // Encoder Resolution
        encoder = (int) (x[0]* 4000 / 360) ;
        position =  (double) encoder * 360 / 4000 ;
}
/*-----------------------------------------------------------*/
void sim(double t)
{
        staticdouble xx[N], h=Ts, ach=1000.0 ;
        rk4(xx,h,t,ach) ;
}
/*------------------------------------------------------------*/
void rk4(doublex[N], double h, double t, double ach)
{
        int i,j ;

        double m1[N], m2[N], m3[N], m4[N] ;
        double x1[N], x2[N], x3[N] ;
        double t1, t2, t3, tend, numh ;
        tend = t numh = h / ach ;

        for(j=0j<achj++){
                plant(x,m1,tend) ;
                for(i=0i<Ni++) x1[i] = x[i] + numh * m1[i] / 2.0 ;
                t1 = tend + numh / 2.0 ;
                plant(x1,m2,t1) ;
                for(i=0i<Ni++) x2[i] = x[i] + numh * m2[i] / 2.0 ;
                t2 = tend + numh / 2.0 ;
                plant(x2,m3,t2) ;
                for(i=0i<Ni++) x3[i] = x[i]+ numh * m3[i] / 2.0 ;
                t3 = tend + numh ;
```

```
                plant(x3,m4,t3) ;
                for(i=0i<Ni++)
                        x[i] += numh/6.0 * ( m2[i] + 2.0*(m2[i] + m3[i]) +
                                                  m4[i]) ;
                tend += numh ;
            }
    }
```

15.2 Matlab 모의실험 결과와 비교

C 언어로 구현한 모의 실험기의 결과를 검증하기 위해 Matlab을 이용하여 같은 구성을 갖는 Simulink 파일을 작성하였다. 그리고 이 결과를 C 언어로 구현한 모의 실험기의 결과와 비교하였다. 이러한 과정을 통해 미분 방정식의 해를 구하는 알고리즘과 구현, 제어기의 구현, 전체 모의 실험기의 구성 등에 관한 문제를 확인할 수 있다.

Simulink 모의시험 결과

그림 15.1은 식 15.1을 제어 대상 시스템으로 하고 이산 시간 영역의 PID 제어기와 제어 입력 포화 요소, 엔코더 모델이 포함된 Simulink 블록이다. 제어 알고리즘에 사용된 모든 설정은 동일하다.

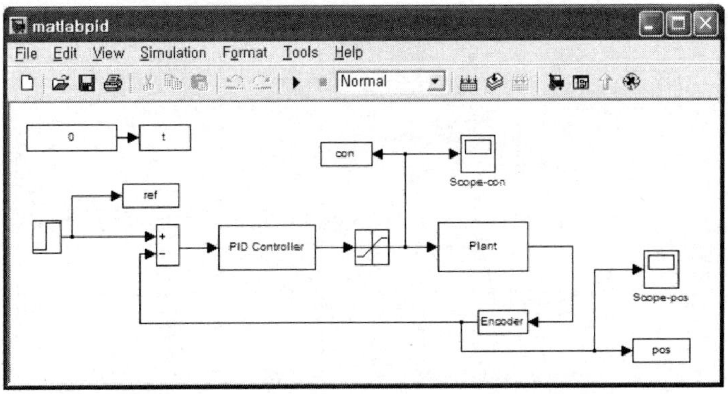

그림 15.1 Simulink로 구현한 PID 제어 시스템

이 때 제어 목표를 5도로 하여 모의실험을 수행하였다. 그 응답 특성 결과는 그림 15.2에, 이 때 인가된 제어 입력 특징은 그림 15.3에 나타내었다.

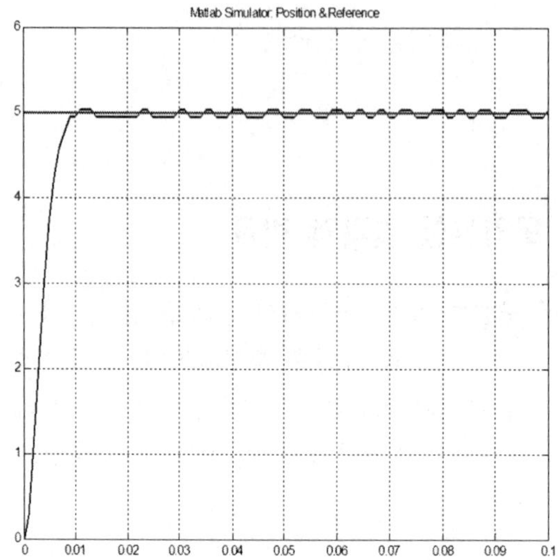

그림 15.2 Simulink 모의실험의 응답 특성

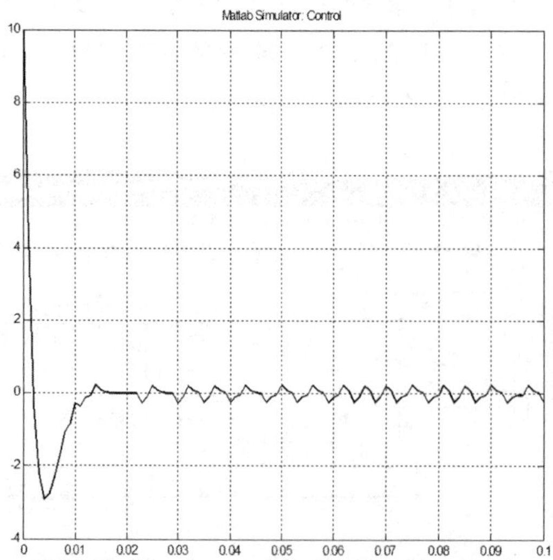

그림 15.3 Simulink 모의실험의 제어 입력 특성

Matlab matlabpidd를 열어 실행한 후, plotmatlab.m을 실행하면 그림 15.2와 그림 15.3을 얻을 수 있다.

C 언어로 구현한 모의 실험기 결과

그림 15.4와 그림 15.5는 C 언어로 구현한 모의 실험기의 응답 특성과 제어 입력 특징을 나타낸 것이다.

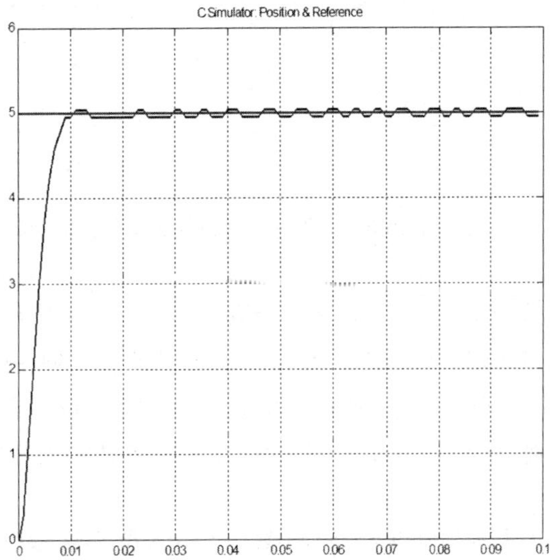

그림 15.4 C 언어로 구현한 모의실험의 응답 특성

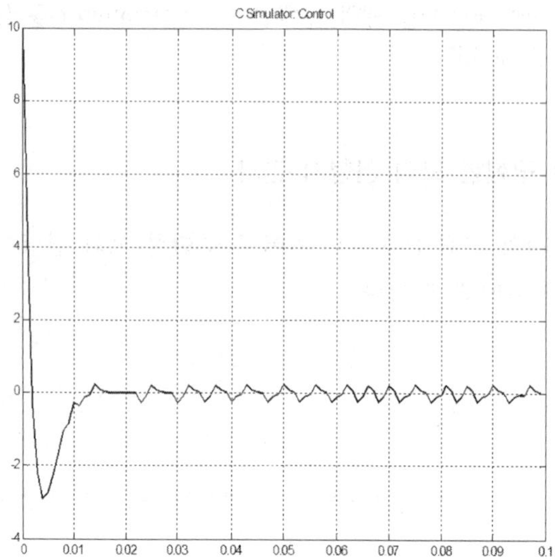

그림 15.5 C 언어로 구현한 모의실험의 제어 입력 특성

그림 15.2와 그림 15.4를 비교하였을 때 매우 유사함을 알 수 있다. 특히 그림 15.3과 그림 15.4에서 제어 입력 특징을 비교했을 때 미세한 특징까지 같은 결과를 얻었다. 따라서 C 언어로 구현한 모의 실험기가 잘 구현되었음을 검증할 수 있고, 이 때 사용한 제어기 코드는 그대로 실험에 사용할 수 있음을 확인하였다.

C C로 구현된 모의 실험기는 first.exe를 더블 클릭하여 실행한 후, plotc.m을 실행하면 그림 15.4와 그림 15.5를 얻을 수 있다. 이를 수정하기를 원한다면 Visual C++ 에서 수정할 수 있다.

잠깐만...

물론 제어기의 코드를 실험에서 사용할 수 있다는 의미가 곧 실험에서도 모의실험과 같은 결과를 얻을 수 있다는 의미는 아니다. 모의실험에 사용한 모델과 실제 제어 대상은 다르고 또 많은 외부의 영향이 있기 때문에 분명히 모의실험과 실험의 결과를 다를 수 밖에 없다. 그러나 C로 구현한 모의 실험기를 통해 코드로 구현된 제어기가 오류 없이 구성되었음을 분명히 확인해 주는 것이다.

생각해봅시다. >>>

① Matlab의 m 파일로 만든 모의 실험기, Matlab의 Simulink로 만든 모의 실험기, C 언어로 구현한 모의 실험기의 장단점을 생각해보자.
② C 언어로 구현한 제어기 코드를 실험에 사용할 때 수정하여야 할 부분을 생각해보자.
③ Matlab의 모의 실험기에서 확인한 제어기를 직접 C 언어로 만들어 주는 방법이 있는지에 대하여 생각해보자.
④ Matlab의 알고리즘 부분을 C 언어로 구현하여 다시 Matlab에서 사용하는 방법을 생각해보자.

책을 마치며...

필자가 제어라는 분야의 공부를 하면서 크게 느낀 점이 두 가지가 있다.

첫 번째는 **좋은 제어기를 설계하기 위해서는 제어 대상을 잘 알아야 한다**는 것이다. 바꾸어 말하면 제어 대상을 잘 알면 알수록 더 좋은 제어기를 설계할 수 있다는 의미이다. 처음에는 자신도 이를 인정하고 싶지 않았다. 좋은 제어 이론이 이러한 문제를 해결해 줄 것으로 믿었기 때문이다. 그러나 그동안 수행했던 많은 프로젝트의 결과는 분명히 말해주었다. 제어 대상을 아는 만큼 제어기의 성능이 나타난다는 것을...

이미 본문에서도 언급을 했지만 공원에서 빌린 자전거는 내 자전거만큼 편하지 않다. 자전거를 탈 수는 있지만 나의 숨겨둔 묘기 실력을 자랑하기에는 위험하다. 같은 이치로 어느 정도의 경험으로 평범한 성능이 나오는 제어기를 설계하는 것은 그리 어렵지 않게 가능하지만 최대 성능을 발휘할 수 있는 제어기를 만들기 위해서는 제어 대상의 시스템을 잘 알아야 한다. 여기서 잘 안다는 것이 무엇일까? 바로 몸과 머리로 느낀다는 것이다. 그래서 제어기를 설계할 때에는 제어 대상 시스템과 놀면서 특성을 느낄 수 있는 시간을 만들어야 한다.

두 번째는 **제어기 설계에서 특별한 이유가 없으면 간단한 제어기를 설계한다**는 것이다. 문헌을 보면 많은 고급 제어 이론이 발표되어 있다. 고급 제어 이론을 사용하면 정말 기가 막힌 제어 결과를 쉽게 얻을 수 있을까? 필자는 자신 있게 얘기할 수 있다. 아니라고. 공부를 위한 목적으로 고급 제어기를 설계했다면 이것도 하나의 이유가 될 수 있다. 그러나 현장에서 사용되는 제어기를 설계할 때에는 쉬운 제어기부터 설계를 해보고 문제점이 발생할 경우, 이를 현재의 제어기 구조에서 해결할 수 없는 상황에서만 제어기의 형태를 바꾸어야 한다. 특별한 이유가 없는 복잡한 제어기는 설계의 어려움, 유지 보수의 복잡함, 제어기 설계비용, 제어기의 신뢰성 등의 모든 면에서 간단한 제어기에 비해 불리하다. 제어와 관련한 학술 대회에 가면 가장 쉽게 접하는 질문은 “왜 이 제어기를 설계하게 되었습니까?”이다. 스스로에게 물어보자. 왜 이 제어기를 설계하여야만 하는지...

이 책의 이후에 좀 더 공부를 하고 싶은 분들에게 드리고 싶은 것이 있다. 시간 영역에서의 설계 및 결과와 주파수 영역에서의 설계 및 결과를 연결하는 고리에 대한 고민거리이다. 이 두 영역의 설계와 결과를 함께 해석하는 능력이 지금까지 공부한 내용을 확실하게 다져줄 뿐만 아니라 예상한 것 보다 매우 큰 발전을 가져올 것이다.

마지막으로 다시 한 번 부탁을 하려 한다. 제어 공학을 공부할 때, 제어기를 설계할 때 모든 정보(사용자 설명서, 실험 증상, 결과 그래프 등)를 가볍게 보아 넘기지 말고, 꼭 그 이유를 파악하려고 노력해주길 바란다.

부족한 이 책을 끝까지 읽어주신 여러분께 진심으로 감사드린다.

저자일동

찾아보기

저자약력

최현택

한양대학교 전자공학과 학사 (1991년)
한양대학교 전자공학과 석사 (1993년)
한양대학교 전자공학과 박사 (2000년)
한국통신 연구개발원 멀티미디어 연구소 전임 연구원 (1993년 - 1995년)
미국 하와이 주립 대학교 기계공학과 박사후 연구원 (2000년 - 2003년)
한국 해양 연구원 해양 시스템 안전 연구소 선임 연구원 (2003년 - 현재)

여희주

한양대학교 전자공학과 학사 (1988년)
한양대학교 전자공학과 석사 (1990년)
한양대학교 전자공학과 박사 (1996년)
대진 대학교 부교수 (1997년 - 현재)

감수 서일홍

서울대학교 졸업 (1977)
한국과학기술원 석사/박사 (1979/1982)
대우중공업 기술연구소 선임 연구원 (1982 - 1985)
University of Michigan, CRIM 연구소, 객원연구원 (1987 - 1988)
한양대학교 전자공학과 교수 (1985 - 2000)

한양대학교 정보통신대학 교수 (2000 - 현재)
IEEE Senior Member (2000 - 현재)
현재 : 한양대학교 정보통신대학장
　　　한국 로봇공학회 부회장
　　　대한 전자공학회 시스템 및 제어부문 소사이어티 회장

정가 **15,000원**

풀어쓴 제어 시스템 설계

2006년 2월 15일 초판 인쇄
2006년 2월 25일 초판 발행

저 자 : 최현택 · 여희주
감 수 : 서일홍
발행자 : 이연우 · 우명찬
발행처 : 홍릉과학출판사
주 소 : 서울시 강북구 수유5동 455-60
142-885
등 록 : 1976년 10월 21일 제5-66호
전 화 : 999-2274~5, 996-8341, 903-7037
팩 스 : 905-6729
e-mail : hongpub@hongpub.co.kr
http://www.hongpub.co.kr

저자와의
협의하에
인지생략